現代哲学への招待
Invitation to Contemporary Philosophy
監修 丹治信春 Supervised by Nobuharu Tanji
Japanese Philosophers

進化という謎
The Enigma of Evolution

松本俊吉

春秋社

まえがき

筆者は「生物学の哲学」と呼ばれる科学哲学の一分野の研究者である。科学哲学とはそもそも何をする学問なのか――たとえばそれは科学者にとって役に立つものなのか、それとも科学者にとっての科学哲学とは鳥にとっての「鳥類学」のようなものにすぎないのではないか――という問いは、しばしばわれわれに突き付けられるものである。また科学哲学の内部においても、「科学哲学とは何か」というこの分野の定義にかかわる主題がホットな論争になったり、研究者の研究テーマになったりすることさえある。パラドクシカルに聞こえるかもしれないが、「科学哲学とは何か」というのは当の科学哲学者の間でさえ必ずしも一義的なコンセンサスが得られているわけではない。

そうした中で、私なりに試行錯誤の結果たどり着いた一つの答が、「混迷する議論の解剖学《かいぼうがく》」――これは本書第3章の最後に登場するエリザベート・ロイドの言葉を借用したものだが――というものである。つまり、論争当事者たちが暗黙のうちに拠って立つ議論の前提を中立的な立場から批判的な吟味によってあぶりだし、まっとうな論証と論証もどき（論証を装った主観的な信念の吐露）とをあたう限り厳格に区別する、ということである。進化生物学は経験科学であるから、その問題の解決には、何よりまず経験的・実証的なアプローチが必要となる。しかし同時に、そうした問題の中には、単に実証的なデータの蓄積のみによっては決着のつかない、優れて概念的な分析を要求するものも多い。たとえば「種は実在する対象か、それとも単なる分類のためのラベルか」「自然選択が働く階層は個体か、集団か、遺伝子か、それともそのすべてか」「選択進化と中立進化の関係――すなわち進化における偶然性の役割――をいかに理解すべきか」といったものである。生物学の歴史を活気づけ彩ってきた重要な論争の中には、「対象レベル」における経験的・実質的な主張の対立に起因するというよりも、論争の当事者たちが依拠している「メタレベル」の方法論や自然観――つまりはパラダイム――の不一致に由来するものも多い。科学哲学的思考は、こうした問題に最終的な解決をもたらすものではないが、「ステークホルダー」たる論争当事者とは異なった第三者的な立場から、彼らが意識していない――ときには論理的整合性を欠いた――暗黙の思考の前提を剔抉するという役割を果たすことは可能であろう。

功成り名を遂げた生物学者がその研究の延長線上で直面した哲学的問題にも精魂を傾けるという意味での生物学者の哲学的思索はつとに知られている――たとえばそうした例として、ローレンツやマイアやモノーやE・O・ウィルソンなどがいる――が、上述したように、哲学的訓練を受けた科学哲学者が生物学のただ中から浮かび上がってくる概念的問題をテクニカルに論ずるという意味での生物学の哲学が登場してきたのは、おそらく一九七〇年代以降であろう。第1章で詳しく論ずるように、この時期ウィルソンの『社会生物学』(1975)やドーキンスの『利己的な遺伝子』(1976)といった書物の登場によって、人間の行動や本性を進化論的に理解することの妥当性をめぐる大論争が巻き起こった。けれども不幸なことに、多くの場合こうした論争は、各々の論者が自らにとって自明な前提に立脚し、それと相容れない立場を糾弾するという「イデオロギー闘争」的な様相を帯びていた。そこで、そうした不毛性を回避し議論をより生産的なものたらしめるという役割を期待され（あるいは自ら買って出て）、生物学の哲学という分野が一つのディシプリンとして誕生したのだろうと、私は理解している。

もちろん科学哲学といえども、完全に「価値中立」であるわけではない。科学研究と同様、科学哲学も異論と論争の場である。しかも本書は、上に述べた「論争の解剖学」のみに終始するものではなく、折に触れて筆者なりの議論構築に努めている箇所もある。したがって本書において筆者が提示する分析手法も、完全に中立かつ客観的なものではないだろう。哲学の議論はしばしば、ある問題を設定し、議論を進めていくためのいくつかの前提を導入した上で、当初の問題にできるだけ論理的・客観的に答えていこうとするパターンを取ることが多い。その場合、仮に途中の議論が妥当なものであったとしても、当初の問題設定や導入された前提自体に論者の先入見や論証以前の直観が交じっていたりすることはありうる。その結果、議論としてはよくできているがその結論には納得しかねるというケースも生じうることになる。たとえて言うならば、ユークリッド幾何学の公理群からも、非ユークリッド幾何学の公理群からも、いずれも論理的に整合的な幾何学体系が構築可能であるが、出発点となる公理群がまったく異なるために、その到達点も互いに相容れないものとなるというのと事情が似ているだろう。したがって、本書もその点で、筆者にとっては「自明」であっても、ひょっとしたら読者諸氏にとっては違和感のあるような議論の前提ないし問題設定が見受けられるかもしれない。

けれども同時に哲学の議論の醍醐味（見方によってはずるさ）は、それが正しい結論を導いているか否か――科学にとってはこれがすべてであろう――という観点だけでなく、その議論運び自体の巧拙という観点からも評価可能だという点にある。誤解を恐れずに敢えて言えば、間違った前提に立って間違った結論を導いていたとしても、その論証過程が非凡なものであれば、哲学の議論としては価値があるのである。「科学哲学」は、半分は実証科学に脚を突っ込んでいるが、残りの半分の軸足はあくまで哲学の側に置いてある。したがって――本書の議論が非凡なものだと自惚れるつもりはないが――読者諸氏には、本書を一つの「哲学作品」として評価する視点をも併せ持っていただければ幸いである。

ただし、以上のように述べたからといって、本書の中で仮に科学的に荒唐無稽な内容を述べている箇所があった場合、それは哲学だから許されるのだと免罪符を切ろうというつもりは毛頭ない。上述したように半分は「科学」の哲学である以上、進化生物学や分子遺伝学や発生生物学その他の生命科学諸分野の知見を参照する際には、専門の生物学研究者ではない筆者の能力の及ぶ範囲で、事実誤認のないように最大限注意を払ったつもりである（これが、本書の執筆にかくも膨大な時間を費やさざるをえなかった最大の理由である）。それでもやはり、あくまで「門外漢」の視点からの記述であるので、科学の世界ではすでに過去のものとなった議論を蒸し返していたり、必ずしもその分野を代表しているとはいえない一部のマイナーな研究者の著作を鵜呑みにしていたりといった弊は皆無とはいえないだろう。そうした点に関しては読者諸氏のご批判ご叱正を請う次第である。

＊

最近、特に理系研究者の間で、「進化論」でなく「進化学」という呼称を採用すべきだという意見が強いようである。「進化論」という言葉にともなう、「～主義」や「～イズム」といったイデオロギーを彷彿とさせる響きによって、"evolutionary theory"の実証科学研究としての側面が覆い隠されてしまいかねない、というのがその理由である。筆者はそれに反対するわけではない。ただ、進化の研究は実証科学的な研究に尽きるわけではない。本書では、そうした科学理論としての「進化学」がときとして科学的実証性だけでは決着のつかない——それどころか当の科学者の信念や世界観、そして彼らが属する分野固有のパラダイム間の「通約不可能性」に起因する——論争をもたらすことがありうるという点に、むしろ焦点を当てている。また科学としての「進化学」が、メディアを介して社会一般に流通していく過程で、場合によってはその生産者たる科学者の意図していなかったような誤解や波及効果がもたらされることもあるだろう。科学者の側からは、そうした誤解や波及効果は、科学たる「進化学」ならぬ社会現象としての「進化論」の領域であって、自分たちのあずかり知らぬことである、と考えたくなるかもしれない。しかし、本書第1章の冒頭部でも述べるように、進化論がわれわれ人間自身の自己理解に否が応でも再帰的に関わってこざるをえない自己言及的な性格を持つ理論である以上、そうした「イズム」的な部分を完全に封印してしまうことは不自然だと思われる。あるいはむしろ、そうした部分を率先して引き受けていくことこそがわれわれ哲学者の役割なのだと言うべきなのかもしれない。ともかくも、本書ではあえて「進化論」という呼称で通してあるゆえんである。

「科学者にとって科学哲学が役立つのは、鳥にとって鳥類学が役立つ程度である(Philosophy of science is about as useful to scientists as ornithology is to birds)」と述べたのは、物理学者のファインマンであるといわれている。筆者は、鳥類学が——生態系や生物多様性保全の一助となることを通して

――鳥たちの知らないところで彼らの役に立っていると期待したい。と同時に、鳥類学はたとえ鳥たちに感謝されなくとも、鳥の生態を客観的・学問的に記述し、鳥以外の存在（つまりはわれわれ人間ということだが）に彼らに関する情報を提供し興味を喚起するという独自の存在意義を持っていることもまた事実である。筆者も、本書がそのような読まれ方をすることを願う次第である。

＊

以下、各章の概要をごく簡潔に記しておく。第1章はかなり長大であるが、生物学の哲学の話題を幾分「オンパレード」的に紹介している。前半部では、一九七〇年代に耳目を集めたいわゆる「ダーウィン戦争《ウォーズ》」において中心的な争点となった問題（還元主義や遺伝的決定論）を現代的な観点から再考する。その上で、特に「遺伝的決定論」の問題が、その後の生命科学の展開（発生学における遺伝子発現制御の仕組みや遺伝子／環境相互作用の機序の解明など）によってどのように対処され、乗り越えられてきたのかに注目する。後半部では一転して「進化における偶発性」をキーワードに、生物学的に何ごとかを説明するとはどういうことか、という科学哲学的な問題を考える。

第2章では、進化の説明に自然選択はどこまで重要かという適応主義の問題を、突っ込んで考察する。特にグールドとルウィントンによる一九七九年の共著論文「サンマルコのスパンドレル」によって引き起こされた論争と、それに対してメイナード＝スミスやデネットといった適応主義者からなされた反論の分析が、ここでの中心的な話題となる。その上で、この論争を哲学的に評価するための一つの視座を提示しようと思う。

第3章では、自然選択が作用する単位（レベル）は個体か集団か遺伝子かという、いわゆる「自然選択の単位の問題」を検討する。ただし紙幅の制限から、本書ではその中の特に「遺伝子選択説」の問題に焦点を当てる。すなわち、あらゆる進化の過程は究極のところ異なる生存戦略をいだいた対立遺伝子どうしの生存闘争に帰着するという、ドーキンスが「利己的遺伝子説」で打ちだしたような還元主義的な進化観──「遺伝子の目から見た進化」──の妥当性を批判的に検討する。

進化という謎　目次

凡例

・原著からの引用文の翻訳は、邦訳書を大幅に（あるいは全面的に）参照した場合については、出典の欄に「邦訳××頁」と記してあるが、筆者が原著から直接訳出した場合はその限りでない。

進化という謎

第1章……進化論と哲学

1　疾風怒濤の一九七〇年代

一九七〇年代は、進化生物学における疾風怒濤の時期であった。この時期、エドワード・オズボーン・ウィルソン（E・O・ウィルソン）の『社会生物学——新たなる総合』（1975）やリチャード・ドーキンスの『利己的な遺伝子』（1976）が出版され、**人間の行動や本性を生物学的・進化論的な枠組みから説明することの妥当性をめぐる大論争**が巻き起こったことは、——記憶に新しい、とまではいえないかもしれないが——まだ私たちの忘却の淵に沈んでしまってはいない。いわゆる「ダーウィン・ウォーズ」の火蓋が切って落とされたのである。アンドリュー・ブラウンは、『ダーウィン・ウォーズ』の中で次のように書いている。「科学での論争はいつも辛辣だった。科学者が並の人間以上に親切なわけでもないし、横柄さが少ないのでもない。それにしても、『ダーウィン戦争《ウォーズ》』——この世界で進化的な解釈がどんな範囲でどこまで重要かをめぐる論争——は、他に類を見ないほどの険悪さだ」(Brown 2001, 邦訳、八頁)。

なぜそんなに険悪にならなければならないのか? ブラウンは、三つの考えられる理由を挙げている。一つは、この論争が持っている政治的な含意が——自由競争の是非、男女の平等、宗教的信仰の意味など——人間社会のあらゆる側面に影響を与えうるという点。わが国でも、明治時代初頭に(本家本元のダーウィン進化論に先駆けて)スペンサーの社会ダーウィニズムが移入されたとき、天皇制擁護者(加藤弘之)から自由民権論者(植木枝盛)から社会主義者(幸徳秋水)、そしてキリスト者(内村鑑三)から仏教徒(井上圓了)にいたるまで、イデオロギー的にはおよそ相容れない人々がこぞってそれに飛びつき、それによって自らの立場を正当化しようと試みたことは象徴的である。

第二に、人間には生物学的な本性というものがあり、ダーウィニズムによってそれが解明できるという思想をめぐる対立がある。なぜこの思想がそれほど重要かというと、数百万年もの長い進化的時間をかけて彫琢されてきた「人間の本性(human nature)」なるものがもし本当にあるとすれば、それは「変更不可能(irrevocable)」なものであり、いったんそれがわれわれの自己理解に定着してしまえば、——政治思想とか経済思想とか「現代思想」などとは異なり——非可逆的な刻印を残さずにはおかないからである。

第三に、進化や人間本性に関する信念は、社会や人間についての一般的な学説や「~イズム」とは違って、極めて個人的な側面を濃厚に有しているという点がある。進化論について語るときは、誰でも大なり小なり自分のこととして語る。「この自分が〈利己的遺伝子〉の操り人形であるなんて耐えられない」とか「この高度な文化を持ったわれわれ人間と、単に繁殖のために生きているあれら動物や植物とが、そんなに地続きであるはずがない」とか「私たち人間の社会的な役割に、本来男女の性差などあるはずがない」といった感情である。ブラウンによれば、これは神学者たちが自分自身の破滅や救済の可能性を論ずることによって神学論争に与えられる切迫感と幾分似ているという。

ウィルソンの『社会生物学』は、その点で象徴的だった（Wilson 1975）。彼自身は、その自伝的著書『ナチュラリスト』の中では、「ノンポリ」という言葉がそのまま当てはまるほど非政治的なロマンティストであるにもかかわらず（Wilson 1994）、一九七五年の彼の著書がもたらした衝撃は深甚なものであった。そこには、ブラウンが挙げた上の二つの理由のすべてが当てはまっている。それはまず、場合によっては反社会的・反倫理的な効果をともなう「人間本性」が生物学的・遺伝的に頑健（robust）であり、そう簡単には変更できないことを示唆することで、フェミニストや人権活動家など現状（status quo）の変革をアジェンダに掲げている活動家を敵に回した。それはまた、われわれ人間が、自分のことを合理的な判断に基づいて行動する合理的な主体と考えている以上に、実は深いところで、大なり小なり動物と同じ本能や自己保存欲によって衝き動かされている存在にすぎないと仄めかすことで「人間の尊厳」を信ずる人文主義者や宗教者や市井の人々の神経を逆なでした。さらにそれは、そうした生物学的存在としての人間の本性をよりよく理解するには、――人文・社会系の学問思想のように人類文化の内側から人類文化によって産出されたものばかり研究していても所詮「井の中の蛙」なのであり――、人間を他の生物との比較の下に冷徹な科学的探究の対象とする「社会生物学」の登場を待たねばならないと宣言することによって、伝統的な人文社会系の学問研究者のプライドを踏みにじった。ひょっとしたらこうした「蛮行」が可能であったのも、上述したようにウィルソン自身が極めて非政治的な人間であったがゆえに、自らの言説のもたらしうる社会的インパクトに無自覚であったからなのかもしれない。

一九七八年に、『社会生物学』の思想の一般向け通俗書として書かれ、米国の物書きにとっての最高の栄誉の一つであるピュリッツァー賞を受賞した『人間の本性について』の中に、**「つなぎ紐原理(leash principle)」**と（後に）彼自身呼ぶところの、よく知られた箇所がある。

> 高次の倫理的諸価値の文化的進化は、それ独自の方向性と駆動力を獲得して、完全に遺伝的進化に取って代わることができるだろうか? 私はそうは思わない。遺伝子は文化をつなぎ紐(leash)でつなぎとめている。この紐は非常に長い。けれども諸々の価値は、人間の遺伝子プールにそれが及ぼす効果によって、避け難く制約されている。脳は進化の産物である。人間行動とは、——その行動を駆り立て導く情動的反応という最深部の能力とともに——われわれの遺伝物質がこれまで無事に保存され、今後も無事に保存されていくための、間接的で遠回りな手法に他ならない。道徳性が持つ究極的な機能で、これ以外のものを示すことは不可能である。(Wilson 1978, p. 167)

つまり、**私たち人間の文化的行動は、遺伝子という主人に紐でつながれている従者のようなものであり、この紐の長さの範囲内で、自由を謳歌している（と錯覚している）にすぎない**というわけである。

そして、それに続く箇所で彼は、この思考の延長線上で、自由意志の創発、攻撃性、戦争、社会行動における男女の性差、利他性、宗教といったわれわれ人間の文化・社会現象に対して、次々と適応主義的な説明——すなわち遺伝子の保存のための手段としての説明——を与えていく。さらに彼は、もしこうした行動が何十万年から何百万年ものオーダーの長期間をかけて少しずつ遺伝的基礎を獲得してきた進化的適応であるならば、文化・社会環境のせいぜい数年から数十年オーダーの短期間での変動（たとえば人為的な制度改革など）によって変更させられる可能性は極めて少ないだろうという見通しを述べている。**これが批判者によって「遺伝的決定論」と呼ばれるようになった主張に他ならない。**

確かにこれは、反発を呼ぶに十分なほど刺激的な主張である。けれども、こういった主張は何もウィルソンだけの専売特許ではない。利他行動の進化の謎を「血縁選択」や「包括適応度」の概念を駆使して見事に説明した一九六四年のハミルトンの記念碑的な仕事に触発されて、従来フィールドの動物をモデルとして構築されてきた進化理論を人間行動にも適用しようという機運が、この時期に高まっていたことは確かである。たとえばハミルトン自身、ウィルソンの『社会生物学』が出たのと同じ一九七五年に書かれた「人間の生得的な社会的習性——進化的遺伝学からのアプローチ」という論文の中で、人類文化の生物学的根拠についてウィルソンとほぼ同様な見方を提示している。たとえば彼は、ニューギニアの首狩り族では、首狩りという行為が一種の人口抑制策として機能していたと仄めかしている。その理由は、首狩り族の人々は、青年戦士は殺した敵対部族の首級の脳髄を食することによってはじめて自らの子を儲ける権利を与えられるのだという信仰を持っていた、ということであるらしい（ただし、この見解が文化人類学的に妥当なものかどうかということは、筆者には判定できない）。それに続いてハミルトンは、首狩り族の例はかなり極端なものだが、人類文化には他にも様々なより平和的な産児制限の慣習（具体的にそれがどのようなものなのかについては、彼は語っていない）が広く行き渡っている点を指摘する。けれども、ハミルトンによれば、そうした平和的な人口抑制策は結局、（首狩りのような）武力行使が、人口抑制のみならず人類の知能の進化の点で発揮しうる絶大な効果をみすみす棒に振ってしまっている。

こうした〔平和的な〕慣習が産児制限の有効な手段として定着すると、それによって武力衝突（warfare）というものが人口統計学の根元から切り離されてしまう〔人口抑制の手段として武力衝突に訴える必要がなくなる〕。けれども残念なことに、それによって、知能の進化を促進させてきた重要な手段が切り捨てられてしまうことにもなりかねないのである。いかなる狩猟行為においても、武力衝突におけるほど高度な事前計画や複雑な指示伝達能力が要求されることはなく、また武力衝突におけるほど劇的に、人口抑制上の効果（demographic consequences）がその成り行きに左右されることもないのである。（Hamilton 1975, pp. 343;〔 〕内の捕捉は筆者による）

すなわち、**これまでの人類進化の歴史の中で、戦争こそが、優れた知能を持つ者たちを選択し劣った者たちを淘汰することで、環境収容力に収まりきらない余剰人口を排除する上で最も大きな役割を果たしてきた**、というわけである。

また同じ論文の別の箇所で彼は、ヨーロッパにおける暗黒時代からルネッサンスへの転換を可能ならしめた要因について次のように論じている。すなわち、獰猛な遊牧民にたびたび征服されることによって、自らの命を犠牲にしてでも共同体に奉仕しようという勇敢さをともなった遊牧民の「利他的な」遺伝子がヨーロッパに流れ込み、それが商人の思慮深さ（つまりは優柔不断）と打算によって次第に衰退化しつつあったヨーロッパ文明を再活性化したことによって、既成勢力によるあらゆる抵抗をものともせずに独創的かつ革新的な思想を生み出した改革者たちが登場しえたのだ、と。そしてその論拠について、彼は次のように推測をめぐらす。ヨーロッパにおける暗黒時代からルネサンスへの「一度の」転換の歴史[1]が物語っているのは、いずれの場合も遊牧民の侵略から約八〇〇年後に文化的革新が起こっているということであり、そしてこの八〇〇年という期間は、「任意交配」によって均質化・陳腐化した閉鎖的文化に突如注入された外来の遺伝子が混じり合い、前者の思慮深さと後者の大胆不敵さとが一握りの改革者の中で結実するのに必要な時間であっただろう、と[2]。

また、生物学者でありかつ哲学者でもあるマイケル・ギゼリンは一九七四年に出版した（けれどもあまり注目を浴びることのなかった）『自然の経済と性の進化』（Ghiselin 1974）という本の中で、次のようないっそう過激な思想を綴っている。

> 社会の進化はその最も利己主義的な（individualistic）形態におけるダーウィニズムのパラダイムに合致する。いかなる社会現象も、他の仕方では説明できない。自然の経済は徹頭徹尾、競争の原理に貫かれている。自然の経済が働いている仕組みをいったん理解したなら、様々な社会現象

> が生起する根底にある理由は明らかとなる。すなわち社会現象とは、他の生物の損失の下にある生物が利益を得るための手段なのである。いったんセンチメンタリズムを脇に除けば、純粋な慈善心の存在などをいくらあげつらったところで、こうした社会観を和らげる助けにはならない。協力という名で通っているものは、ご都合主義と搾取の混淆物に他ならないことが明らかになる。ある動物が他の個体のために自らを犠牲にしようとする衝動を時に持つことの究極的な根拠は、それが第三の個体に対して優位に立とうとするところに求められる。ある社会の「利益のため」の行為は、それ以外の社会にもたらされる損失の上に成り立っていることが判明する。いかなる生物も、それが自らの利益になるのであれば、当然その仲間を援助するものと期待される。また、他の選択肢がない場合には、彼は共同体への隷属状態の束縛をも、甘んじて受け入れる。けれども、**いったん自らの利益のために行動する機会が全面的に与えられたなら、彼を野獣のような行動、暴力、殺害——それがたとえ自分の兄弟や配偶者や親や子に対してであったとしても——から思いとどまらせることができるのは、利己的なご都合主義以外に何もない。「利他主義者」の皮を剥いでみよ。そしてそこに、「偽善者」が血を流しているのを見るがよい。**（Hull 1990, p. 226より引用。太字強調は筆者による）

＊

さて、もう一度先に引用したウィルソンの「つなぎ紐原理」に立ち返り、そこに込められた哲学的な含意について若干考察してみることにする。哲学的に見た場合、上に引用したウィルソンの言明には以下の二つの問題が潜んでいる。

第一に、ここでウィルソンは、人間文化というものを、（遺伝的に規定された）個人の行動の集積として捉えている。すなわち、**文化という「全体」**は、**その文化に属する個人の行動という「部分」の総和以上のものではないと暗黙裡に想定している。**すなわち、ここではある種の「還元主義（reductionism）」が顔を覗かせているのである。けれども、私たちが通常「文化」という言葉で理解しているものが、果たしてそれで尽くされるのかは疑問がある。文化とは、それに帰属する諸個人が取る行動の単なる代数和（ないし平均）というよりも、むしろ気質や興味の点で様々に異なる諸個人の個性のぶつかり合いの中から「創発」してくる何物かであると考えた方が、より真実に近いのではないだろうか。

さらに上の箇所で――あるいは本書全体を通じて――ウィルソンが、個人の行動が遺伝子によって規定されている程度は、一般に考えられているよりもはるかに大きいという立場を奉じているとすれば、いわば三段論法によって彼は、文化は大なり小なり遺伝子の産物だ、という還元主義的な主張を行っていることになる。すなわち、**上記の短い引用部分ですでに彼は、「文化→個人の行動性向」「個人の行動性向→遺伝子」という二段階の還元を一挙に行っている**のである。

「ダーウィン・ウォーズ」でドーキンスと歩調を合わせてスティーブン・ジェイ・グールドに敵対したダニエル・デネットが、本来は「仲間」であるはずのウィルソンに対して、[3]『ダーウィンの危険な思想』（1995）の中で**「強欲な還元主義（greedy reductionism）」**――一見複雑で説明困難な事象（複雑なシステムとか見かけ上のデザイン）を、それがよってきたる因果連関の途中経過抜きで、一足飛びに単純な原理から説明し去る態度――と呼んで批判したのは、ウィルソンのこうした多少ともせっかちで、証拠と論証よりむしろ目標と願望によって突き動かされた議論に対してであった。同書の中でデネットは、ウィルソンが哲学者のマイケル・ルースとの共著論文「倫理の進化」(Rose and Wilson 1985)の中で述べている「道徳性——あるいはより厳密に言えば、道徳性に対するわれわれの信頼——は、われわれの生殖上の目的を促進するために導入された適応にすぎない」という言明を槍玉に挙げて、次のように述べている。

馬鹿げた考えだ。われわれの生殖目的は、われわれが文化を発展させるようになるまではわれわれを走らせ続けてきた目的なのかもしれない。それはいまでも、われわれの思考の中で強力な——そしてときには圧倒的な——役割を果たしているのかもしれない。けれどもそれは、われわれの現在の諸価値についていかなる結論を導き出すことをも許すものではない。生殖上の目的がわれわれの現在の諸価値の究極的な歴史的源泉だったという事実から、それがわれわれの倫理的行為の究極の(そしてさらに主要な)受益者であるということは帰結しない。(Dennett 1995, p. 470)

ここで問題とされているのは、**ある対象の現在の機能や存在理由の正当化の問題と、そのもともとの起源や由来の歴史的説明の問題との混同に基づく「起源論的誤謬(genetic fallacy)」**である。すなわち、ある文化的実践が進化的起源を有しているか否かという問題と、それが現在において遺伝子の適応戦略として維持されているのか否かという問題とは全く別物だということである。そしてさらにデネットは、その少し後の箇所で次のように続ける。

ある有名なイメージの中で、E・O・ウィルソンはこの見通しを次のように表現している。「遺伝子は文化をつなぎ紐（leash）でつなぎとめている。この紐は非常に長い。けれども諸々の価値は、人間の遺伝子プールにそれが及ぼす効果によって、避け難く制約されている。」しかしそのことが意味しているのは（それが端的な誤りでないとしての話だが）、もしわれわれが人間の遺伝子プールに破滅的な効果をもたらす文化的習慣を取り入れたとしたら、いずれは人間の遺伝子プールは死滅するだろうということにすぎない。けれども、われわれの遺伝子が、その利益に真っ向から反する政策をわれわれが採用することを妨げることができるほど、強力で洞察力に富むものであることを進化生物学が示していると考えるべき理由は何もない。（*ibid.*, p. 470）

すなわち、「つなぎ紐原理」から喚起される「遺伝子が主人で文化が従者」というイメージは、遺伝子の自律性・主体性を不当に強調しすぎているゆえに正しくない、ということである。

どうやらこの問題に関しては、デネットにとって「敵の敵は味方」ではなさそうである。ちなみに上記の『ダーウィン・ウォーズ』の著者ブラウンは、この箇所のデネットを皮肉って次のように述べている。「このような姿勢を見ると、デネットが堅固なグールド派に身を落とすことを期待するかもしれない。しかし実は彼はドーキンス派であり、他に誰もいないときに、味方を射撃練習の標的にするのが好きなのだ」（Brown 2001, 邦訳、一八八頁）。

さて、「つなぎ紐原理」に関して注目すべき第二の点は、上述したウィルソンの「遺伝子還元主義」的な立場の背後に、**唯物論もしくは物理主義という彼の明白な存在論的信念**が控えているということである。それは特に、「脳は進化の産物である。人間行動とは、——その行動を駆り立て導く情動的反応という最深部の能力とともに——われわれの遺伝物質がこれまで無事に保存され、今後も無事に保存されていくための、間接的で遠回りな手法に他ならない」という部分に顕著に見て取れる。さらに同書の別の箇所では、この点に関してよりはっきりと、次のように述べている。

科学的唯物論の核心は、進化論的な叙事詩を語ることにある。その最小限の主張は次のようなものだ。

・物理科学の法則は生物科学や社会科学の法則と矛盾することなく（consonant）、因果的説明の連鎖によってそれらと連結しうる。
・生命や心は物理的な基礎を有している。
・われわれが知るこの世界は、同じ法則に従う初期の世界から進化してきたものである。
・今日の可視的な宇宙は、いかなる場所であろうと、こうした唯物論的な説明に従っている。

この叙事詩は、こうした路線に沿って上方にも下方にも〔マクロな方向にもミクロな方向にも？〕無際限に強化しうるものであるが、その最も包括的な主張を完全に証明することはできな

い。（Wilson 1978, p. 201;〔　〕内は筆者による補捉）

これは他でもなく、「遺伝的決定論」と並んで七〇年代の社会生物学論争で大きな火種となった、人文・社会諸科学の自然科学（生物学）への還元可能性の問題であり、そしてさらにはその論理の自然な延長線上にある、物理学以外の個別自然諸科学の物理学への究極的還元可能性の問題に関わる論点である。上の叙述から判断する限り、ウィルソン（1978）は、必ずしもデネットのいう「強欲な還元主義」一辺倒ではなく、自然の階層構造において互いに隣接するレベルをつなぐ段階的な因果的説明の提供によって個別諸科学を連結するという「良き還元主義」（Dennett 1995, p. 82）にも十分配慮しているように見受けられる。

この点は、ウィルソンの比較的最近の著書『コンシリエンス――知の統合』（1998. 邦訳タイトルは『知の挑戦――科学的知性と文化的知性の統合』）において、より明示的に論じられている。

科学の尖端は、自然をその構成要素に分解する還元主義である。還元主義という言葉そのものは、たしかにメスやカテーテルのように、侵襲的な冷たい響きをもつ。科学を批判する人たちは、ときとして還元主義を、あるライターが近ごろ「還元誇大妄想症」と名づけた末期症状に向かう、一種の強迫性障害のように表現する。しかしその特徴づけは、訴訟ものの誤謬である。検証可能な発見を仕事にしている現場の科学者は、還元主義をまったくちがう見方でみている。それは、**そうでなければ難攻不落の、複雑なシステムに入りこめる場所をみつけるために採用された、探**

査の戦略である。科学者の最終的な関心は、単純さではなく、複雑さにある。還元主義はそれを理解するための方法なのだ。（Wilson 1998, 邦訳、七〇頁。太字強調は筆者による。以下同様）

学者は行動と文化の問題に取り組むとき、人類学的説明、心理学的説明、生物学的説明など、個々の学問分野の見地から適切だと思われるさまざまな説明をすることを習わしとしている。私は、本質的にただ一種類の説明しかないと論じてきた。その説明は、さまざまな空間と時間と複雑さのスケールを横断し、統合によって、すなわち継ぎ目のない因果関係の網を認識することによって、さまざまな分野における種類のちがう事実群を一つにまとめる。……**統合的世界観の中心にある発想は、星の誕生から社会制度の働きまで、およそ触知できるものはすべて物質的過程にもとづいており、その過程は、たとえどんなに曲がりくねった長い道筋をたどるとしても、究極的には物理法則に還元できる**というものだ。（*ibid.*, 邦訳、三二六頁）

こうした還元主義が自然科学の外で好まれていないのは承知している。多くの社会科学者や人文科学者にとって還元主義は、聖具室のなかの吸血鬼のようなものだ。だからここで、そうした反応を引き起こす原因になっている冒瀆的なイメージをとりあえず払拭しておきたいと思う。今世紀も終わろうとしているいま、自然科学の焦点は、新たな根本法則の探究から、複雑な体系を理解するための新たな総合へと——こう呼ぶほうがよければ「全体論」へと——推移しはじめた。それが宇宙の起源、気候の歴史、細胞の機能、生態系の集合、心の物理的基盤など、さまざまな研究の目標である。**これらの大事業を遂行するもっとも有効な戦略は、さまざまな組織レベルにわたる首尾一貫した因果的説明を構築することだ。**したがって、細胞生物学者は内部に向かってレベルを下り、分子の集合体を見る。認知心理学者は神経細胞の活動が集まったパターンを見る。そして偶然の出来事が理解可能になる。（*ibid.*, 邦訳、三二七頁）

自然科学を社会科学や人文科学と合体させるのに、なぜこれと同じ方法が有効に働かないと思うのか、納得のいく理由はこれまでのところ示されていない。この二つのちがいは、問題の規模のちがいであって、解決に必要な原理のちがいではない。人間の条件は自然科学にとってもっとも重要な未開拓の領域である。反対に、自然科学があきらかにした物質世界は、社会科学や人文科学にとってもっとも重要な未開拓領域である。統合の議論を突きつめればこうなる。**二つの未開拓領域は同じものだ。**（*ibid.*, 邦訳、三二七頁）

これらの言明を読む限り、近年のウィルソンは、還元主義的戦略による諸科学の統一に関して、かなり慎重かつ説得的な見通しを示しているように見受けられる。少なくともそこには、「強欲な還元主義」と批判される余地はすでにない。デネット自身、こうしたきめ細やかな還元主義は「良き還元主義」として積極的に称揚していたのである。

かつて、オッペンハイムとパトナムは「作業仮説としての科学の統一」（1958）と題する共著論文の中で、**古くは論理実証主義にまで遡る「統一科学」**の夢にいぜん希望をつないだ。彼らによれば、目下のところ個別諸科学は、それらが扱う対象の側に見られるレベルの相違——素粒子（レベル１）—原子（レベル２）—分子（レベル３）—細胞（レベル４）—多細胞生命体（レベル５）—社会的集団（レベル６）——を反映して、それぞれ異なる前提や方法論を採用せざるをえない状況にあり、そのことがそれらの統合を阻んでいる。けれども彼らは、こうした階層構造における隣接するレベルを「ミクロ還元（micro-reduction）」によって縫合していくことによって将来的に「統一科学（unitary science）」の構想を現実化することは不可能ではないだろうとし、そうした見通しを「作業仮説」として提示したのである。その際彼らは、ある上位レベルの現象を、現時点で利用可能な隣接下位レベルの理論によって還元できないからといって、その現象の「創発性（emergence）」——もしくは（未来永劫にわたっての）絶対的還元不可能性——を主張するタイプの議論を、科学の歴史を見ればそうした議論は次々と論破されてきたという理由で斥けている（Oppenheim and Putnam 1958）。

現代にいたるまでに、このオッペンハイム＝パトナムの見通しはかなり現実化してきているといっていいかもしれない。たとえば、心的現象を対象とする研究領域における脳神経科学—認知心理学—心の哲学といった階層的分業はかなり円滑に遂行されているように見えるし、また生物の遺伝と行動の関係を研究する諸領域において分子遺伝学—古典（メンデル）遺伝学—細胞生理学—行動遺伝学—行動生態学といったミクロ還元関係を構想することができるかもしれない。けれどもこれはいぜん自然科学の内部の出来事にとどまっている。それに対してウィルソンは、上の引用から窺う限り、こうしたミクロ還元もしくは段階的階層間還元の戦略を用いて、C・P・スノーのいう「二つの文化」の間の隔絶に橋を架けることが（将来的には）可能であると、本気で考えているようである。私自身は、個別科学の哲学を生業にしている「人文学」研究者の一人として、常日頃から理系研究者と文系研究者との意思疎通がいかに難しいかということを実感しており、「二つの文化は違う言語をしゃべっている」というスノーの指摘は現在でもかなりの程度当たっていると感じているので、ウィルソンの壮大な構想には目眩を感じてしまう。では仮に、もし本当に可能であったとして、それは好ましいことなのだろうか？　はたして諸科学を「統一」する必要はあるのだろうか？　（その場合おそらく、人文・社会科学者は、大なり小なり「文化・社会現象」に関するヘゲモニーを自然科学者に譲り渡さねばならないことになるだろう。）この点についても私は、目下のところむしろ懐疑的である。ローカルかつミクロな局面で社会科学的問題解決に精緻で実証的な自然科学的基礎が提供されることは（場合によっては危険な場合もあるが）、生産的であることもある。かつての「氏（遺伝）か育ち（環境）か」という膠着状態にあった政治的・イデオロギー的論争に、ふたご研究のデータやゲノム情報の精緻な分析に基づく行動遺伝学によって新風が吹き込まれていることなどは、その典型例といえるかもしれない。**けれども、ウィルソンが提唱するような、最終的には倫理や宗教まで自然科学の管轄域に併合しようという壮大かつ野心的な「研究プログラム」は、（仮にそれが実現できたとして）彼の個人的な達成感を離れた人類史的意味というものを考えたとき、私にはそれほど有意義かつ生産的なものだとは思えない。**この点に関して私は、先に引用したデネットの「起源論的誤謬」に基づくウィルソン批判に共感をいだく者である。文化や倫理がかつては単なる成功した生存闘争の一手段にすぎなかったとしても（これはおそらくその通りだろう）、そのことは、現在における文化や倫理の駆動力を、自然科学的（進化論的）な基礎に回収できるということを意味しない。文化はもはや遺伝子のくびき――もしくは「つなぎ紐」――を脱して、すでに独自かつ自律的《オートノマス》な発展段階に入っているのではないだろうか（それを、一つの「ミーム」として説明できるかどうかは別にして）。

たとえば、**文化人類学者のマーシャル・サーリンズは『生物学の利用と悪用』（1976）という本の中で、『社会生物学』（1975）に見られる初期のウィルソンの荒削りな見通しを、手厳しく批判している（Sahlins 1976）**。サーリンズの論法は、大まかにいえば以下のようなものである。確かに、生物学は人間の社会・文化生活を究極的には説明できるかもしれない。しかしそれは、素粒子物理学が究極的には世界のあらゆる現象を説明できるというのと同様な、空虚な意味においてでしかない。いかなる文化現象といえども自然法則に従わざるをえない以上、それは自明の理である。しかしそれら諸法則がなしうるのは、せいぜい「自然＋文化」という階層構造の最下層において文化に一定の制約を課すことだけであって、階層構造の上層部で創発的に生起する文化現象を完全に規定することなどできない。

さらに彼は述べる。文化・社会的な事象の意味を、それに従事する諸個人の、生物学的に規定された性向・動機・欲求といったものによって置換可能だとするのは、文化というものの何たるかを理解しない悪しき還元主義である。それはかつて俗流マルクス主義者が、文化的上部構造を経済的下部構造に還元し、ポール・ヴァレリーの詩を「ブルジョワ的観念論の一形態」と呼んだのと同じ「テロ行為」（サルトル）である。たとえば「戦争」は、「攻撃性」という単なる個人の先天的な性向の発露というよりも、むしろ個人を越えた国家のレベルの力学ではじめて説明可能な事象である。たいていの歴史が物語るのは、戦争は単なる人々の攻撃性ないし怒りの結果起こるのではなく、むしろ人々は戦いたくないにもかかわらず国家によって強制的に動員され、あるいは攻撃性というより自らの属する共同体を守ろうという愛国心に駆られ、戦争に赴くということである。個人の動機や欲望が文化を決定するのではない。むしろ逆である。文化によってはじめて、諸個人の持つ混沌として対立しあう様々な動機や欲求が一定の方向に方向づけられるのである、と。

サーリンズは、ウィルソンの一九七五年の著書を下敷きにして批判を展開しているので、ウィルソンの還元主義に関する上述のようなその後の洗練化を前にしたとしたら、ある程度批判の矛を収めたかもしれない。けれども、サーリンズが提起している批判で、『コンシリエンス』におけるウィルソンにさえ、いぜん当てはまるものがある。それは、**たとえ還元主義が科学的な文脈では有効なものであったとしても、なぜそれのみが唯一の説明方式と見なされねばならないのか**、という点である。説明は、「下から上」だけでなく、「上から下」にも可能なのではないか。マクロなレベルの現象を、ミクロなレベルにおいて措定された実体やそれらの間に成り立っている法則的関係性から説明するという還元主義的思考は、確かにこれまで科学的知識の発展において大きな役割を果たしてきた。けれども、昨今の「複雑系の科学」をめぐる言説においても指摘されているように、生命体や生態系や経済システムといった、その構成要素間の複雑な相互作用を無視することのできない――というか、その相互作用にこそその本質的な存立基盤が存するような――システムにおいては、下から上への「一方通行」の思考では本質的に理解できない――もしくはわれわれの理解の最終的な表現から抜け落ちてしまう――たぐいの現象の局面が存在するということは、否定できないように思われる。ある階層レベルにおける要素の性質とそのふるまいによって一つ上の階層レベルの状態が決まると同時に、その一つ上の階層レベルの状態によって、その当の諸要素のふるまいが規定されるのである。「下向き因果（downward causation）」という概念には何か形而上学的で超自然的な響きがともなうが、必ずしもそのように考える必要はない。生態系の食物連鎖のバランスが個々の生物種の「利己的」生存戦略に優先されるという事実、生物体内部での個々の器官の十全な働き、遺伝情報が転写・翻訳される際の「細胞的文脈」への依存性（選択的スプライシング）等々、そうした例には枚挙にいとまがない。サーリンズが「戦争」と「攻撃性」との関係を例に挙げて論じていたのも、つまるところはそういうことであろう。もっとも、ウィルソンほどの大科学者がこうした現象に無知であったということはないだろう。けれども、**彼が「哲学者」として理論構築を開始し、その「乗りかかった船」たる理論に首尾一貫性を持たせようと腐心するとき、結果的に彼の議論はバランスを欠いた一面的なものとなっている**ように思われる。

*

文化と生物学（遺伝子）の関係を考えるための一つの格好の材料として、――ウィルソン自身も好んで取りあげる――近親相姦忌避《イスセスト・タブー》がある。これは、古今東西の人類諸文化においてほぼ普遍的に観察される行動規範であり、その起源に関して昔から様々な説明が提供されてきた。これには大きく分けて文化・社会的説明と生物学的説明がある。フロイトは、異性の親や兄弟姉妹とのセックスをひそかに望む人間の欲動――これ自体は「自然的」なものである――をほうっておくと人間社会の基本単位である家族関係が崩壊してしまうので、それを抑圧し社会的秩序を維持するための手段としてインセストタブーが導入されたと考えた（Freud 1913）。「文化人類学の父」と呼ばれるエドワード・タイラー――そして後にその理論を発展させたクロード・レヴィ＝ストロース――は、未開社会において女性がしばしば部族間取引きの材料として用いられていたことに注目し（つまり、女性を他部族に嫁に出し縁戚関係を結ぶことで自らの部族の政治力を高めることができる）、インセストタブーは女性の「交換財」としての価値を維持しておくための社会的装置だとした（Tylor 1889; Lévi-Strauss 1949）。以上が文化・社会的説明である。

それに対してもっぱら生物学的観点から近親相姦忌避のメカニズムを考えたのが、フィンランドの人類学者エドワード・ウェスターマークである（Westermarck 1891）。後に「ウェスターマーク効果」と呼ばれるようになった彼の仮説によれば、われわれ人間には、生後六歳頃までの幼児期を共に過ごした異性に対しては長じた後も相互の性的接触を嫌悪させるような生物学的・心理学的抑止のメカニズムが備わっている。こうした効果が実際に存在することは、イスラエルのキブツと呼ばれる共同体――そこでは生後間もない子供たちは、生物学的な両親や兄弟姉妹から引き離されて、他の同年齢の子供たちとの集団生活の中で育てられる――における観察によって、ある程度実証されている。したがってこの見解によれば、近親相姦忌避は、生得的な本性を抑圧するための文化的装置などではなく、むしろ生得的な本性自体が発現した自然の帰結だということになる。

ウィルソンは――当然予想されるように――、こうした生物学的説明に全面的に賛同する。そして彼は、近親相姦によって有害劣性遺伝子がホモ接合で蓄積し生存力のない個体が生まれる確率が高まるという「近交弱勢（inbreeding depression）」という遺伝学的な事実を引きあいに出しつつ、**「究極要因」と「至近要因」に基づく二段構えの説明**を提供する。[4]「至近要因（proximate factor）」とは、ある行動を生みだす直接的な（心理的・生理的）メカニズムのことであり、「究極要因（ultimate factor）」とはそうしたメカニズムがなぜそもそも進化的に獲得されてきたのかを説明しうるメカニズム——つまりは適応的進化——のことである。[5] すなわちウィルソンによれば、近交弱勢によってもたらされる生物学的不利益を排除する自然選択の力が「究極要因」として作用した結果、近親相姦行為に対して生理的に嫌悪をいだかせるような心理的抑制メカニズム（ウェスターマーク効果）をたまたま獲得したわれわれの祖先がその後の生存闘争で有利となり、そうしたメカニズムが定着してきたのである。換言すれば、心理的・生理的抑止のメカニズムは、近交弱勢を排除するという自然選択の超世代的な作用を一個体の世代内で効率的に実現するための適応形質だ、というわけである。したがってそのとき、近親相姦に対して心理的・生理的嫌悪をいだいている当人は、それが異常劣性遺伝子の蓄積を防ぐためのメカニズムだという究極の進化的理由を理解したり意識したりしている必要はないことになる。

では、**こうした生物学的効果と、上述したような社会・文化的効果との関係はどうなるのだろうか？** 一九七八年の『人間の本性について』におけるウィルソンは、一方的に後者は前者の随伴現象——つまり自律的な存在論的基盤を持たない単なる派生物——にすぎないと主張している。彼は言う。「強力な社会生物学的説明によってより根本的で緊急な原因——すなわち近親交配〔もしくは同系交配（inbreeding）〕によってもたらされる重度の生理学的不利益——が明らかにされる」のであり、「異系交配（outbreeding）の有利性は、文化的進化をそれに便乗させることができるほど強力であると考えられる。家族の一体性とか政治的取引の材料といった効果は、……便宜的な装置であり、直接的な生物学的理由ゆえの異系交配の不可避性に寄生する派生的な文化的適応にすぎない」（Wilson 1978, p. 38;〔 〕内は筆者捕捉）。

けれども、ここでの彼の議論もいささか性急に映る。というのも、**彼は「文化的要因に対する生物学的要因の優位性のテーゼ」とでも呼ぶべき原理を、ここで論証抜きで前提しているから**である。この点に関して、リチャード・ルウィントンとスティーブン・ローズとレオン・J・カミンが共著『それは遺伝子にあらず（*Not in Our Genes*）』（1985）の中で、かつてフロイトが（彼と同時代人であった）ウェスターマークに投げかけたのと同様な疑問を投げかけている。すなわち、もし近親相姦がほうっておいても生物学的なメカニズムにより自然に排除されるものであるのなら、なぜ文化はわざわざ「インセストタブー」という装置を導入してまでそれを排除する必要があったのか、と。後でまた述べるように、近親相姦行為に対する嫌悪感という心理・生理的「抑制（inhibition）」が生物学的適応として獲得されているのなら、制裁措置等による社会・文化的「禁制（prohibition）」によってそれを押さえつける必要はないはずである。そうした装置が必要であり、かつそうした装置を導入しなければ近親相姦という行為が根絶しないという事実それ自体が、近親相姦忌避が単なる生物学的問題を超えた事象であることを物語っているように思われる。

実際、仮に近交弱勢という遺伝学的事実が近親相姦を忌避すべき究極の理由であるという点を認めたとしても、そのことから、「近親相姦忌避は自然選択によって固定された適応である」ということは直ちには帰結しない。適応はあくまで遺伝子を媒介とした形質の世代間継承を前提した生物学的な概念であるが、近親相姦忌避のような行動は「文化的模倣」――教育や制裁その他の制度に基づく行動の世代間継承――によっても、等しく広まりうるからである。この点を簡単な思考実験によって示してみよう。いま二つの異なる人間集団P_1とP_2があり、P_1は近親相姦に対して忌避的、P_2は許容的であるとする。そしてさらに、議論のための仮定として、両集団の間に、近親相姦に対するこうした異なる行動戦略を採らせるような遺伝組成上の相違は一切存在せず、その相違はもっぱら両集団が置かれている異なる環境下における異なる生存戦略を反映したものであるとする。そしてさらに、両集団では、完璧な文化的模倣によって、親の世代で守られていた規範が忠実に子の世代に継承されていくとする。するとこのとき、両集団が競合しておりしかも環境の収容力に限界があるとするなら、このとき近交弱勢による負の効果によりP_2は次第に個体数を減少させ、P_1が相対的に繁栄していくことが予想される。そしてもしP_2が消滅に追い込まれたとすれば、最終的にP_1の行動様式、すなわち近親相姦忌避が集団全体に「固定」されることになる。つまり、近親相姦行為の有利／不利を測る尺度として生物学的適応度（期待される子孫数）を用いたとしても、それが自然選択以外のメカニズムで普及し普遍化されることは可能だということである。したがって、そうした文化的継承メカニズムが存在しないという積極的な証明を提供するのでない限り（ウィルソンはそれをしていない）、単に近親相姦忌避行動が汎文化的に観察されるという事実から、それが生物学的適応だという帰結を導くことはできない。つまり、**適応主義的説明を論証抜きでデフォルトとするわけにはいかない**のである。

左頁の表は、これら三種の説明法の骨格を、単純化して表現したものである。

以上のような思考実験に基づく議論に対して、次のような反論が予想される。すなわちこの思考実験は、P_1とP_2がその遺伝的組成の同一性にもかかわらず文化・社会的な要因から近親相姦に対する異

	近親相姦忌避行動の有利性	世代間継承様式
適応主義的説明（E. O. ウィルソン）	生物学的適応度	遺伝
社会・文化人類学的説明（フロイト、レヴィ・ストロース）	・家族の一体性の維持 ・政治的取引における女性の交換財としての価値の維持	文化的模倣（禁止、社会的制裁、タブー、教育、etc.）
ありうべき思考実験	生物学的適応度	文化的模倣

なる対応を発達させていると想定した時点で、近親相姦忌避行動の遺伝的継承の可能性をあらかじめ排除してしまっている、したがってそれは論点先取を犯している、と。けれども、この反論はこの思考実験のポイントを捉え損なっている。というのは、この思考実験の狙いは、近親相姦忌避行動の非生物学的起源ないし非生物学的継承様式の事実としての真理性を証明することにあるのではなく、その狙いはひとえに、仮に遺伝的継承のルートが絶たれていたとしても、それ以外のルートで当該の行動が普遍化されうる可能性を示すことにあるからである。言うなれば、それはあえて論点先取を犯しているのである。実際にはウェスターマーク効果が進化的適応として機能しているという可能性は否定できない。しかし人類文化における近親相姦忌避行動には、それだけでは説明できない要素が多分に存在することも確かである。

　ここで以下の点を確認しておくのは有益だろう。すなわち、ゴリラやサルその他多くのヒト以外の動物でも近親交配を回避することが報告されており、それらは当然のことながら、生物学的適応だと考えられる。けれども同時に、そうした種の場合には、「タブー」という形における逸脱への（言語的）禁令もしくは逸脱者への制裁といったものは観察されていない。したがって、**インセストタブーという現象自体が、いわば定義によって、言語や文化を有した人間固有のものだと言えるだろう。**この点に鑑み、人間におけるインセストタブーと人間以外の種における類似の行動との間の混乱を回避するため、後者を通常、近親相姦回避（incest avoidance）と呼んで区別することが多い。

この問題の背景にある論理構造を哲学的に分析すると、それは、**文化という「全体」はどこまで個人の遺伝的性向という「部分」の総和として表象することができるのか**、という形で表現できる。これは哲学ではお馴染みの還元主義（もしくはそのアンチテーゼとしての創発性）にかかわる問題である。すでに「つなぎ紐原理」のところで指摘しておいたように、「文化」について語るときウィルソンは、あらかじめそれを、その文化に属する個人の行動様式の代数和として捉える傾向がある。[6] すなわち彼は、ある社会集団における文化というものの本質を、その集団に属する多数派のメンバーが備えている遺伝的に規定された選好として、還元主義的に理解しているのである。ここでは、すでに指摘したように、個人と個人の相互作用を通じて「創発」してくる何物かとして文化を見る視点は欠落している。

この問題を文化哲学者のバーナード・ウィリアムズは**「表象問題（representation problem）」**と表現している。それは、社会・文化的規範が、個人の心理的性向を「表象」（あるいは「代理」「代弁」）したものにすぎないか否かという問題に関わっているからである。彼は述べる。

> 遺伝的に獲得された形質が生みだすことができるのは、せいぜいある種の行動に対する抑制（inhibition）にとどまるように思われる。ではこれは、社会的に制定された禁制（prohibition）とどのような関係を持ちうるのだろうか。実際、もし抑制が存在するのなら、どうしてこのよう

な禁制が必要となるのだろうか。（Williams 1983, p. 560）

ウィルソン自身は『コンシリエンス』の中で、近親相姦に対する心理的・生理的嫌悪感にはしばしば道徳的な否認の感情が付随しているので、個人レベルの抑制が社会的禁制によって表象される――すなわち、インセストタブーに見られる道徳的な要素を究極的には生物学的基礎に還元する――ことは不可能ではないと示唆している。これに対して文化人類学者は概して、嫌悪感は基本的に自分自身の行為に向けられた個人的な感情であるのに対して、タブーは基本的に自分とは異なる他者の行為をターゲットとした集団的あるいは組織的な監視と管理のシステムである。したがって、前者から後者が自動的に導かれるという考えは「自然」と「文化」のギャップを一足飛びに飛び越えるものであり、「である」と「べし」を混同する誤った自然主義的誤謬であると主張する（たとえば、古くは White 1948; Lévi-Strauss 1949 などがそうした論を提起している）。

社会生物学者と文化人類学者の論争に決着をつけることが私の主意ではないので、ここではこれ以上この問題に深入りすることはやめておく。ともかく私がここで行いたかったのは、「文化を生物学に還元する」というプロジェクトがいかに一筋縄ではいかないものかということを、インセストタブーという文化現象を具体的なケーススタディとして確認することである。

＊

では話を進めよう。ここまで近親相姦忌避を例として、何らかの適応的な行動形質が文化普遍的に観察されるという事実から、そうした行動形質が進化的適応だという結論を導く推論法にともなう問題点を考察してきたが、当然これは近親相姦忌避行動にのみ特有の問題ではない。そこで、ここではこの問題の構造をもう少し一般的に特徴づけてみよう。

グールドは、社会生物学を批判する文脈で、次のように書いた。

> ダーウィン主義的な「そうなるべくしてなったという物語《ジャスト・ソウ・ストーリー》」が基づいている通例の根拠は、人間には適用できない。その根拠とは次の推論である。「適応的なら、遺伝的である」。というのも、あるものが適応的であるという推測が、たいていの場合それが遺伝的基礎を有するという物語の唯一の根拠となっているからである。そしてダーウィニズムとは、集団における遺伝的変化と変異に関する理論であるからである。（Gould 1980b, p. 259）

他の所ではグールドに対して手厳しいデネットも、このグールドの文言には以下のような好意的な解釈を寄せている。

> 彼が述べているのは、人間の場合（そして人間の場合にのみ）、問題となっている適応の他の源泉——すなわち文化——が常に存在するゆえに、当該の形質は遺伝的に進化したという推論を行うのはそう簡単にはいかない、ということである。人間以外の動物の場合でさえ、当該の適応が身体構造上の特徴ではなくて、明らかに「上手い方策」であるような行動パターンである場合には、適応から遺伝的基礎への推論はリスクをともなう。（Dennett 1995, p. 485）

ここでデネットが「上手い方策(Good Trick)」と呼んでいるのは、彼が「強いられた指し手(forced move)」と対比的に導入している概念である。チェスを連想させる表現を用いてはいるが、これらは一般に差し迫った状況に遭遇したときに、われわれがとりうる二つの異なる方策を表わしている。すなわち「上手い方策」とは――それが熟慮に基づいたものであれ、偶然のひらめきによるものであれ――それが良い策であるがゆえに採用されるもののことであり、それに対して「強いられた指し手」とは、必ずしもそれが良い策であるからではなく、単にそれ以外に打つ手がないという理由で採用される方策を意味する。前者は「十分な(sufficient)」方策であるのに対し後者は「必要な(necessary)」方策だといえるかもしれない。これらは状況の必然性に迫られたときに、われわれが「発案・案出」しうる行動パターンのレパートリーを示したものである。

要するに、ここでのグールドやデネットの主張のポイントは、**われわれ人間は、必要に迫られれば、遺伝的に規定された生得的な傾向性からは独立に、文化的に適切な行動を案出する潜在力を持っており、そしてもしそうした必要性が普遍的なものであれば、結果的に案出された行動パターンも普遍的なものになりうる**、ということである。

この点を、以下のような単純化した思考実験で考えてみることにする。先の鋭く尖った石器を括り付けた飛び道具――つまりは、矢――を利用した狩猟方法は、必ずしも相互に文化的交渉を持っていたわけではない極めて多くの原始社会において、広く観察される行動パターンである。しかし、だからといってわれわれは、矢の製作をコードした遺伝子の存在を仮定する必要はない。むしろ、狩猟生活を強いられていた彼らが、そうした環境からの要請に迫られて、それぞれ独立に、しかし結果的には非常に似通った行動パターンを案出したと考えた方がはるかに自然であろう。比喩的にいえば、矢の発明は、共通の遺伝的基盤に由来する「相同（homology）」としてよりは、類似の環境条件への適応の産物である「相似（analogy）」として捉えた方が説得力を持つ、ということである。

こうした議論に対しては次のような反論が予想される。すなわち、矢の製作をコードする遺伝子という想定がたとえ非現実的であったとしても、われわれ人間は、大脳という高度な認知能力を備えた器官を進化させる過程で、同時に、**環境によってわれわれに突きつけられる課題に柔軟かつ臨機応変に対処し、ケースバイケースで所与の状況に適合した行動解を案出しうるような「心理メカニズム」**をも発達させてきたのである。したがって、相互交渉を持たない異なる原始社会にまたがって独立に観察される矢の発明は、そうした汎文化的に共有された「人間の本性」たる心理メカニズムが、その時々の状況の求めに応じて発動した結果に他ならない、と。

実はこうした反論は、実際に、その後一九九〇年代以降になって、**社会生物学の学問的後継として登場してきた進化心理学**によって提起されてきた路線に沿ったものである。残念ながら本書では、進化心理学を全面的に取りあげる余裕がないが、以下で、その社会生物学との関係をも含めて、ごく簡単な考察を施しておくことにしよう。

＊

ジェローム・H・バーコフとレダ・コズミデスとジョン・トゥービーの編になる、一九九二年に世に出た『適応した心』（*The Adapted Mind*）は、いわば進化心理学のマニフェストとでもいうべき本であり、初期の進化心理学の基本的な考え方がほぼ出し尽くされている。**その中でも特に注目に値するのが、トゥービーとコズミデスによる、「文化の心理学的基礎（The Psychological Foundation of Culture）」と題する、百数十頁にも及ぶ長大な共著論文**である（Tooby and Cosmides 1992）。この論文の主要目的は、彼らが「標準社会科学モデル（Standard Social Science Model）」と呼ぶところの、経験と学習という後天的な能力を重視する従来の人文・社会科学的文化モデルを批判し、それに対置して人間の生得的で普遍的な本性を重視する進化心理学的な文化のモデルを提起することにある。これは進化心理学のパイオニアによって書かれた、極めて重要な進化心理学の理論的綱領であるといってよい。そこで以下では、この論文から、目下われわれが論じている生物学と文化との関係――特に人間の文化行動の柔軟性をいかに説明するか――という問題に関して、彼らがどう考えているかを拾ってみることにする。

一般に、ウィルソン流の人間社会生物学と、その後の進化心理学との最大の違い――あるいは、進化心理学によって乗り越えられた社会生物学の難点――は、人間社会生物学がわれわれ人間の一つ一つの行動（一挙手一投足）を遺伝的にコードされた適応形質と見なす非現実的で硬直した理論的枠組みに捉われていたのに対して、進化心理学は、個々の行動でなくその基礎にある「心理メカニズム（psychological mechanism）」こそが適応であると考えることによって、人間行動の柔軟性を適切に説明しうる、という点にあるとされる。すなわち、心理メカニズム――あるいは端的に心――は、進化的に獲得された適応であり、人間であれば誰でも、どの文化に所属していようとも、普遍的に備わっているものであるが、他方でわれわれがそのときどきに選び取る行動それ自体は必ずしも遺伝子プログラムに書き込まれている必要はなく、むしろそれはこの心理メカニズムが状況に応じて発動された結果だというわけである。

それでは、心理メカニズムのこうした柔軟性はいかにして実現されるのだろうか。この点に関してコズミデスとトゥービーは、上述の論文の中で次のように述べている。かつては、柔軟性は汎用コンピュータのように「領域一般的(domain-general)」な——つまり、それが処理するタスクの種類にかかわらずそれらを一括処理するような——学習システムによって確保されると考えられていたが、それは誤りである。どのような問題に遭遇しても一つの機械で対処できるということは、一見柔軟であるように見えてかえって効率が悪い。仮にわれわれが生まれた時点では、脳は生得的な構造を持たない「何も書かれていない石板《タブラ・ラーサ》」であったとしよう。するとそれは、問題に対する解を、すべて後天的な経験を通じた試行錯誤によって学んでいかねばならない。すなわち、無作為に試みた方策の中でたまたまうまくいったものを解として蓄積し、うまくいかなかったものは破棄するという仕方で、発達過程において直面する課題に対処するノウハウを少しずつ身につけていかねばならない。しかし、こうした試行錯誤方式は、状況が少し複雑になるとたちまち行き詰まる。n個の要素が独立に連結していて、そのすべてについて正しい解を瞬時に見いださねば対処できないような(現実世界においてはしばしば遭遇される)複雑な問題に直面した場合——たとえば自動車の運転では、視覚(動体視力や周辺視野)・聴覚・触覚・運動感覚その他の五感を総動員し、不意に襲ってくるアクシデントにも瞬時に適切に対処することが要求される——、仮に一個一個の要素にはイエスかノーかの二択しかなかったとしても、全体では2のn乗個もの多数の選択肢が存在することになり、これはnの値の増大とともに指数関数的に増大する（これは「組みあわせ爆発（combinatorial explosion）」の問題、もしくはフレーム問題と呼ばれるものである）。これは、あらゆる選択肢を均等に考慮した上で試行錯誤的に解を見いだしていかねばならない学習機械にとってはほとんど対処不可能な事態である。けれども、もしわれわれの脳が生まれたときからすでに一定の機能に特化した多数の小器官（モジュール）に構造化されていたと考えれば、――たとえば上の例では、n個の問題の各々がそれを専門に扱うモジュールによって条件反射的に瞬時に対処されるのであれば――そうした問題はそもそも生じない。そして、現実の人間は、実際にこのような複雑な問題にリアルタイムで苦もなく対処できているのである、と[7]。

したがって、**われわれの心の柔軟性は、こうした「領域特異的（domain-specific）」に機能特化された、生得的に備わっている多数の（何百、何千もの）モジュールの中から、そのときどきの状況（環境刺激の入力）に呼応して、そのつど必要かつ適切なものが条件反射的に動員されると考えることによってより適切に理解できる**、ということになる。

文化の見かけの多様性も、同様な方向性で説明される。標準社会科学モデルにおいては、同一文化内の多様性を異文化間の多様性が凌駕するという事実（文化内同質性と文化間異質性）が強調され、この事実は「人間の普遍的本性」の概念を疑わしいものとするとされるが、必ずしもそのように考える必要はない。**表面的な異文化の多様性は、その根底にある普遍的な人間の本性――つまりすべての人間に備わった一群のモジュール――から、各々の文化が置かれている特殊な環境条件に応じて異なるモジュールが発動された結果であると考えれば、十分に説明がつく。**むしろ、（チョムスキーの

「普遍文法」の考え方と同様に）人類普遍的な学習メカニズム（ただしそれは領域特異的なものであるが）という基礎があればこそ、子供は異なる環境の下で文化的に多様なものを学ぶことができるのだ、と。以上が、人間行動の柔軟性と文化の多様性に関するコズミデスとトゥービーの基本的な見方である。

確かに、こうした進化心理学の考え方によって、社会生物学が直面していた方法論上の難点は乗り越えられているように見える。すなわち、「行動」と「遺伝子プログラム」の間に「心理メカニズム」を介在させることで、人間行動の柔軟性のより洗練された説明を提供しうるようになった。けれども他方で、**進化心理学者も「柔軟性は、試行錯誤的に経験から学ぶ学習機械の汎用性によってではなく、人類普遍的に――多かれ少なかれ生得的に――所有された一群のモジュールの、後天的に入力される環境刺激への臨機応変の応答性によって担保される」と主張しているのであるから、結局は、われわれの行動レパートリー（これまで論じてきたような、近親相姦忌避とか矢の製作といった汎文化的な行動パターン）も、何らかの形で先天的にモジュール化されていると主張せざるをえないことになるのではあるまいか。**したがって、進化心理学においても、われわれ人間の状況判断に基づく行動の発案能力は最小限に切り詰められていることになる。

というよりも、むしろそれこそが彼らの狙いでもある。というのも、同論文の中でコズミデスとトゥービーは次のように述べているからである。すなわち人間を他の生物から分かつ高度な認知能力を特徴づけるものとして、従来人文・社会科学で尊重されてきた「学習」「文化」「合理性」「知性」といった諸概念は、つまるところわれわれの無知ないし「神秘」を覆い隠すために貼られたラベルにすぎない。たとえば「学習」一つ取っても、実際にはそこには言語の学習、知識の学習、行動の学習、他者の模倣等々、複数の異質な行動が含まれている。けれどもかつては、それらを実際に実現する脳内過程が知られていなかったために、単にそれらを一絡げにして「学習」と呼んできたにすぎない。しかし近い将来これら個々の行動を実現するモジュールの脳神経科学的な基礎が明らかにされ、それらの異質性を異質なままに説明することが可能となれば、もはや「学習」という概念は無用のものとなる。かつて、生命を非生命から分かつ細胞内の過程が未知であった時代に（T・H・ハクスリー等によって）「原形質《プロトプラズム》」という概念が「生きている物質」を表すものとして導入され、生命現象の本質を説明するものとして重宝されていたが、その後それは科学的な説明力を失った。標準社会科学モデルにおいて重宝されている上記の諸概念も、それと同様にいずれは消去されるべき運命をたどるだろう、と。要するに、進化心理学が伝えるラディカルなメッセージは次のようなものである。**われわれ人間は、自ら「合理的に」ものを考えていると考えている――「コギト・エルゴ・スム」！――その瞬間にも、実際には準本能的・条件反射的に作動する多数のモジュールの協働によって、考えさせられているにすぎない。**

2　「遺伝的決定論」の問題圏

進化心理学からはひとまず離れて、以下では一九七〇〜八〇年代の論争で一つの大きな焦点となった「遺伝的決定論（genetic determinism）」をめぐる問題について、現代的な観点から再考しておきたい。まず確認しておくべき点は、「遺伝的決定論」というレッテルは、もしそれが生物の形態や行動が遺伝子情報だけで先天的に決定され、発生・発達の過程において、後天的な環境要因はいかなる影響も及ぼさないという極端な立場を意味するのであれば、それはおよそまっとうな生物学者ならかつて誰も奉じたことがないような立場である、ということである。ウィルソン自身、当時このレッテルとともに最も激しく攻撃された一人ではあるが、この点に関して彼が実際に述べていることを読むと、彼が極めてまっとうで常識的な立場に立っていたことがわかる。

たとえば彼は『人間の本性について』の中で、「遺伝的決定論」というレッテルを貼られることを拒否するかわりに、より適切な定義を与えた上で、それを自ら引き受けている。

> 興味深い問題は、人間の社会行動が遺伝的に決定されているかどうかではもはやなく、どの程度決定されているかということなのである。……それでは、遺伝的に決定されている形質とはどのようなものなのかという厳密な定義を与えておこう。それは、一つあるいは複数の、それ固有の遺伝子の存在によって、他の形質と、少なくとも部分的に異なっているような形質である。
> (Wilson 1978, p. 19)

つまり、特定の遺伝子（群）の存在が、ある形質と他の形質との間に、部分的であれ差異をもたらしているのであれば、その形質は——穏当な意味で——遺伝的に決定されているといってよい、というわけである。その際重要なのは、遺伝的決定度の客観的な指標を得るには、複数の異なる形質——あるいは、ある形質の複数の異なる状態――を比較することが必要となるということである。たとえば、単に「青い眼は遺伝性か」と問うことにはそれほど意味はない。瞳の着色に関与する遺伝子が存在することは事実であるとしても、「青い眼」という形質がそれだけで構築されているわけではないからである。「青い眼」は多くの異なる遺伝子座[8]における遺伝子の協働の産物であり、眼の色に関与するのはその中のごく一部にすぎない。けれども、「青い眼と茶色の眼との違いは、どこまで遺伝子の相違に起因するのか」と問うことには客観的な、あるいは科学的な意味がある。それは定量的にテスト可能であり、またメンデルの法則によってある程度予測可能な言明であるからである。

＊

この点に関して、少し補足しておこう。私たちの日常的な感覚では、「眼の色は遺伝性である」という言明は十分意味があるように思える。実際日本人は、その食生活やライフスタイルの多様性にもかかわらず、眼の色はほとんど黒（厳密には濃褐色）である。けれどもそれは、眼の色という形質の発現における遺伝的要因と環境的要因の相対的寄与の評価という観点からは、不正確な――あるいは、あえていえばミスリーディングな――言明なのである。**ある形質の発現における遺伝的要因の定量的な評価のためには、形質そのものでなく形質の差異に着目しなければならない。**「青眼の形質は何パーセント遺伝的か」「ある人の身長の何パーセントが遺伝子によって決まっているのか」という問いは意味をなさないが、「青眼と茶眼との相違は何パーセントが遺伝的か」「身長一七〇センチの人と身長一八〇センチの人との差異の何パーセントが遺伝子の差異に起因するのか」と問うことには意味がある――ただし必ずしも常に答が得られるとは限らないが。

この点は、より厳密には、集団遺伝学における「**遺伝率（heritability）**」の概念を参照することによって明らかとなる。定性的に述べれば、遺伝率とは、表現型分散に占める遺伝子型分散の割合のことである。分散とは、集団内における当該形質の変異、ばらつきの尺度のことである。[9] 遺伝子と環境との相互作用をとりあえず無視すれば、表現型分散V_Pは、遺伝子型分散V_Gと環境分散V_Eとの和として表される（$V_P = V_G + V_E$）。たとえば、日本人集団における身長のばらつきは、背の高さに関与する遺伝子の個人差に起因する部分と、それら個々人が置かれている、背の高さに影響を与える環境要因（栄養状態など）の相違に起因する部分との和として考えられる。そしてこのとき（広義の）遺伝率h_b^2は、次のように定義される。

$$h_b^2 = \frac{V_G}{V_P}$$

すなわちこれは、ある集団における特定の表現型に見られる分散のうちどれだけが、遺伝子の分散に起因しているのかを表す尺度である。分散が、あくまで集団内での変異に基づいて定義される量であることに注意されたい。V_Gに関して言えば、日本人の中に先天的に身長を高くする遺伝子を持った人とそうでない人との間の変異があるからこそ、その値がゼロ以外の数となるのである。仮にすべての日本人が身長に関して同一の遺伝子を持っていて、身長の個人差がすべて栄養状態などの環境要因によるのだとすれば、$V_G = h_b^2 = 0$となる。このことからまた、**この遺伝率の概念が一個人の形質に対しては適用できない**ものであることがわかる。個人の形質には変異がないからである。したがって、ある個人について、その人の身長の何パーセントが遺伝によるのかという問いは、意味をなさないのである。

*

さて、「遺伝的決定論」に関して、ウィルソンは別の箇所で次のように述べている。

われわれはついに、「遺伝的決定論」という重要表現にたどりついた。この表現の解釈に、生物学と社会科学の関係のすべてがかかっている。社会生物学がもたらす含意を即刻追い払ってしまいたい人々にとって、遺伝的決定論とは、発生過程が――昆虫におけるように――所与の遺伝子群からそれに対応するあらかじめ規定された単一の行動パターンへといたる、一本の道筋に限定されていることを意味する。(Wilson 1978, p. 55)

たとえば蚊の一生は、確かにこうした意味で遺伝的に決定されたものであろう。「蚊はいわば自動機械であり、それ以上ではない」。それとは対照的に、われわれ人間の精神的発達の道筋はもっと入り組んでおり、もっと可変的である。「人間の遺伝子は、単一の形質を指定するというよりもむしろ、ある一定の範囲で一群の形質を発達させうるような素因(capacity)を規定するのである」(*ibid.*, p. 56)。もしこの形質発現の可能な範囲が極めて限定されたものであるなら、当該の形質は上述した蚊の行動に近いものとなり、それを変更することは不可能ではないにしても骨の折れる忍耐強い努力が必要となる。たとえば左利きの人を訓練によって右利きに変えるような場合がそれにあたる。それに対して、その形質発現の自由度がかなり大きい場合には、その道筋を変更することは比較的容易である。

フェニルケトン尿症（ＰＫＵ）という遺伝病は、ウィルソンの言を借りれば、「遺伝子と環境との相互作用を、考えうる最も単純な形で示している例だといえる」（*ibid.*, p. 57）。ＰＫＵとは、食物中に普通に含まれている必須アミノ酸であるフェニルアラニンの代謝障害を引き起こすメンデル劣勢遺伝病である。フェニルアラニン分解酵素をコードする単一の遺伝子座に劣性変異遺伝子がホモで入ると（すなわち子供が二親の各々から変異遺伝子を受け継ぐと）フェニルアラニンの分解が阻害され、それがチロシンという別のアミノ酸に正常に変換される代わりに体内に過剰に蓄積し、やがてフェニルケトンという殺虫剤の原料にも使われる有毒物質に変換される。そしてこの有毒物質は、生後間もない乳児の脳の発達に深刻な影響を及ぼし、回復不能の知能障害を引き起こす。それを防ぐ唯一の方法は、フェニルアラニンの含有量を基準値以下に抑えた食事制限を出産直後から根気強く――少なくとも脳の発達がある程度完了するまでの一〇年間必要であるが、最近の研究によれば一生続けるのが望ましいとされる――続けていくことであり、この食事制限を厳密に守ってさえいれば一生健康な生活を送ることも可能である。したがってこれは、「遺伝的決定か否か」という点に関しては、いわばボーダーライン上に位置する事例だといえる。というのも、ＰＫＵはれっきとした「遺伝病」であり、ある人がこの病気に罹るか否かは、その人がある一か所の遺伝子座において「ＰＫＵを引き起こす遺伝子」を持っているか否かに一〇〇％依存するのではあるが、しかし同時に、たとえ彼／彼女がその遺伝子を持っていたとしても、後天的な措置によって実際の発病を防ぐことは可能であるからである

——けれども、そのためには相当な忍耐力と継続性が要求されるのではあるが。

遺伝子と環境とのより込み入った相互作用を示す例としてウィルソンが挙げているのが、統合失調症のケースである。彼によれば、この病気の発症に、遺伝的な「素因」が大きく関与していることは間違いない。実の親から離れて養父母に育てられた子供たちのその後の発症に関する統計的調査が示すところでは、実の親が統合失調症だった子供たちの方が、そうでない子供たちよりも、高い発症率を示すという。さらには、この精神疾患は、必ずしもストレスに満ちた西欧社会に典型的なものだというわけではなく、エスキモーやその他の文明化されていない非西欧社会でも、統合失調症とよく似た精神的兆候が報告されている——すなわちその発症に及ぼされる社会環境の影響は限定されたものでしかない——という。そして彼によれば、「統合失調症は、平均から外れたある種の人々に対して、社会が勝手に押しつけたレッテルにすぎない」という、この病気の存在自体を社会的な規約と見なす一部の精神分析学者の主張は誤りである。

けれども問題は、**この場合遺伝子と実際の症状との関係が、はるかに込み入っていることにある。**第一に、この病気の発症に関与する遺伝子は——私がこの本を書いている二〇一三年現在においても——まだ明確には特定されておらず、それが単一の遺伝子座におけるものなのか複数の遺伝子座が関与しているのかということも、よくわかっていない。第二にこの病気は、その症状自体が雑多で微妙な諸反応の寄せ集め——幻覚、妄想、痴呆、昏睡、場違いな情緒的反応、無意味な動作の強迫的反復などの予測困難な組み合わせ——だという点がある。それは、ＰＫＵのように明確に予測可能な症状が遺伝的要因（ＰＫＵの遺伝子を持っているか否か）と環境要因（食事制限を行うか否か）とのコンビネーションのみに基づいて、二値的にスイッチオン／オフされるという「デジタル」な様式とは異なり、「正常と異常」との間に明確な線を引くことも難しい極めて「アナログ」な発症様式を示す。そのため精神科医は個々の患者をそれぞれ個別ケースとして扱わねばならないほどであるという。第三に、この病気の発症に特定の遺伝子が関与していることは疑いえないとはいえ、その実際の発症における環境要因の影響もやはり無視できない。たとえば、統合失調症患者を生みだしやすい家庭環境というものがある。すなわち家族間の会話や信頼関係が希薄で、両親は互いに軽蔑しあっているが、他方で過剰な期待を子供にかけるような家庭で育てられた子供は、そうでない子供と比較して、たとえ先天的な素因が同等であったとしても、統合失調症になりやすいという[10]。

以上のような考察から彼は、先天的なものと後天的なものとの間に明確な線を引くことは不可能であると結論する。「氏か育ちかという時代遅れの二分法に代わる新たな記述法が必要になっているということは、いまや明らかである」(*ibid.*, p. 60)。**要するにウィルソンは、彼自ら定義した穏当な意味での「遺伝的決定論者」であったということはできるが、多くの批判者によって批判されたような意味で「遺伝的決定論者」であったわけではない、といってよい。**けれども同時に、すでに述べたように、彼が自ら定義して引き受けた「遺伝的決定論」が、標準社会科学モデルなどで想定されているよりは、はるかに遺伝子の寄与を大きく見積もった立場であることもまた事実である。

＊

同様なことは、**同じ時期にウィルソンと並んで「遺伝的決定論者」として指弾されたドーキンス**についてもいえる。『利己的な遺伝子』の中に「遺伝的決定論者」としての彼の悪名を高からしめた箇所がある。

私たちは、サバイバル・マシーン——すなわち、遺伝子として知られる利己的な分子を保存するべく盲目的にプログラムされたロボット自動車（robot vehicles）なのだ。（Dawkins 1976, preface）

いまや彼らは巨大なコロニーの中に群生している。ドシンドシン歩く大型ロボットの内部に守られ、外部の世界から封印されつつも、間接的で入り組んだ経路で外部と交信し、リモートコントロールによってそれを操作している。彼らは、あなたの中にも私の中にもいる。私たち——つまり私たちの身体や心——を造ったのは、彼らなのだ。そして私たちが生きている究極の理由は、彼らの存続にあるのだ。彼ら古代の複製子たち[11]は、ここまで長い道のりをたどってきた。いまや彼らは「遺伝子」の名で呼ばれている。そして私たちは、彼らのサバイバル・マシーンなのだ。

(*ibid.*, p. 19.〔　〕内は筆者捕捉)

おそらく、こうした意表を突いた奇想天外な表現を目の当たりにした当時の読者は、さぞかし仰天したことだろう。そして彼らが、こうした文章をものした著者に「遺伝的決定論者」のレッテルを貼りたくなる気持ちも、十分に想像できる。

それに対してドーキンス自身は、『延長された表現型』（1982）の第2章「遺伝的決定論と遺伝子選択説」の全体を、もっぱら『利己的な遺伝子』以降彼が世間から浴びせられてきた「遺伝的決定論者」の誹りが不当なものであることを示すという目的のために費やしている（Dawkins 1982a）。彼はまず、「盲目的に」「プログラムされた」「ロボット」といった比喩を用いた語りは、確かに幾分軽率であったことを認める。彼の弁明はこうだ。これらの比喩を用いたときに彼が個人的にいだいていたイメージは、当時の先端的なＡＩ技術などによって可能となっていた、あたかも自由意志を持っているかのようなインタラクティヴなロボットのそれであったのだが、彼はその際、こうした表現によってむしろ世間に喚起される「遺伝子に書かれたプログラムに盲目的に従う硬直的な機械」というイメージがいかに強力なものであるかを、十分に考慮していなかったのだ、と。

その上でドーキンスは、以下のように議論を進める。**「遺伝的（genetic）」という形容詞を冠することによって、従来からある決定論がより一層決定論的になったり、あるいはより不吉なものになったりすることはない。**決定論にも色々なバージョンがある。カルヴィニズムのような神学的決定論、「ラプラスの魔」に見られるような自然法則的決定論、そして「遺伝的決定論」のアンチテーゼと通常見なされている「環境決定論」――幼少時の劣悪で悲惨な養育環境が凶悪犯罪者を生みだす大きな要因であることは死刑囚永山則夫などの例に見られるとおりである――まで。では、決定論に「遺伝的」という形容詞がついただけで、なぜ世間はこれほどまでに大騒ぎするのだろうか？

ドーキンスの論敵であった生物学者のスティーブン・ローズは、男性の先天的な浮気性に関するドーキンスやウィルソンの言明を捕えて、「御婦人方よ、あなた方の御主人があちこちで浮気をして回っているのを咎め立てしてはなりませぬぞ。御主人はそうすべく遺伝的にプ、ロ、グ、ラ、ム、さ、れ、ているのであって、それは御主人の落ち度ではないのです」と茶化した。それに対してドーキンスは、もしそうであるなら同様に、「御婦人方よ、あなた方の御主人があちこちで浮気をして回っているのを咎め立てしてはなりませぬぞ。御主人はポルノ雑誌によって焚きつけられたのであって、それは御主人の落ち度ではないのです」と言ってなぜ悪いのか、と反問している。神学的決定論にせよ、自然法則的決定論にせよ、環境決定論にせよ、遺伝的決定論にせよ、その論理構造は同じである。すなわちそれは、「仮にある決定因子Cが存在するなら、Cを持っている集団はCを欠いている集団と比較して、ある特定の結果Eを示す確率が統計的に有意に高い」というものである。「遺伝的決定論」といっても、単にこのCにある特定の遺伝子型Gを代入した言明にすぎない。要するにそれが主張しているのは、あくまで集団における「統計的な傾向性」であり、特定の遺伝子を持った個人における「変更不可能な（irrevocable）決定性」ではない。

彼がその章で提起しているもう一つ重要な論点――というか弁明――は、**世間はしばしば、「遺伝子選択説（gene selectionism）」というダーウィニストとして至極まっとうな主張を、「遺伝的決定論」だと取り違えてきた**というものである。「あらゆる適応的進化は遺伝子進化である」というドーキンスの遺伝子選択説の妥当性は本書第3章の中心テーマとなるものだが、ここではひとまず彼の言い分に耳を傾けてみよう。自然選択による進化について語ることは、対立遺伝子のプールにおける頻度変化について語ることに他ならない。もちろん自然選択によらない非適応的進化（中立進化など）もあるし、またダーウィン自身「多元論者」であって自然選択のみが進化の要因だとは考えていなかったというのも事実である。けれども、少なくともドーキンスが最も関心をいだいている適応的進化に関しては、遺伝子間の適応度上の差異について語らないわけにはいかない。ところで、遺伝子選択説はあくまで通時的な――すなわち多世代にまたがる――進化に関わる主張であるが、それに対して「遺伝子コードによって変更不可能な仕方でプログラムされた表現型」という遺伝的決定論の主張はあくまで共時的な――あるいはせいぜい一世代内にとどまる――個体発生のプロセスに関するものである。この両者は元来まったく別物であるにもかかわらず、「遺伝子」という言葉を聞いただけで世間は条件反射的に後者を想像してしまうのである。

そのことを示す一例として、ドーキンスは、彼が実際に体験したエピソードを紹介している。それは彼がある人類学の会合に招かれて出席したときのことである。一人の演者が、世界のいくつかの部族で現在も見られる一妻多夫制について、それはハミルトンが提唱した血縁選択説によって説明できるという仮説を提唱した。血縁選択説とは、個体は自らの直系の子孫を残すことによってだけではなく、自らと同じ遺伝子を共有する血縁他者の繁殖行動を援助することによっても、遺伝子の観点からの繁殖成功度（包括適応度）を増大しうるという説である。ドーキンスは、この演者がどのような論拠に基づいてそうした仮説を提起したのかは語っていないが、ともかくもこの仮説に魅了された。けれども同時に、彼はその難点も見て取った。血縁選択説は本質的には「遺伝子の目から見た」――遺伝子レベルでの生存戦略の優劣にかかわる――理説であるが、通常遺伝子進化によってある特定の行動形質が進化し固定されるには途方もなく長い（一般的には少なくとも数十万年オーダーの）時間がかかる。したがって、もし演者の言うように一妻多夫制が血縁選択によって維持されているとするなら、この特異で例外的な配偶システムが、それが現在見いだされるある特定の地域においてのみ、おそらく人類の有史以前の昔から非常に長期間にわたって、生物学的適応度の増大に寄与し続けてきたのでなければならないことになる。そこで彼はこの演者に、そのような事実を裏づける人類学的証拠が本当にあるのか否かを質問した。ところが、ドーキンスが'gene'という「四文字語」('shit'や'fuck'などの四文字からなる、通常は口にするのが憚られる下品な語)を持ちだしたことによってその場の空気が一変した。演者は、「私は遺伝子についてではなく、人間の社会行動について語っているのだ」と言い張った。会場にいた他の人類学者たちも、演者に同調した。そこには「遺伝的決定論者」ドーキンスを非難する空気が充満していた。けれども——とドーキンスは言う——、血縁選択を持ちだすことで「遺伝子」を議論の俎上に載せたのは彼らであって彼ではない。むしろ彼は、人類の婚姻制度の維持が単純に遺伝子の生存戦略だけでは決まらないのではないかという可能性を示唆したにすぎない。すなわち、**実質的な「遺伝的決定論者」はその場にいた人類学者の方であったにもかかわらず、単に「遺伝子」という語を持ち出しただけで、ドーキンスがその謗りを受けることになってしまったのだ、と。**

また、**「形質Xのための遺伝子」(gene for X)という表現はいかにも遺伝的決定論を彷彿とさせるもの**ではあるが、ドーキンスに言わせれば(実際に彼はこの表現をいたるところで多用している)、これは「ある形質Xに関して集団中に見いだされる遺伝的変異」を意味する縮約表現にすぎない。変異のないところでは自然選択による進化は起こりえないからである。したがって、これは必ずしも「形質Xの発現をコードしている遺伝子」である必要はない。形質の発現は、遺伝子情報とその外部環境との微妙な相互作用によって調節されるものであり遺伝子情報だけで決定されるものではない、ということは当然ドーキンスもわきまえている。けれども、形質に変異をもたらすことなら——それがたとえ眼のように複数の遺伝子座が関与している複雑な形質であろうとも——点突然変異（一塩基置換）でも可能である。（酒に強いか弱いかにかかわるアセトアルデヒドの分解能力が、アセトアルデヒド分解酵素をコードしている遺伝子の一塩基置換で決まることは馴染みの話であろう。）したがって、適応的進化について語りたいなら、「〜のための遺伝子」という表現を用いることは避けて通れない。

当然個体発生のプロセスは複雑でその詳細はよくわかってはいない。けれども、いずれにせよ表現型は構築されるのであり、そこに遺伝子が多かれ少なかれ重要な役割を果たしているという点も紛れもない事実である。そしてこの事実さえあれば、差異をもたらすという遺伝子の作用に着目した機能的言明をなすことは正当化される。そしてその問われわれは、個体発生の詳細を「ブラックボックス」とみなし、その解明を安んじて発生学者に委ねておけばよい。

この論点を明確化するため、ドーキンスは次のような思考実験について語っている。われわれが「ものを読む」という行動を考えてみると、確かに読むという複雑で高度な能力が、どこかたった一箇所の遺伝子座によって維持されているということは考えにくい。けれども、脳のある一定の部位に損傷もしくは機能不全を引き起こす突然変異遺伝子が生じ、この読む能力が阻害されるということであれば十分に考えうる。またその際、この変異が遺伝すると仮定しても問題なかろう。だとすれば、このときこの変異遺伝子を「読む能力を阻害する遺伝子」もしくは「**失読症（dyslexia）の遺伝子**」と呼ぶことは許されるだろう。そして同時にこのとき、この「失読症の遺伝子」と同じ遺伝子座を占めうる本来の（野生型の）対立遺伝子を、「読むための遺伝子（the gene for reading）」と呼ぶことも正当化されるだろう。なぜならば、読めるか読めないかという、読む能力に関するいわばスイッチオン／オフにかかわってくる——その意味で自然選択の「目に見える（visible）」——のは、まさしくこの遺伝子座における遺伝子型であるからである。ポイントは、**この遺伝子座は、個体発生の過程で読む能力全般の発現に関与するおそらく何百もの遺伝子座の中の一つである必要はない**、ということである。場合によっては、発生プログラムの上では通常それらとまったく無関係なある遺伝子の変異によって「読む能力」が阻害される、という事態も不可能ではない。要するに「〜の遺伝子」という表現は、あくまで当の表現型に何らかの差異（変化、機能不全、など）を引き起こす遺伝子についての言明であり、当の表現型を構築している遺伝子群そのものについての言明である必要はないのである。

この「失読症の遺伝子」の例はあくまで思考実験だと彼は断っているが、この章で彼は、その他にも、ゆりかもめの親が、ひなが孵化した後の卵の殻を除去する行動とか、ミツバチが病気にかかった幼虫を巣から除去する衛生行動などの例を挙げて、こうした論点を例証している。特に後者に関しては、衛生行動自体には全神経筋肉系が関与しているにもかかわらず、それをするタイプのミツバチ（ブラウン系統）としないタイプのミツバチ（ヴァン・スコイ系統）との差異は、たった二箇所の遺伝子座における違いに起因しているという。ともかく、以上の論理を一般化すれば、次のように表現できるだろう。

たとえある特定の遺伝子座Lが、それ単独で、ある特定の表現型の発現を担っているのでなくとも、その遺伝子座における対立遺伝子の置換（A→A*）によって、当の表現型に何らかの差異（P→P*）がもたらされるならば、その対立遺伝子Aを〝表現型Pの遺伝子〟と呼び、その優劣（適応度）について語ることは、正当化されうる。

要するにこれは、**「差異生産者（difference maker）」**として遺伝子の決定性を捉える、という考え方に他ならない。[12]

＊

以上、「遺伝的決定論」をめぐる論争が燃え盛っていた一九七〇年代中葉に、その渦中にあったウィルソンやドーキンスの主張を見てきたが、このことから推測できるのは、**同じ「遺伝的決定論」という言葉を使っていても、彼らとその批判者との間でおそらくその含意にかなりのずれがあった**のであろうということである。ウィルソンとドーキンスとの間にさえ、若干の立ち位置の違いが見て取れる。ウィルソンは「遺伝的決定論」というレッテルを彼にとって適切な意味に定義し直した上でそれを躊躇なく用いていたのに対し、ドーキンスはそれをあくまで不名誉なレッテルとして最後まで忌避し続けていたからである。

同一の概念が、異なる分野において異なるニュアンスで用いられるというのはよくある話である。すでに述べた「還元主義」が、哲学の世界ではどちらかというと負のニュアンスで語られることが多い（当然それに対する対抗勢力も存在するが）のに対し、先に見たウィルソンの言明にあるように、自然科学の世界では肯定的に捉えられることが多い。「遺伝的決定論」という語も、歴史を重視する科学哲学者である私にとってはいまでもネガティブな意味あいをともなった語であることに変わりはないが、これに関して私は、比較的最近意外な体験をした。第一線の生命科学者（ゲノム科学者）の方々と話をする機会があったときに、彼らが哲学的な問題にも関心を持っていたことから、たまたま「遺伝的決定論」に話が及んだ。その際私は、彼らがこの語に対してネガティブな印象を微塵も持っていないということに気がついたのである。これは私にとってはちょっとしたカルチャーショックだった。

また、集団遺伝学者の斎藤成也は著書『ダーウィン入門』の中で、以下のように書いている。彼は木村資生の中立進化説の強力な唱道者として知られているが、「選択にかからないような分子レベルの進化は確かに中立説で説明できるかも知れないが、マクロな表現型のレベルの進化の大部分はやはり自然選択を持ちださないことには説明できない」という中立説に対する典型的な反論に対して、次のように応答している。

中立論の登場は、現代進化学において、進化の新総合説というパラダイム……を退場させたという点で、パラダイム転換にあたる。ただしこの人転換は、DNA配列やアミノ酸配列の進化のレベルにとどまっている。……形態などの肉眼で見ることができる形質を生み出す生物の発生過程が十分に解明されていないからである。この状況の中で、形態の進化と分子の進化はまったく異なっていると主張する人も見かけるが、それはまちがっている。生物はその起源から分子レベルで生じたのであり、形態の進化ももちろん分子レベルのメカニズムで説明できるはずである。両

者の間に明快な境界があるはずはない。（斎藤 2011, 一八六頁）

つまり、マクロな形態の進化とミクロな分子進化とを別個の現象として分けて考えるのは、自然がそうなっているという必然性によるものではなく、単に人間の側のご都合主義にすぎないというわけである。この主張の是非はここでは問わないが、こうした議論の文脈において、この少し後の箇所で斎藤は次のように述べている。

生物の形態だけでなく、分子レベルを含めてありとあらゆる生物の状態を表現型と呼ぶが、ゲノム中の遺伝子が表現型を出現させるのにきわめて重要だとする、遺伝子決定論の立場からすると、遺伝子と表現型のあいだに明確な対応関係がつけられるはずである。（同、一八七頁）

ここでは明らかに「遺伝子決定論」は、彼の立場の一環として肯定的に言及されている。これは、この語を穏当な意味で再定義した上で受け入れた上記のウィルソンの立場に近いといえるだろう。この斎藤の表現に関しても、「ゲノム中の遺伝子が表現型を出現させるのに極めて重要」であることに異を唱える人はあまりいないと思われる。もっとも、「極めて重要」というのがいったいどのくらい重要ということなのかについては、集団遺伝学者、発生学者、進化生物学者の間でおそらく意見は分かれると思われるが……。

ちなみに、上述したドーキンスの「差異を生みだす能力」として遺伝子の決定性を捉えるという論理は、――それが一九七〇年代になされたものであり、しかも彼は進化生物学・動物行動学という、実験室よりはむしろフィールドを主たる研究の場とする研究者であるという事実にもかかわらず――もっぱら実験室で高速かつ高解像度のシーケンサー（DNA塩基配列解読装置）を用いてゲノム配列を解析する現代の分子遺伝学においても、基本的に採用されているようである。たとえば、分子遺伝学者の猪子英俊は、『科学』に掲載された「ヒトの多様性」というエッセイの中で、対象生物のゲノムに人為的に惹起させた変異による表現型の変化を調べることによって、遺伝子と表現型の関係を明らかにするという分子遺伝学的手法について、次のように語っている。

> この方法には、分子遺伝学の根幹をなす重要な考え方を含んでいる《ママ》。すなわち、得られた変異生物は変異を起こした塩基以外のゲノム情報（あるいは、ゲノムの塩基配列）は親株と変異株で全く同じであることから、親株と変異株の表現型の違いは、その一塩基の変異に帰せられる、という論理である。この遺伝子型（genotype）と表現型との関係は遺伝子とその表現型とが原因と結果の関係、すなわち確固とした因果関係であり、「風が吹けば桶屋が儲かる」式のあいまいな対応関係ではない点に注目すべきである。（猪子 2003, 四三八頁）

また、ある遺伝子の機能を調べるために、その遺伝子を人為的に「ノックアウト」（不活性化）したマウスを作り、正常なマウスと比較するという「ノックアウトマウス」の手法も、こうした論理の応用だと言えるだろう。

3　「遺伝子と環境との相互作用」という言説

話を進めよう。ともかくも「遺伝的決定論」は、私の感触では、大方の趨勢ないし「雰囲気」としては、忌避すべきものとして語られるようになった。そしてそのためもあってか、**その後それに代わって頻繁に登場するようになったのが「遺伝子と環境との相互作用」の重要性という言説である。**つまり、表現型の適切な発現には遺伝子と環境の両方が重要だというわけである。しかしこの「相互作用」というのは極めて曖昧な概念であって、ときによっては誰にも反論できない人畜無害だが内容空虚な語りに堕しかねない。実際、「……当然ながら、この遺伝子型がこの表現型を発現させるといえるのは、適切な環境条件が整っていてのことである……」といったたぐいの言明がなされるとき、しばしばそれは「遺伝的決定論」という負のレッテルを貼られるのを未然に回避するための心理的防衛機制にすぎないことも多い。そもそも上に論じたように、一九七〇年代当時に「遺伝的決定論者」として指弾されていたウィルソンやドーキンスでさえ、実質的にはすでに「遺伝子と環境との相互作用」を当然のこととして認識していたという事実が、この点に関して何事かを物語っているといえよう。また、アカゲザルのメスにとっての子育て能力や、オスにとっての交尾能力は、遺伝的に規定された生物学的適応であるといってよいだろうが、幼児期に社会的に隔離され仲間と触れあう機会を持てなかった場合、メスは長じて母となっても自分の子供の育て方を知らず、またオスは上手く交尾する術を知らないという（Sterelny and Griffiths 1999）。このことは、環境からの適切な時点での適切な刺激（cue）が与えられなければ、遺伝子コードに埋め込まれた発生プログラムも適切に発動できないという、ある意味で自明の「相互作用」の存在を物語っている。もっと身も蓋もない例を挙げれば、胃という器官を発現させる遺伝子をいくら持っていたとしても、発生過程で胃を摘出してしまえば胃は発現しないだろう。これら多かれ少なかれ自明かつ陳腐な例が示しているのは、**ことさら「遺伝子と環境との相互作用」の重要性を強調せずとも、遺伝子だけで決定されているような表現型は最初からほとんど皆無である**ということである。

そこで以下では、この「相互作用」という言説により実質的な意味を持たせるため、キム・ステレルニーとポール・グリフィスの『セックス・アンド・デス』の議論を参考に、それを、単なる自明の理から論者の間で鋭く意見が分かれうる実質的な含意をともなったものに至るまで、次第にその主張が強まっていく三段階のステップに整理してみることにする（Sterelny and Griffiths 1999, Chapter 1）。

まず、**第一段階の最も自明な相互作用の主張として、「表現型の発現には遺伝子と環境との両方が必要であり、どちらか一方が欠けても不十分である」というものが考えられる**。これは至極当然の主張である。そもそも遺伝子がなければ——要するに精子と卵子が受精して二三対の染色体からなる一対のヒトゲノムが形成されなければ——われわれ人間の目も心臓も脳も発現しない。他方で、たとえ遺伝子があっても、水とか空気とか栄養とか適切な環境が与えられなければ、やはりこれらの表現型は発現しない。この意味での相互作用に異を唱える人はいないだろう。すぐ後に見るような極端な遺伝的決定論者もしくは環境決定論者であっても、この点は認めざるをえないだろう。

次に**第二段階の、より強い意味での相互作用の主張として、単に遺伝子と環境の両方が表現型の発**

現に必要だというだけではなく、そのどちらか一方でも変化すれば、それに応じた変化が必ず最終産物としての表現型に現れる、というものが考えられる。別の言い方をすればこれは、遺伝子型の異なる個体が同じ環境に置かれている場合や、（一卵性双生児のように）同一のゲノムのセットを共有した別個体がそれぞれ異なる環境に置かれている場合には、それらの差異に応じた表現型の差異が必ず観察されるはずだ、ということになる。ただしこの第二段階の相互作用の場合、遺伝子型と環境の変化が及ぼす効果は互いに相加的（additive）であり、その両者の間に相乗効果は存在しない。たとえば、仮に馬場氏の遺伝子は猪木氏の遺伝子と比較して身長を一〇センチ分高くする効果を持っていたとすると、両者が同じ環境に置かれている限り――それが敗戦直後のような栄養状態の劣悪な環境であろうと、現在のように栄養状態の良好な環境であろうと――、常に馬場氏は猪木氏より身長が一〇センチ高い、ということになるだろう。仮に猪木氏の遺伝子が彼を終戦直後だったら一六〇センチに、現在だったら一九〇センチにしたとすれば、馬場氏の遺伝子は彼を、それぞれ一七〇センチと二メートルにするだろう。

ステレオタイプの決定論者は（もしそうした者が実在すればの話だが）――それが遺伝的決定論者であれ、環境決定論者であれ――この立場を拒否することになる。たとえば、「『犯罪者の遺伝子』を持って生まれてきた人間は、その養育・教育・交友などとは無関係に、いずれ必ず犯罪者になる」という主張や、「人間は環境の産物なのだから、先天的な素質のあるなしにかかわらず、どんな子供でも英才教育を施せば必ずオリンピック金メダリストに育て上げられる」という主張を本気で唱える者がいたとすれば、彼／彼女はこの第二の意味での相互作用を否定していることになる。それに対して、仮に「性染色体によって、男性は女性よりもテストステロンの分泌量が一定量多くなるように規定されているので、同一の環境に置かれた男女を比較するなら——それがいかなる環境であるかにはかかわらず——男性は常に女性よりも攻撃的になる」と主張する論者は[13]、この第二の相互作用と矛盾しない形で遺伝的決定論を唱えていることになる。

最後に**第三の、最も実質的な含意をともなった——それがゆえに最も意見の分かれる——相互作用の主張とは、上述したことからも予想されるように、遺伝子と環境との非相加的・相乗的な（non-additive）相互作用の存在を主張するものである。**たとえば遺伝子型G_1をG_2に置換したときの表現型効果が、ある環境E_1の下ではプラス五単位分の正の変化となって現れるが、別の環境E_2の下ではマイナス三単位分の負の変化となって現れるというように、遺伝子型（あるいは環境）を変化させたときの効果が環境（あるいは遺伝子型）によって異なる場合がこれにあたる。たとえば、能力別クラス編成の導入は、子供たちの先天的な学習能力の違いをさらに増幅させる傾向があり、逆に能力別でないクラス編成の下では、子供たちの学習到達度がその元々の学習能力の相違にもかかわらず均質化する傾向が仮にあったとすれば、そこにはこうした強い意味での遺伝子と環境との相互作用が働いていることになる。また逆に、理想的な学習環境を与えた場合と、貧弱な学習環境しか与えなかった場合とにおける子供たちの学習到達度の開きが、元々学習能力の高い子供では小さく、元々学習能力の低い子供では大きくなるということがもし仮にあったとすれば、ここでもやはりこうした強い意味での相互作用が働いていることになる[14]。

他方で、人類の諸文化の圧倒的な多様性に比してヒトの遺伝的組成は極めて一様である（そもそもヒトとチンパンジーの間でさえゲノム配列の相違は二％程度でしかない）ということを論拠に、われわれの文化や行動様式の相違はもっぱら環境要因の相違によって説明されるべきであり、遺伝的変異はほとんど説明力を持たない――すなわち、「差異は差異によってしか説明できない」――と主張する論者は、遺伝子と環境との相互作用が相加的であるという前提に立っていることになる。この主張は極めて常識的であり、一見高い説得力を持つ。文化と生物学の関係について論じたところで、ウィルソンの批判者として挙げた文化人類学者サーリンズの立場も、これに近いものだといえるだろう。彼の主張は詰まるところ、生物学的に規定された人間の生得的性向が文化の形成に及ぼす影響は否定できないにせよ、それはあくまで最低限のものにとどまり、それだけで文化の持つ多様性や豊饒性を説明するには到底不十分だ、という論点に集約されるからである。

　けれども、遺伝子と環境とが相乗的に相互作用する場合には、たとえ遺伝的な差異がわずかであり、通常の環境の下では大きな表現型の変異を生みださなかったとしても、それが通常とは異なる環境の下で通常とは異なる刺激に晒されることによって大きな表現型の変異となって現れるということは、十分ありうる話である。先に挙げた統合失調症のケースでは、遺伝的素因がその発症に深く関与している可能性が高いとは言え、それが発現しにくいような家庭環境というものが確かにあった。けれども、そうした素因を持った子供が、その発現を助長するような家庭環境の下で育てられれば、その潜在的な素因が一気に表面化するだろう。ＰＫＵの場合においては逆に、「ＰＫＵの遺伝子」を持っていることはすなわち、通常の環境においてほぼ一〇〇％この病気にかかることを意味するが、フェニルアラニンに関する厳格な食事制限が導入された人為的に特殊な環境の下では、この表現型の発現が劇的に抑制される。ここに挙げたのは病気の例ばかりだが、ルウィントンは、遺伝子と環境との相互作用は相加的ではなく相乗的であることの方が一般的であると語っている（Lewinton 1974）。もしそうであるなら、一見遺伝子とは無関係であるように見える文化社会的多様性が、実はわずかな遺伝的差異が環境要因によって増幅された結果である、という場合が存在する可能性も簡単には否定できないことになる[15]。

たとえば、私は先に、近親相姦忌避行動の汎文化性を説明する際にウィルソンが適応主義的説明の妥当性をアプリオリに前提している点を批判して、「もし近親相姦がほうっておいても生物学的なメカニズムにより自然に排除されるものであるのなら、なぜ文化はわざわざ『インセストタブー』という装置を導入してまでそれを排除する必要があったのか」と論じた。しかし、この「遺伝子と文化の相乗的相互作用」という観点を取り入れるなら、私はウィルソンの立場に対してもう少し寛容であることができるかもしれない。近親相姦忌避行動の頑健性（robustness）を説明するのに、ウェスターマーク効果という生物学的適応だけでは十分でないとしても、それが躾や教育や懲罰といった後天的要因と相乗的にそうした頑健性を生みだしているという考え方には、それなりの説得力がある。ただし、ウィルソンが社会的要因を単なる随伴現象として論証抜きで棚上げした点は、あくまで批判されねばならない。**われわれはそもそも、ウェスターマーク効果かインセストタブーかという二者択一に身を委ねる必要はない**のである。

さて、**上述した三つのタイプの相互作用は、「反応基準（norms of reaction）」と呼ばれるグラフによって視覚化するとわかりやすい**。これは、横軸に環境変数、縦軸に注目している表現型の値をとり、

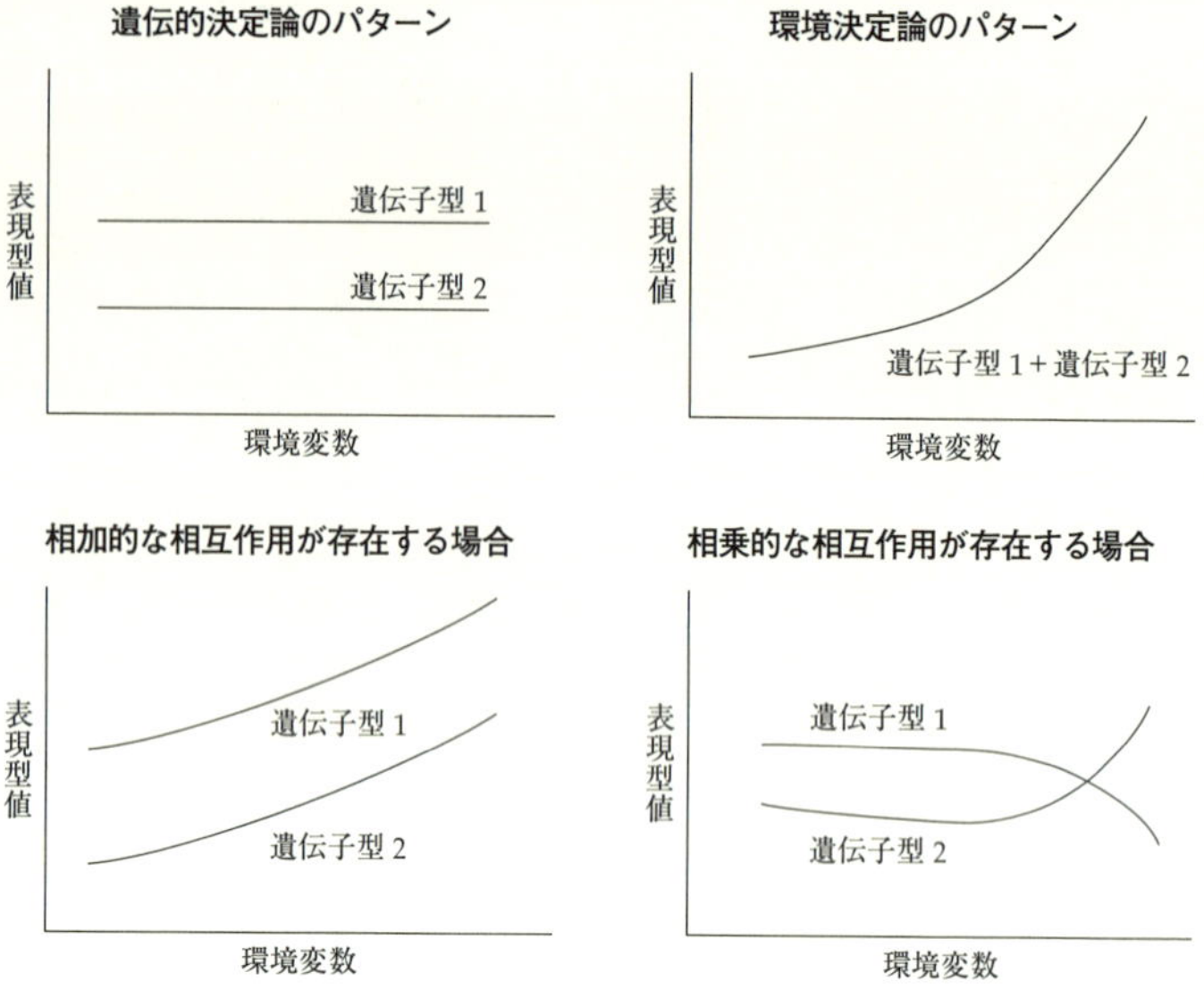

反応基準

環境変数の関数として表現型がどのように変化するかを示したグラフを、異なる遺伝子型ごとに作成したものである（グラフ）。「遺伝的決定論のパターン」では、第一段階の相互作用は前提されているが、環境変数の変化は表現型値にまったく影響を与えない（すなわち、広義の遺伝率 $h_b^2=1$ である）。「環境決定論のパターン」でも同様に第一段階の相互作用は前提されているが、今度は逆に遺伝子型の変異は表現型値の変異に反映されない（すなわち、広義の遺伝率 $h_b^2=0$ である）。すでに述べたように、「犯罪者の遺伝子をもって生まれれば必ず犯罪者になる」とか「誰でも金メダリストに育て上げられる」といった極端な決定論も、この範疇に当てはまる。

それに対して、「相加的な相互作用が存在する場合」には、環境変数の変化はあらゆる遺伝子型の個体に対して同じだけの表現型値の変化をもたらし、同様に、遺伝子型の変化は個体がどのような環境に置かれていようとも同じだけの表現型値の変化をもたらす。テストステロンの分泌量における男女間の違いに基づいた男性の攻撃性に関する上述の主張は、すでに述べたようにこのタイプの相互作用を前提している。さらに「相乗的な相互作用が存在する場合」には、異なる遺伝子型に対するグラフは、もはや平行とはならない。先のグラフでは、通常のたいていの環境（グラフが交差する部分の左側）では遺伝子型1が遺伝子型2より高い表現型値を示しているが、通常でない特殊な環境（グラフが交差する部分の右側）ではこの関係が逆転しうる、という様子が示されている。

＊

最後に、**より現代的な文脈で語られる「遺伝子と環境の相互作用」**のいくつかの事例を見ておこう。まず、**遺伝子発現制御**の例を取りあげる。ワトソン＝クリックによるDNA二重らせんの分子構造解明以降の分子生物学の進展とともに、遺伝子情報が発現して表現型（タンパク質）が形成される際に、そのゲノムが置かれている直近の細胞質環境が果たす役割の重要性が次第に明らかになってきた。多細胞生物の場合、いまだ「どんな器官にもなりうる」という多能性（pluripotency）を備えた胚が、心筋細胞とか赤血球とか皮膚細胞などの、機能特化した組織固有の細胞へと非可逆的に分化していく過程で、その分化の系列――細胞系列（cell lineage）――に必要な種類のタンパク質が、必要なときに、必要な量だけ合成され供給されねばならない。そのためには、ある生物の（ほとんど）すべての細胞が共有している同じ遺伝子のセットの中から、適切なタンパク質をコードした遺伝子が――そしてそうした遺伝子のみが――活性化される必要がある。その際、活性化されるべき遺伝子とそうでない遺伝子との「スイッチオン／オフ」の指令を担うのが細胞質環境である。

たとえば、タンパク質合成のための情報を担ったＤＮＡ上のコード領域——いわゆる「構造遺伝子」——の配列がメッセンジャーＲＮＡ（mRNA）へ転写されるためには、まずはコード領域に隣接するプロモーター領域と呼ばれる場所に、「配列読み取りマシーン」たるＲＮＡポリメラーゼと呼ばれる酵素が結合し、朝顔の蔓のように互いに絡まりあった二本のＤＮＡを切開しつつその情報を読み取っていかねばならない。動物や植物や菌類などの真核生物では、転写因子（transcription factors）と呼ばれるタンパク質が、プロモーター領域やエンハンサー領域などの、転写過程を制御するＤＮＡ上の調節領域に特異的に結合し、この遺伝子の発現を促進したり抑制したりすることによって、その細胞系列における組織の分化・発生にとって必要な種類のタンパク質が必要な時期に必要な量だけ合成されるように調節している。そして、こうした転写因子による特定の遺伝子のスイッチオン／オフ、あるいはその転写過程の加速／減速に影響を与えるのは、当のゲノムが置かれている細胞質環境のそのときどきの状態なのである。

＊

遺伝子制御のあまりにも有名な古典的な実例として、**フランソワ・ジャコブとジャック・モノーが大腸菌において発見した、ラクトース（乳糖）分解酵素の合成をコードする遺伝子（ラクトースオペロン、lacオペロン）の発現制御機構**がある。大腸菌は単細胞の原核生物であり、その遺伝子制御のしくみは真核生物よりははるかに単純だが、遺伝子制御とはそもそも何かということを考える上では極めて教訓的な実例を提供している。

「オペロン」とは、転写される遺伝子の本体であるコード領域（構造遺伝子）に、その上流に位置する調節領域（転写開始点に隣接するオペレーター領域と、さらにその上流に位置するプロモーター領域とCAP結合部位とからなる）を加えた、この遺伝子発現に関与するひとまとまりのDNA領域のことである[16]（次頁の図）。

大腸菌はグルコース（ブドウ糖）を主張な栄養源としているが、環境（培地）中のグルコース欠乏時には、普段は利用しないラクトース（乳糖）を分解してグルコースを産生する。ところで、このラクトース分解反応を促進するラクトース分解酵素（β-ガラクトシダーゼ）の合成をコードした構造遺伝子（lacZ）の転写が開始されるためには、cAMP（環状アデノシン一リン酸）というアクティベーター[17]とCAP（カタボライト遺伝子活性化タンパク質）と呼ばれるタンパク質との結合体が、プロモーター領域のさらに上流にあるCAP結合部位に結合することによって、RNAポリメラーゼの転写活動を活性化する必要がある。しかしcAMPは環境中のグルコースの濃度に反比例して産生されるので、グルコースが高濃度で存在するときにはlacオペロンは発動されない。他方で、環境中のグルコース欠乏時であっても、それを産生するための原料となるラクトースも同時に欠乏している状態では、やはりlacオペロンは活性化されない。この場合、細胞内で内発的に常時合成されているリプレッサーと呼ばれるタンパク質がオペレーター領域に特異的に結合して、そのすぐ上流にあるプロモーター領域にRNAポリメラーゼが結合するのを妨げることによって、その転写開始が阻止されラクトースのそれ以上の分解が抑制されるのである。

したがって、lacオペロンが発動されるのは、環境中のグルコース濃度が低く、かつラクトース

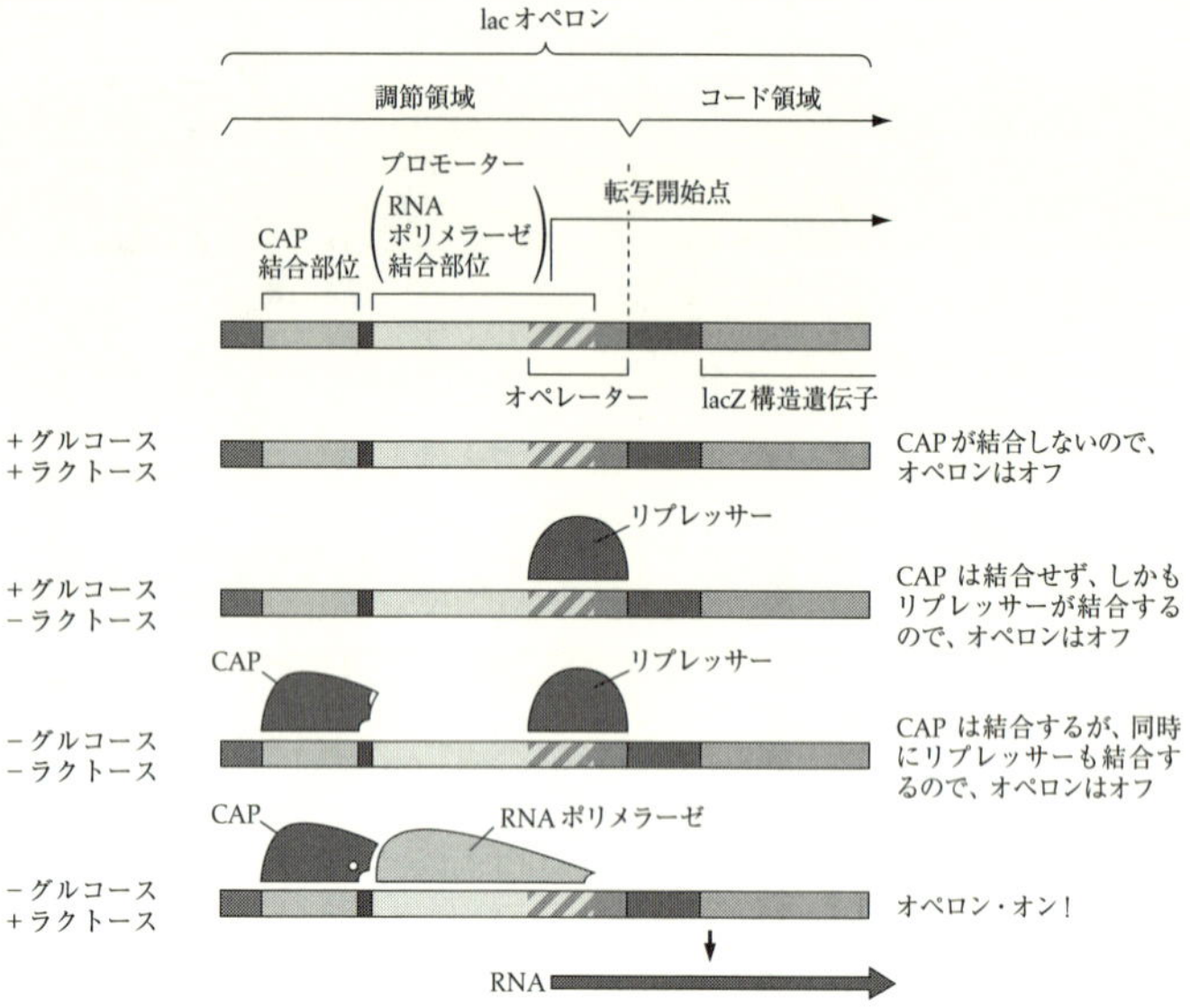

lac オペロンの模式図

（Sterelny and Griffiths 1999, 邦訳 133 頁の図を改変）

濃度が高いときのみとなる。この場合は、環境中のラクトースがまずβ-ガラクトシドパーミアーゼという酵素の助けによって細胞膜を透過して細胞中に取り込まれる。次に、取り込まれたラクトースが既存の少量のラクトース分解酵素（β-ガラクトシダーゼ）によって分解され、その結果できたアロラクトースと呼ばれる糖がリプレッサーと特異的に結合し、それをオペレーター領域から引き離す。その結果、RNAポリメラーゼはリプレッサーに妨げられることなく構造遺伝子の転写を開始することができ、より多くのラクトース分解酵素が合成され、それによってラクトースの分解がさらに促進される。またこのとき、ラクトースの代謝産物として、グルコースに加えて上記のβ-ガラクトシドパーミアーゼも産生されるので、環境から細胞内へのラクトースの取り込みも同時に加速される。

要するにこのlacオペロンは、環境中に存在するグルコースとラクトースの濃度に選択的に反応して、ラクトースの分解（グルコースの産生）量を調節するフィードバック装置として機能しているのである。つまりこれは、細胞質をも含む、遺伝子を取り巻く直近の環境とのリアルタイムでの相互作用によりはじめて遺伝子情報が発現するということの、古典的な、そしてわかりやすい典型例である。

＊

「選択的スプライシング（alternative splicing）」と呼ばれる転写後のプロセスも、DNAの配列情報のみから表現型が指定されるわけではないことを物語る、遺伝子発現制御のメカニズムの一例である。真核細胞では、DNAから読み取られたばかりのRNA一次転写産物は、特定のタンパク質の合成には不必要な部分――これを「イントロン」と呼ぶ――を膨大に含んでいる。そこでこのイントロンを切り離し、必要な情報が書かれた残りの部分――これを「エクソン」と呼ぶ――を接合する――「スプライス（splice）する」――ことによって、はじめてタンパク質合成に利用可能な最終転写産物であるメッセンジャーRNA（mRNA）ができあがる。その際、選択的スプライシングという機構が働き、一個同一のDNA配列からいくつかの異なるmRNAが作られることがある。すなわち、元々の「鋳型」としてのDNA部位が同じであっても、RNA一次転写産物からそのつど必要に応じて異なる部分を選択的に切りだし繋ぎあわせることによって、異なるmRNAが作られるのである。

つまり、**特定のDNA配列からどのような種類のタンパク質が合成されるかは、ゲノム情報だけで**

「決定」されるわけではなく、DNA情報とタンパク質との関係は「一対多」だということである。これは、遺伝子情報の発現によって何ができるかはそれがどのような「場」でなされるかに依存する、という「文脈依存性」の一例であると見ることもできる。

　ここに挙げた遺伝子発現制御の例は、遺伝子発現の様々な段階で作用する制御機構の中のほんの一部――しかし代表的なもの――である。しかし、遺伝子情報がその直近の環境との緊密な相互作用の下ではじめて表現型へと発現するということを示す具体例としては、十分だろう。

*

ネオダーウィニズムに多かれ少なかれ特徴的な「遺伝子中心主義」に対する、よりラディカルな対案を提供しているのが、近年の進化発生生物学（evolutionary developmental biology: 通称「エボデボ」）の研究である。これは、上に概略を述べた遺伝子発現制御メカニズムに、個体発生における中心的な役割を認めるものである。進化発生生物学者によれば、ネオダーウィニストは概して、個体発生とはDNA上の遺伝子情報の発現のことに他ならないという前提から逃れられない。すなわちそれは、多細胞生物においては受精卵の受精の際に形成される一組のゲノムの中に、すでにその後の個体発生に必要な情報はすべて書き込まれており、個体発生とはそうしたブループリントないしマスターコードとしての遺伝情報が一方向的に読み取られ実行されていく過程に他ならない、という前提である（分子生物学のセントラルドグマ）。そして、新規な表現型の出現や、新たな種の進化は、ひとえにランダムに起こる突然変異によってこの既存の情報に何らかの変更が生じることに由来する、という前提である。しかし上述したジャコブとモノーによる大腸菌の遺伝子発現制御機構の発見は、原核生物においてではあるが、このマスターコード自体が環境条件によってコントロールされうることを示したという点で、こうした前提に重要な修正を迫った。そして、**さらに根底的にその修正の必要を決定づけたのが、エボデボにおけるＨｏｘ遺伝子の発見である。**

すなわち、ホメオボックス遺伝子（Ｈｏｘ遺伝子）群と呼ばれる一連の遺伝子が、あらゆる真核生物において、体節の決定など胚発生の初期過程をコントロールしている。これらは、実際に表現型の発現を担う他の遺伝子群の上位にあって、それら下位の遺伝子群のスイッチオン／オフの役目を担う「司令塔」として機能している。具体的には、それが置かれた細胞質環境に呼応して特定の調節タンパク質（転写因子）を産生し、それがＤＮＡ上の調節領域（エンハンサー）に結合することで、当該の環境において必要な遺伝子のスイッチが入り、あるいはその転写速度が調節される。その際、ＤＮＡのコード領域のどの部分が「遺伝子」として活性化され転写されるのかは、あらかじめＤＮＡ情報の中に規定されているわけではなく、そのときどきの細胞質環境という「文脈」に応じて決定されるという文脈依存性を示すことが本質的である。

このＨｏｘ遺伝子は、当初ショウジョウバエの初期発生における体節の決定のしくみ――たとえば、本来触覚が生える頭部に脚を生えさせるアンテナペディア突然変異体や、本来一対のはずの羽が二対あるバイソラックス（双胸）突然変異体などが、なぜ生まれるかという謎――の研究から見つかったものだが、一九八〇年代に、それらがヒトやウマやマウス、その他あらゆる動物に共有されている「相同」遺伝子――つまり、それら異なる種の共通祖先から変わらず受け継がれているもの――であることがわかってきた。

これが意味するのは、次のことである。**生物の基本構造＝ボディプランは、少なくとも真核生物が誕生した——したがって動物、植物、菌類という分化が生じる以前の——太古の時代からほとんど変化しておらず、地球上の生物種の圧倒的な多様性は——のみならず「目《もく》（order）」や「門（phylum）」といったより上位の分類群の多様性も——、かならずしも遺伝子突然変異に起因する新規性の出現に訴えなくとも説明できるようになるかもしれない**、という可能性である。大なり小なり同じ遺伝子セットの下でも、その発現をどのように制御するか——つまりそれらのどれを、どのタイミングで、どのような順序でスイッチオン／オフさせるか、という遺伝子発現のカスケード的な制御方式のマイナーな変更によって、表現型の多様性は十分に説明できるかもしれないからである。たとえば、「ヒトとチンパンジーのゲノム配列は約九八％が相同で、これはウマとシマウマの関係よりも近い」とか「ウマの遺伝子でもその約四分の三はヒトの遺伝子と同一だ」といった近年のゲノム解析による発見が驚きをもって人々に受け止められた。しかし、これらはあくまで塩基配列の一次構造の話である。上述したような発生過程における遺伝子発現制御機構の多様性まで考慮に入れれば、われわれ人間とウマがそれほどまでに相同だと言われても、それほど驚くにはあたらないだろう。

　実はこうした近年のエボデボの発見は、本書第2章「適応主義をめぐる論争」に登場するグールドの「バウプラン」の概念を彷彿とさせるものである。一九七九年の「サンマルコ聖堂のスパンドレル」論文でグールドとルウィントンは、生物のバウプラン＝基本身体設計は、系統的制約と発生的制約によって種の垣根を越えてほぼ不変に保たれており、自然選択による身体諸部分の最適化に訴える適応主義の原子論的な発想では、身体全体の体制の保存性（conservation）は説明できないという論を展開していたのである（Gould and Lewontin 1979）。ネオダーウィニズムにおいてはほとんど黙殺されていたグールドの「バウプラン」とか「アロメトリー（相対成長）」といった概念が、エボデボで果たして再評価されることになるのだろうか……。

さらにエボデボでは、**外的環境条件に呼応して同一の遺伝子型から異なる表現型が発現する「表現型可塑性（phenotypic plasticity）」**という現象も注目されている。たとえば、カメやワニの性は発生中の外的環境の温度によって決まる。またアブラムシの中には、ボディーガードとなるアリがいない状況では、外敵に対する攻撃能力を持つ大型の戦士型個体が発生し、個体数過密や食用植物の品質低下によって摂取可能な栄養分が欠乏した状況では、新たな食糧資源を求めて別の場所に移動するための羽を生やした個体が発生するものがある。しかもこれは、そのときどきの環境に合わせてメスの繁殖方式が急遽変更された結果なのである（Whiteman and Ananthakrishnan 2009）。このことは、ジャコブとモノーが扱った大腸菌のような原核生物だけでなく、真核生物においても、外部環境が遺伝子発現制御に影響しうるということを意味している。

こうした可塑的な表現型の中には、一世代内で可逆的に変更可能なものもあれば、一度加えられた変更が世代を超えて永続的に継承されるものもある。この後者のタイプの可塑性は、進化のメカニズムを考える上で重大な意味を持つ。なぜなら、それが真実であれば、**必ずしも遺伝子レベルの突然変異による行き当たりばったりの「めくら打ち」でたまたまヒットしたものが固定されると考えなくとも、形質進化の方向性の決定に外的環境がある程度先導的な役割を果たしうる**、ということになるからである。これはある意味で驚くべきことである。ネオダーウィニズム（ヴァイスマンがそう自称した一九世紀版も含めて）によっていったんは否定されたはずのラマルク流の「獲得形質の遺伝」に、極めて似通った考え方であるからだ。実際こうした表現型可塑性の事実や、近年注目されている「エピジェネティクス」（DNA塩基のメチル化とかヒストンの修飾といった後天的な作用による、塩基配列の変化を伴わない形質発現の変化）と呼ばれる現象に基づき、ラマルキズムの復権を唱える向きもあるようである（Jablonka and Lamb 1995, 2005）。

ただし、多くのエボデボ研究者は、獲得形質の遺伝のメカニズムに訴える必要は必ずしも感じていないようである。むしろ彼らが注目するのは、**「ボールドウィン効果（Baldwin effect）」**と呼ばれる現象である（Whiteman and Ananthakrishnan 2009）。これは、心理学者で同時に熱烈なダーウィニストであったジェームズ・ボールドウィンが一八九六年に提唱した考えで、ある意味、上記の表現型可塑性の概念を先取りするものである（Baldwin 1896）。つまり、もし個体の表現型適応度が厳格に遺伝子型だけで決まるとすると、たまたま突然変異によってある一個体に生存闘争上極めて有利な行動的・形態的形質が生じたとしても、それが集団中に広がり最終的に固定されるというネオダーウィニズムのシナリオが実現される可能性はそれほど高くない。なぜなら集団サイズが小さければ、浮動の効果により、せっかくの有利な突然変異が、集団内で頻度を増大させる前に単なる一時的な「ノイズ」として消失してしまうことも十分ありうるからである。たとえば有性生殖システムを前提するだけでも、二親のどちらか一方にたまたま生じた突然変異が――それがいかに有利なものであったとしても――子供に遺伝する確率は、二分の一になってしまう。他方で、特定の遺伝子型から発現する生物の行動的・形態的形質にはある程度の「可動域」があり、その範囲内で生物は後天的に環境に順応し、適応度地形上のより高いピークをいわば「疑似体験」することができたとしよう。すると、そうした疑似体験能力を有した――すなわち先天的に規定された「適応度（fitness）」というよりは、むしろ後天的な「適応性・順応性（adaptiveness）」において優れた――個体は、各々の世代内においてその頻度を増やしていくだろう。すると、そうした順応性の高い個体どうしが繁殖する機会も増え、結果的に世代を超えて進化の方向性に影響を与えることが可能となるだろう。ボールドウィンは元来心理学者であるので、以上のような考えを、主として人間も含めた生物の学習能力によって獲得された行動の可塑性の説明として提起したのであるが、これは昆虫に見られるような形態の可塑性にも十分適用できる概念である（Whiteman and Ananthakrishnan 2009）。

　そして――ここが肝心の点だが――、**ボールドウィンは、自らの考えをラマルク主義の「復権」としてではなく、あくまでラマルク主義からの「防波堤」として位置づけていた**。つまり、環境からの入力がＤＮＡ情報を変更するという、生殖質の分離やセントラルドグマとは明らかに相容れない事態を想定しなくとも、現代のエボデボで言われるところの「表現型可塑性」を許容すれば、ネオダーウィニズムの枠内で、しかもネオダーウィニズムの公理だけからはなかなか説明できない生物集団の比較的短期間での環境への適応という現象を、うまく説明できると彼は考えたわけである。

　さて、ではこうした**近年のエボデボにおける画期的な発見とネオダーウィニズムとの関係をどう理解したらいいだろうか**。この点に関しては論者によって立場が分かれる。ある人々はそれを、ネオダーウィニズムの枠内では十分光をあてられていなかった側面（たとえば遺伝子発現制御機構の重要性）を強調することによってネオダーウィニズムの遺伝子中心主義的な一面性を補完する、「通常科学の枠内でのパズル解き」のようなものとして位置づける。しかし他の人々はそれを、ネオダーウィニズムというパラダイムに根本的な危機をもたらしその革命的転換を引き起こす潜在力を秘めたものとして位置づける（戸田山 2009）。

たとえば、後者のタイプの言説として、**エボデボの知見を概念的に敷衍してある種の全体論的生命観を打ち出している「発生システム理論」（Developmental Systems Theory: DST）**がある。これは、ポール・グリフィス、レニー・モスのような哲学者やラッセル・グレイ、スーザン・オヤマのような心理学者・生物学者などからなるグループによって唱道されている、経験科学からの帰納的主張というよりは、むしろ概念先行型の哲学的生命観である。その中心的主張は以下のようなものである。遺伝子は表現型を決定する様々な「マトリックス」の中の一つにすぎず、いかなる意味でも特権的な「司令塔」ではない。すなわち、表現型を生みだしているのは、遺伝子本体、転写因子などの遺伝子産物、ゲノムが置かれている細胞質環境の物理的・化学的・生理学的状態、環境からの刺激入力といった複数の要因から構成される複雑な因果ネットワークの全体（マトリックス）なのであって、遺伝子本体はこれら様々な要因の中の一つにすぎない。そこでは、ある一つの要因が最終産物にもたらす影響は、常に他のすべての要因によって媒介されているがゆえに、ある一つの要因の変化は、他のすべての要因がもたらす結果に変更を加えずにはおかない。このような付置関係の下では、ある何らかの特権的な要因（遺伝子）のみを抽出して、その「指令」に他の要因が従属すると見なすことはもはや不可能である。それどころか、発生システムのこうした全体論的な理解の下では、「遺伝子は環境との相互作用の下に表現型を決定する」という従来の当たり障りのない「相互作用主義コンセンサス

(interactionist consensus)」さえもが、もはや維持し難いものとなる。遺伝子が文脈に応じて最終産物を決定するのではなく、むしろ文脈自体、もしくはネットワークの全体が最終産物の決定要因と見なされるべきである。したがってまた、遺伝子の中に発生のための情報があらかじめ書かれているというのは幻想である。発生のための情報は、ネットワークを構成する上記の様々な要因の偶然的な相互作用からいわば「創発」してくる何物かである。

さらにこのとき、遺伝子は特権的な唯一の「選択の単位」(自然選択が作用する実体)としての地位を失うばかりか、特権的な唯一の「遺伝の単位」(親世代から子世代へと継承される実体)としての地位までも喪失する。有性生殖においては、DNAの一次的な配列情報だけでなく、卵の細胞質に含まれる微小管、膜構造、細胞内小器官、細胞質内の化学物質の勾配なども、受精を経て親から子に「遺伝」されるということが、エピジェネティクスの研究によって明らかになっているからである。[18]

さて、**ではこうしたDSTのラディカルな主張をどのように捉えたらよいのだろうか**。ある意味でこれは、ネッカーキューブや「アヒルウサギ」の反転といったゲシュタルト転換と同様、対象の側というよりも単に観察者の側の視点の転換にかかわる問題に過ぎないようにも映る。すなわち、表現型という最終産物を決定する因果的要因は複数あり、しかもそれらが互いに従属変数として影響しあっているという「客観的事実」を認めたとしても、その中のあるものに特権的な地位を認めることができるか、それとも完全な「平等主義」を採用するかということは、いぜんオープン・クエスチョンであるように見える。「遺伝子は、他の様々な要因との相互作用の下で、文脈依存的に表現型を決定する」と述べることと、「(遺伝子もその一つとして含む)様々な要因が相互に連関しあいながら、最終産物としての表現型を決定する」と述べることは、それほど大差ないだろう。たとえば、「花瓶を落としたことが、それが割れたことの原因である」という場合、当然そこに重力の存在があらかじめ前提されている。だからより正確にはこれは、「花瓶を落としたことが、重力の存在という条件（文脈）の下で、花瓶が割れたことの原因となった」と表現しなければならないことになる。けれどもこれは、「花瓶を落としたことと重力の存在との各々が、花瓶が割れるという結果の生起に寄与した」と表現しても同じことである。いま花瓶を落としたことをG、重力の存在をE、花瓶が割れたことをPで表すことにすれば、上のいずれの表現も、「G&E→P」という事象間の関係を異なる視点で切り取ったものにすぎない。場合によっては、もし観察者の関心が重力の存在／非存在にフォーカスされており、それを確かめるために敢えて花瓶を落としてみたのだとするならば、「花瓶を落とした」という事実は背景に棚上げした上で、「重力の存在が、花瓶が割れたことの原因である」という言明をなすことも可能となるだろう。この事例をそっくりDSTの文脈に置き換えて、Gを遺伝子、Eを遺伝子以外のすべての要因の連言、Pを表現型とみなせば、同じ議論が成り立つことになるだろう。Gにスポットライトを当てるか、E（もしくはその連言を構成する個々の連言肢のいずれか）にスポットライトを当てるかということは、客観的な自然の事実によって決まるというよりは、そのときどきの研究者の問題関心に依存するといえるのではないだろうか。

実際、スコット・ギルバートのような代表的な進化発生生物学者は、ネオダーウィニズムの遺伝子中心主義を是正するというDSTの基本思想は共有しながらも、遺伝子の特権性を全面否定するDSTのあまりにも平等主義《エガリタリアン》なスタンスに対しては、むしろ警戒的な態度を取っているという（戸田山

2009）。

*

そういう懸念はあるにせよ、**ここに見てきたようなエボデボやＤＳＴやエピジェネティクスといった分野の研究から導き出されてくる生命進化の新たな見方が、ネオダーウィニズムの定説を今後急ピッチで書き換えていく可能性は否定できない**。もしそうなったとすると、――これは本書にとっては多少不幸なことではあるが――ひょっとしたら本書の第2章以降の議論の多くは遅かれ早かれ時代遅れのものとなってしまうかもしれない。本書は主として、ネオダーウィニズムの屋台骨がまだ比較的確固としていた時期に焦点となっていた問題群に（遅まきながらも）私なりに取り組み、ささやかな仕方でではあるがネオダーウィニズムの定説に挑戦するという私自身の取り組みを基にしたものだからである。

しかし他方で私にとって救いとなる点もある。それは本書で論じられている問題の多くは、進化生物学という経験科学から題材を取っているとはいえ、今日の新発見が明日になれば色褪せてしまうような日進月歩の科学研究の先端的な問題とは異なり（そういう問題を扱う資格も能力も私は持ちあわせていない）、多かれ少なかれ「普遍的」な性格を有した哲学的・概念的な問題群であるからである。たとえば、この第1章でここまで検討してきた一九七〇～八〇年代の論争に関しても、そこで論じられているテーマは決して過ぎ去った過去のものというわけではない。新しい物好きでせっかちな人々は、世間の耳目をひく論争がいったん下火になるやいなや問題それ自体が解決されてしまったかのような錯覚をいだく傾向があるが、それは大いなる誤解である。こういった問題を「古い」と片付ける人は、その人の問題意識がそれだけ表層的であったということを自ら示しているにすぎない。本章で論じてきたような、人間の本性、生物学と文化の関係、還元主義、遺伝的決定論といった問題は、現代においても何一つとして最終的な決着はついていないし、おそらく今後もそうであろう。こうした原理的な問題が、何らかの新たな実証的データによって解決され、論争の当事者のどちらか一方の陣営が勝利宣言をして終わる、というような展開は、少なくとも筆者には想像しがたい。では、解決しないのなら論じても意味はないのか？　そういうことはないだろう。本章でここまで論じてきたような問題群は、およそ人類が生存し続ける限り、そして科学と文化——あるいは「理系」と「文系」——が共存し続けねばならない限り、手を変え品を変え、問い直され続けることになると思われる。

「西洋哲学史上のたいていの問題は、ギリシアの哲学者たちがすでに先鞭を付けたものを、後の哲学者が手を変え品を変え変奏してきたものにすぎない」というようなことが——特に大学の教養課程の「哲学概論」の授業において——語られることがある。それと同様、たとえ科学や技術や社会制度が「進歩」したとしても、人間の本性とか人生の意味とか個と全体との関係といった問題に最終的な解答が与えられるわけではない、と筆者は考えている。そうした点に鑑みても、科学上の論争を論ずる場合に、問題の本質をえぐりだす哲学的な視点と、問題を通時的な文脈の中に置き入れる歴史的な視点を保持しておくことは重要である。将来似たような論争が再浮上してきたとき、それが「不毛な水掛け論」の蒸し返しに陥るのを防ぎ、少しでもそれを生産的な議論たらしめるためにも、鳥瞰的な視座に立ってその歴史的連続性と非連続性へのまなざしを維持しておくことが重要なのである。

4 進化における偶発性

この第1章は「進化論と哲学」と銘打ち、生物学の哲学の紹介という位置づけにもなっているので、あまり同じ問題ばかり深掘りせずに、ここでがらりと話題を転換することにする。これ以降本章の末尾までを流れる通奏低音は、生物学的に何事かを説明するとはいかなることかというテーマである。ただそれを、以下のようないくつかの角度から考えていくことにする。まずこの第4節では、進化における偶発性というアイデアを出発点として、それを生物学における法則の存在／非存在の問題に関連させて論じる。次の第5節では、本節の議論を受けて、あらためて生物学と物理学との存在論的・認識論的相互関係について突っ込んで考察する。そして最後に第6節では、ひるがえって、物理学など他の自然諸科学には見られない生物学独自の説明課題について考える。

＊

進化の歴史は偶発性・偶然性に満ちている。たとえば、恐竜の絶滅をもたらしたとされる白亜紀末のいわゆる〝K–T境界[19]〟で起きた小惑星の衝突を考えてみよう。

いまから六五〇〇万年ほど前、直径一五キロメートルほどもある巨大な小惑星（もしくは巨大隕石）が、現在のメキシコのユカタン半島の先端部を秒速二〇キロ（時速七万二〇〇〇キロ）もの猛スピードで直撃した。その衝撃は、広島型原爆の一〇億倍といわれる。衝撃波と熱線、マグニチュード11の地震、高さ三〇〇メートルの津波など、衝突によって直接的にもたらされた「第一波」によって北米の生物相に壊滅的な打撃が加えられた。さらに「第二波」として、衝突によって巻きあげられた一～五〇〇〇億トンもの硫酸塩、すす、火山灰などが地球全土の大気を覆い、酸性雨を降らせ、またその後数年～十数年間にわたって太陽光を遮断し、地球全土に寒冷化を引き起こした。それによって光合成源を失った植物は死滅し、植物を食していた草食動物がそれを追い、さらに草食動物を補食していた肉食動物がそれに続く、という連鎖的なカタストロフィが起こる。最終的に当時生息していた生物の七五％が死滅したといわれる。

特に恐竜は、その巨大な体躯を維持するために日々多量の（大型の恐竜で一日数百キログラムもの）食糧を必要としていたため、突如訪れたこの極端な食糧事情の悪化の影響は、他の動物にも増して深刻であっただろう。さらには、寒冷化の影響もそれに追い打ちをかけた。ほとんどの恐竜は体毛を進化させておらず、いわば寒さに対して無防備であったので、たとえばすでに体毛を進化させていた哺乳類の祖先と比べて、寒冷化の影響をまともに受けることになった。こうした食糧事情の悪化と寒冷化のダブルパンチをまともに受けた恐竜は、この白亜紀末のK‐T境界以降、完全に地球上から姿を消すことになる。

かたやわれわれの祖先の哺乳類――これはこぶし大の野ネズミ様の生物であったといわれる――にとって、この恐竜の絶滅は、その後の繁栄にとって決定的な意味を持っていた。それまで恐竜の脅威から悪条件のニッチに追いやられていた哺乳類は、やむなく昆虫のような小型の動物を食べて生き長らえる小食体質と、恐竜が活動できない寒冷な地域ないし夜間に活動することを可能にする恒温性と体温調節のための体毛を進化させていた。しかしこうしたいわば「敗者の生き残り戦術」こそが、哺乳類をして、恐竜には持ち堪えられなかったK–T衝突後の厳しい環境を生き残ることを可能ならしめた最大の要因であろう。当然のことだが、最初に体毛を進化させた哺乳類は――あるいは哺乳類を主体に据えるのがミスリーディングであるとすれば、自然選択による進化をつかさどる「母なる自然」は――、将来のK–T衝突とそれに続く気候の寒冷化を「見越して」そうしたわけではない。進化のプロセスに予測は効かない。哺乳類の最初の祖先は、単に彼らが生きていた同時代の必要性（淘汰圧）に対応する過程で小食体質や体毛を進化させただけであり、それが予測不可能な環境の激変に際して、たまたま「吉と出た」にすぎない。まさしく「人間万事塞翁が馬」を地で行くようなエピソードである。

そして数十年後、再び環境が少しずつ好転してきたとき、もはやそこには「目の上のたんこぶ」であった恐竜は存在せず、――次の段落で述べるような若干の紆余曲折はあるにせよ――最終的には哺乳類は爆発的に地球全土に「適応放散」していき、現在のような繁栄を謳歌することになるのである。

さて、ここで少し想像力をめぐらしてみよう。もしここでわれわれが、「六五〇〇万年前のあのタイミングで折良く小惑星が衝突してくれていなければ、その後の哺乳類の繁栄はなかったかもしれない」と述べたとしても、それはそれほど当を失した言明というわけではないだろう。すでに恐竜はK–T絶滅が起こる以前からその全盛期を過ぎ衰退期に入っていたという研究が最近報告されているが、仮にもし恐竜が外的不可抗力による突然の滅亡でなく、漸次的な衰退によって滅亡に向かっていたとしたら、必ずしも哺乳類がここまで繁栄し「次期政権」を担うことができたかどうかはわからない。その場合、爬虫類である恐竜の「正統な」後継者である鳥類が天下を取っていた可能性も否定できないのである。実際恐竜が滅んだ直後の新生代初期は鳥類がその迅速な移動能力によって次々と新たなニッチを開拓・独占し、哺乳類よりも一足早く適応放散を達成していた。他方で哺乳類は当初鳥類に完全に圧倒され、捕食の対象にさえなっていた。しかし自らが手にした限られたニッチを足場に地道な勢力拡大を続け、スピードにおいては劣るがその融通無碍な適応力で次第に劣勢を挽回し、まさに「ウサギを追い越すカメ」の戦略で最終的には鳥類を凌ぐ勢力となり、大型化・肉食化を達成し、現在の圧倒的な地位を築くまでになったのである。そうしたことが可能となったのも、恐竜の絶滅によって膨大なニッチが一挙に――小出しにではなく――利用可能となったからなのかもしれない。

ここでその小惑星の衝突自体について、さらに想像力をめぐらせてみることにする。六五〇〇万年前にたまたま地球の軌道に接近してきた小惑星が地球の重力圏にトラップされ、地表に激突するということ自体、それを歴史的一回的な出来事として見る限り、ある意味とてつもなく偶発的な出来事であろう。[20] 宇宙空間を横切って遠方から飛来してきた小惑星の軌道が地球の公転軌道とたまたまクロスオーバーし、しかもそのとき地球の公転の位相とたまたま合致していたために実際にその重力圏にトラップされるということは、確率的には極めて「ありそうもない（improbable）」出来事であろう。しかも、公転速度にして時速一〇万七〇〇〇キロの地球と、かたや時速七万二〇〇〇キロで飛来した小惑星が、「出会い頭」に衝突したというのである。したがって、件の小惑星の軌道がほんの少しずれていたとしたら、その速度がほんの少し実際のものより速かったり遅かったりしたとしたら、あるいは地球の公転の位相がほんの少しずれていたとしたら、あるいは地球と衝突する直前にたまたま月が防波堤となってくれていたとしたら、あの六五〇〇万年前の時点での地球との衝突はなかったと言ってよいであろう。しかも上に述べたように、あの時点でのあの衝突こそが、タイミング的に、その後の哺乳類の繁栄のためになくてはならないものであったとも言えるのだ[21]。

歴史学においては通常、「歴史の考察に〝if〟は禁物だ」と言われる。すなわち学問としての歴史学の課題は、現実に起こった事象の間の因果関係を解き明かしていくことであり（なぜそもそも小早川秀秋は関ヶ原の戦いで東軍に寝返ったのか）、想像力に物を言わせて現実に起こりもしなかったシナリオをあれこれ考えること（もし小早川秀秋が寝返らず、石田三成率いる西軍が徳川家康率いる東軍に勝っていたとしたら――あるいは、もし第二次世界大戦でヒトラーが勝利していたとしたら――、その後の歴史はああなって、こうなって……）ではない、というわけである。けれども、**生命進化の歴史をひもとくと、この手の偶発的出来事によってその後の道筋が決まったように見える事例に溢れており、歴史の考察に〝if〟を持ち込むことはあながち無意味ではないという印象をいだく。**

偶発性の重要性は、地球上の生命の歴史に限った話ではない。**なぜそもそも、この地球に生命が誕生し繁栄できたかという点を考える上でも、偶発性は重要なポイントとなる。**この広大な宇宙空間の無数の星の中で、地球のように生命体が繁栄している星は（いまのところ）他に一つもみつかっていない[22]。たとえば同じ太陽系惑星の中でも水星・金星・地球・火星は「地球型惑星」とも呼ばれ、約四六億年前の太陽系誕生の際に同じような経過をたどって出来た星たちであり、サイズが比較的小型であることや硬い岩石で出来ているという点で互いに似たものどうしである。そしてその点でそれらは、木星や土星などの他の太陽系惑星と著しい対照をなしている。特に金星は、サイズも重量も内部組成も地球とほぼ同じで、「双子地球」と呼ばれるほどである。にもかかわらず、蓋を開けてみれば、これらの星のいずれにおいても生命の痕跡さえ見られない。なぜか？

比較惑星学の知見によれば[23]**、これらもほんのちょっとした偶然の僥倖であるという。**すなわち、四六億年前に太陽系の原型が形作られると同時に「原始地球」「原始金星」が形成されるまでの段階では、地球と金星はほぼ同じような成長過程をたどってきた。そのため、この時点での両者の地表環境はほぼ同じであり、一〇〇気圧の大気圧の下で、大気の八〇％を水蒸気が、残りの二〇％を二酸化炭素が占めるというものだった。ほとんど唯一の違いは、金星の方が地球よりも太陽との距離が若干近いことにより、金星と地球の間に地表気温にして約一〇〇度の違いが生じたことくらいである。一〇〇度の違いというと、私たちの日常感覚では相当なものに感じられるかもしれないが、宇宙的なスケールで見れば取るに足らない微々たるものでしかない――摂氏約六〇〇〇度の太陽表面から摂氏数百度レベルまで「一気に」冷却される中での一〇〇度の違いに過ぎないのである。けれどもこのわずかな相違が結局、金星と地球の運命を分かつ分水嶺となった。すなわち当初高温のマグマオーシャン状態であった原始金星や原始地球が冷却され固化した際、金星の地表気温は摂氏約四三〇度にとどまったのに対して、地球のそれは摂氏約三三〇度まで下がることができた。そして――ここがまさに「偶然のいたずら」なのであるが――これらがたまたま、一〇〇気圧の大気圧下での水の臨界温度（それ以上の温度ではどれだけ圧力をかけても蒸気を液化することができない限界温度。沸点のようなもの）である摂氏三七四度の上下にまたがって分布したのである。そのため金星においては、水蒸気は凝結（液化）できず、気体のまま大気中にとどまっているうちに太陽から降り注ぐ強烈な紫外線によってイオン分解され、宇宙空間に散逸してしまった。そして後に残された二酸化炭素が結果的に大気の九〇％以上を占めることになり、その猛烈な温室効果（ちなみに現在地球温暖化の「主犯」扱いされている二酸化炭素の地球大気に占める割合は〇・〇三％にすぎない）によって、その地表気温は摂氏四八〇度まで逆に上昇し、現在でもその状態は続いている。まさに「灼熱地獄」であり、生命の存在に不可欠な水は一滴たりとも存在していない。

かたや地球では、その地表気温が水の臨界温度を下回っていたために、大気の八〇％を占めていた膨大な量の水蒸気が一斉に雨となって降り注ぎ、地表の約七〇％を覆う満々と水をたたえた海が形成された。そして、この海の存在こそが、生命の誕生と進化において決定的な役割を果たすことになる。すなわち、この海――いわゆる「原始のスープ」――の中でいまから約四〇億年前に最初の生命（単細胞のバクテリア）がアミノ酸、核酸塩基、糖、脂肪酸、炭化水素などの有機物から化学合成され、そしてこの海によって揺籃期の脆弱な生命が――それが後に陸上に進出していく態勢が整うまでの間――宇宙から降り注ぐ有害な紫外線や宇宙線から保護されることで、初期の生命進化が可能となったのである。またこの海の水が二酸化炭素の広大な吸収源となることで、金星のような猛烈な温室効果を抑制し、地表温度を適度に保つ上で重要な役割を果たしたことも大きい。

他方で今度は、地球より一つ外殻の火星に目を向けてみると、皮肉なことに今度はその公転軌道が太陽から少しばかり離れ過ぎていたために、その地表気温が氷点下三〇度くらいまで下がってしまった。そのため、金星と違って水はわずかながらも存在できたのだが、それがすべて地表に雪氷となって固着してしまい、地球のような生命の誕生と進化を可能ならしめた海を形成することはできなかったのである。

要するに、**金星はたまたま公転軌道が太陽に少し近接しすぎていたために、そして火星はたまたまそれが太陽から少し離れすぎていたために、いずれも「水惑星」にはなれなかった**、ということになる。松井孝典の計算によると、地球が「水惑星地球」でありうるために許される太陽からの距離の許容範囲は、現在距離の〇・九五～一・五倍である（松井 1989）。ちなみに金星の軌道距離は地球の約〇・七倍、火星のそれは一・五倍である。[24] 太陽系形成過程で、数限りない小惑星どうしの衝突の結果として原始地球が成長してきた点に鑑みれば、地球が現在の公転軌道を取るに至ったことも偶然の結果にすぎないだろう――同等のサイズの小惑星とのあとたった一度の衝突で、その軌道は大幅に変更されていたかもしれないのである。

いずれにせよ、この地球上に原初的な生命が誕生して、それが現在のような多様性に満ちた形態へと進化することができたという事実の背後にある「ありそうもなさ（improbability）」を前にすると、あらためて、いまここでこうして私たちが生きていられることの不思議さを感ぜずにはおられない。

＊

実はここまで述べてきたような歴史の「偶発性」を重視するというモチーフは、グールドがその著書『ワンダフル・ライフ――バージェス頁岩と生物進化の物語』の中で、力説したものである。彼の有名な比喩に、生命進化の歴史のテープを巻き戻して再生したとしても、歴史の展開はかくも些細な偶発時に左右されるので、そのたびにおよそ異なったシナリオが立ち現れることになるだろう、というものがある。

私はその実験を、〝**生命のリプレイ**〟と呼ぶ。巻き戻しボタンを押し、実際に起こったすべてのことを完全に消去したことを確認した上で、過去の好きな時代の好きな場所、そう、たとえばバージェス頁岩を滞積させた海に戻るのである。そしてテープをもう一度走らせ、そこで記録されたことがすべて前回と同じかどうかを確かめるのだ。もし、生物が実際にたどった進化の経路がリプレイのたびにそっくりそのまま再現されるとしたら、実際に起こったことはほぼ起こるべくして起こったのだと結論しなければなるまい。しかし、リプレイ実験の結果はまちまちで、しかもどれもみな実際の生物の歴史とはまるで違うとしたらどうだろう。その場合でもわれわれは、自己意識を備えた知性の出現、いやそれどころか哺乳類、脊椎動物、陸上生物などの出現、あるいは困難な六億年間を多細胞生物が乗り切れたことですら、最初から予測されていたことだと言い切れるだろうか。(Gould 1989, 邦訳、六六頁。太字強調は筆者による)

われわれ人類は、歴史が別の航路にそれることで抹消される危機まであとこれくらい――どうかここで、親指と人差し指を一ミリの距離まで近づけていただきたい――だったことが、それこそ何百万回もあったのである。バージェスを起点にしてテープを百万回リプレイさせたところで、ホモサピエンスのような生物が再び進化することはないだろう。これぞまさに、ワンダフル・ライフである。[25] (*ibid.*, 邦訳、五〇二頁)

言い換えれば、生命進化の歴史は「カオス的」である――すなわち、初期値のわずかな揺動がその後の結果に予測不可能な変化をもたらしうるという「初期値鋭敏性」を備えている——ということであろう。

さらに**グールドは同書で、生物学と物理学の関係性という、科学哲学的にも重要な論点に触れている。**彼はまず、生命史の予測不可能性が、物理科学で解明される自然界の一般法則やそれに基づく予測可能性と相容れないわけではない、という点を確認する。生物は、物理学の原理に忠実な構造を備えている。たとえば、恐竜のような大型生物が小型の生物とは異なる体型（偏平で横長の体型）を進化させねばならないという生物学的事実は、ガリレオが最初に論じた二乗三乗の法則（square-cube law）——「物体の大きさ（一次元的なサイズ）がn倍に増大するとき、その体積はn^3倍に増大するが、その表面積はn^2倍にしか増大しない」というもの——に適っている。つまり、サイズの二乗に比例して増大する体表面積によって、その三乗に比例して増大する体重を支えるためには、それだけ接地面の面積を増やす必要があるのだ。また地球上における生命の起源は、原始地球の海洋と大気が備えていた化学組成と、自己組織化という物理学の原理を与えられれば、ほとんど必然であったといえるだろう。また自己運動能力を持ち細胞分裂で成長する生物は、必ず左右対称の体型を進化させねばならない、等々。

けれども、**これらの現象はそれ自体興味深いテーマではあるが、地球上の生命進化に関して真にわれわれの興味を惹く歴史の襞《ひだ》と比べれば、いまだ大ざっぱで一般的に過ぎる。**可動的な動物は左右対称形となるということは物理学的な制約によって規定されるかもしれないが、なぜそもそも節足動物、環形動物、軟体動物、脊椎動物その他の「門」が他でもないカンブリア紀に出現したのかということは、それによっては説明されない[26]。さらには、なぜ脊椎動物から哺乳類が進化したのかとか、なぜ霊長類は樹上生活者となったのかとか、なぜホモ・サピエンスを生むに至った系統樹状の「小枝」がそもそもアフリカのサバンナで生じその後も存続し得たのか、といった人類の起源に関わる重要な問いには、それは一切答えてくれない。「自然の不変法則は生物の一般的な形状や機能の決定に大きく影響する。つまりそれは、生物体のデザインがそれに沿って進化せねばならない道筋を設定するのだ。けれどもこうした道筋は、われわれを魅了する歴史の細部と比べれば、いぜん大まかにすぎるのだ」（*ibid*, 邦訳、五〇三頁）。要するにこれは、対象に焦点を合わせる際のスケールないしは粒度（grain）の問題である。**普遍基礎科学である物理学から、個別科学としての生物学のレベルまで上昇すると、その重要度において偶発性が予測可能性に取って代わる**のである。

*

こうした問題提起は、個別科学としての生物学と普遍基礎科学としての物理学との関係、生物学の物理学への「還元可能性」、もしくは果たして生物学に「自然法則」の名に値するような普遍性と予測可能性を備えた一般化（generalizations）は存在するのだろうか、といった科学哲学ならではの問題を考える上でも、頗る興味深い。実際に、**アメリカ科学哲学会の一九九六年の総会において、文字通り「生物学的法則は存在するか？」というテーマでシンポジウムが組まれている**。そこではジョン・ベイティ、ロバート・ブランドン、エリオット・ソーバー、サンドラ・ミッチェルといった生物学の哲学者たちが、パネラーとしてこの問題を綿密に検討している。以下では、特にベイティとソーバーとミッチェルの主張を簡単に紹介することにする。

まずこのシンポジウムが組織されるきっかけとなったのは、ベイティが上述したグールドの議論に触発されて、以下のような形で定式化した**「進化の偶然性のテーゼ」（Evolutionary Contingency Thesis: ECT）**である。

生命世界に関するあらゆる一般化は、以下のどちらかの範疇に入る。

（I）数学的一般化か、物理学的一般化か、化学的一般化——もしくは数学的・物理学的・化学的一般化に初期条件を加えたものからの演繹的帰結。

（II）生物学固有の（distinctively biological）一般化。ただしその場合、それは進化の偶然的な結果を記述したものに他ならない。（Beatty 1995, pp. 46）

ここで「一般化（generalizations）」とは、科学哲学でよく使われる語だが、まあ自然法則のようなものだとご理解いただきたい。ただし——この辺については「そもそも法則性とは何か」という問題として、後で（カウフマンの議論のところで）もう少し詳しく検討するが——、ニュートンの万有引力則のように正真正銘の普遍性を備えた法則だけでなく、「有性生物においては、異なる遺伝子座に属する遺伝子は互いに独立に配偶子へと分配される」という（染色体の発見によってすでにその普遍的適用性が制限された）メンデルの独立の「法則」、あるいは「人間は他の哺乳類と比べて体毛が少ない」といった単なる経験的・帰納的一般化のような、その法則としての身分は疑わしい言明も含むものとお考えいただきたい。

その言わんとするところは、次のことである。生物学という個別・特殊科学のレベルに固有の「法則」は存在しない。あるのは、(I) 数学・物理学・化学において成り立っている法則の生物学的なケースへの適用例か、さもなければ、(II) 生物学固有のものではあるが「法則」の名には値しない経験的一般化のいずれかである。もう少し詳しく説明してみよう。

まず(I)についてであるが、これは、数学や物理学や化学などのより基礎的なレベルで成り立っている法則を、生物学の領域に適用したものである。身も蓋もない例を挙げれば、「地上で生活する生物はすべて重力の影響を受ける」などというものがそれにあたる。しかしより一般的なケースでは、物理学などの基礎法則をそのまま直ちに生物学的現象に適用することは不可能である。なぜならば、それら低次レベルでの基礎法則は一般的にそのレベルで完結しており、そもそも高次レベルの生物学的な語彙（代謝、繁殖、遺伝、進化、など）を含んでいないことが多いからである。そこでこうした場合しばしば採られる方法は、物理学（数学・化学）の領域と生物学の領域とを媒介し「橋渡し」するための初期条件（もしくは境界条件、もしくは「橋渡し法則（bridge laws）」）を、それら基礎法則に連言肢として付加してやることによって、そこから生物学のレベルで妥当する一般化を「演繹」するというものとなる。上の(I)の後半で述べられているのは、そういうことである[27]。

たとえば、先にグールドの所で出て来たガリレオの「二乗三乗の法則」を例に取ると、これ自体はれっきとした物理学的——あるいは単なる幾何学的——一般化である。しかし、これにたとえば「脊椎動物は骨格と表皮によってそれに作用する重力を支えねばならない」といった生物学と物理学をつなど境界条件、さらにもし必要なら「重力の影響下では物体の重量はその体積に比例する」といった物理学と幾何学をつなぐ境界条件、そして「生物体は入手可能な限定された食糧・栄養事情の下で、新陳代謝によってその骨格・表皮・その他の組織を維持し再生せねばならない」といった生物学内部の（生態学と生化学をつなぐ）境界条件を付加してやることによって、「生物体は大型化するほど横長・偏平の体型を進化させるが、その進化可能なサイズには上限がある」という生物学固有の一般化が導出（演繹）されるというわけである。

次に(II)についてであるが、それが意味するのは、**仮に単なる数学的・物理学的・化学的法則の生物学的現象への適用でない、生物学のレベルに固有の一般化が存在したとしても、それは生物進化の過程で偶発的に獲得されてきた結果にすぎない**、ということである。上に挙げた「人間は他の哺乳類と比べて体毛が少ない」という一般化はまさしくそうした例だといえる。

もう少し厳密な例を挙げると、たとえばタンパク質合成の際に参照される「遺伝暗号」——DNA（もしくはmRNA）上の「コドン」（連続した三つの塩基）と、タンパク質の構成要素となる二〇種類あるアミノ酸の中の特定のアミノ酸との対応関係——がある。これは地上のあらゆる生物（ただしミトコンドリアDNAなどの一部の例外を除く）に共通しており、したがって「あらゆる生物は、この遺伝暗号に沿って、必要なタンパク質を合成する」という言明はその意味で普遍的な一般化といっていいだろう。同時にこれは、物理学や化学のレベルのものと異なり、きわめて生物学固有の一般化である。ではこれは、「生物学固有の自然法則」と呼べるだろうか？

DNA二重らせんモデルの発見者の一人であるフランシス・クリックは、かつて、この遺伝暗号の起源について——つまり、たとえばなぜコドンCGUはアスパラギンでなくアルギニンを指定し、なぜUACはグルタミンでなくチロシンを指定するのかという点について——、そこには何らの必然性も合理性も存在しない、それは単なる「凍てついた歴史の偶然（frozen accident in history）」にすぎないと語った（Crick 1968）。もしそれが正しいとすると、この一般化は、「自然はそうでなければならない（自然現象はそれ以外の仕方では起こりえない）」という、通常自然法則に要求されるところの「自然必然性（natural necessity）」を備えていないことになる。すなわちその場合、地球上の生命進化のごく初期の段階で——ひょっとしたらRNAワールドからDNAワールドへの移行期のどこかで——、RNAが遺伝暗号としての機能を獲得した時点でたまたま固定された対応関係が、その後「相同」によってあらゆる子孫種に受け継がれてきたということになるだろう。

他方で、このクリックの「歴史の偶然」の考えを疑問視する研究が、近年盛んになっているらしい。つまり、「遺伝暗号表」で与えられるコドンとアミノ酸との対応関係には、各々それなりの合理的・適応的理由が存在するというのである。たとえば、ある研究によれば（Freeland and Hurst 1998, "The Genetic Code Is One in a Million"）、現行の対応関係は、点突然変異による遺伝情報の変更や翻訳エラーによって特定のタンパク質を合成するのに必要なアミノ酸が別のものに置換されてしまうことによる影響を最小限に抑えるべく、「合理的に」選択されてきている。コドンの第三塩基が置換されても多くの場合同義コドン（同じアミノ酸を指定する異なるコドン）が生じることや、第一塩基が置換されることによって指定される異なるアミノ酸どうしの化学的性質が比較的類似していることなどが、その論拠とされる。第二塩基の置換に関しても、U、C、A、Gの四塩基間で実際に起こっている置換頻度の偏り（理由は分からないが、塩基間のすべての置換が必ずしも等確率で生じているわけではないこと）をも考慮に入れれば、その負の影響はある程度軽減されるという。そして、こうした点を考慮に入れれば、人為的にランダムに生成させた任意の「遺伝暗号」が現行のものより適応的である確率は、一〇〇万分の一ほどにすぎないという。

　では、もしそれが正しいとしたなら、現行の対応関係は必然性を有した自然法則といえるのだろうか？　必ずしもそのように考えねばならないわけではない。なぜなら上に述べた「合理性」とは、生物がある特定の二〇種類のアミノ酸を組みあわせてタンパク質を合成する――そしてそのための「組み立て設計図」もしくは「レシピ」として遺伝情報が存在する――ということを所与の前提とした上での合理性にすぎないからである。けれども、そもそも生物はなぜこうした仕組みを採用するようになったのかという点まで遡って考えれば、必ずしもそこに合理的・必然的な理由があるとは限らないだろう。生命進化の歴史を「リプレイ」してみたら、今度はアミノ酸やタンパク質にまったく依存しない形態の生命が進化するという可能性は無視できないからである。

　さらに一歩突っ込んで、次のように考えることもできる。仮に百歩譲って、アミノ酸を構成要素とする生命形態が、生命進化の初期段階でなんらかの適応的な理由で選択されたとしよう。しかしそれが意味するのは、過去のある時点で、ある環境条件の下で、たまたまそういう生命形態が適応的であったということ以上でも以下でもない。その場合、もし仮にその時点でそのような環境条件が与えられていなかったとしたら、そうした生命形態は選択されていなかったであろう、ということがそこから帰結する。そして、**ある一定の環境条件の下で選択されたものは、その当該の環境条件が持続し続**

ける限りにおいて適応的であるにすぎない。将来もしそうした環境条件が消滅してしまったとしたら、そのような生命形態が存続し続けることにはもはや必然性も合理性も存在しない、ということになるのである。

とはいえ、**「ある構造やルールがいったん恣意的に定立されると、それが次の段階の変化を拘束する」という構造主義生物学のテーゼ**の観点からは、いったん定立された「構造」が、もはやその必要性が消失した後でも、いわば「慣性」によって存続し続けることはしばしばある。われわれが現在目にしている構造が最初に与えられたときに、はたしてそこに合理的な理由はあったのか。そして、仮に合理的な理由があったとして、その構造が現在も与えられ続けているという事実はそれによって説明されるのか、それとも単なる「歴史の慣性」に帰すべきものなのか。あるいは、そこに合理性が存在するかどうか現時点では不明な構造の由来を探求する際の指針として、合理性（必然）と非合理性（偶然）のいずれを「デフォルト」とすべきなのだろうか。これらの問いは、歴史的一回的な事象を扱う科学である進化生物学が避けて通ることのできない「適応主義」という根本問題であり、本書の第2章で詳しく検討することになるものである。

＊

さて、次に「偶然性」を重視するこうしたベイティの立場に対するソーバーの反論を見ておこう。彼は以下のようにして生物学固有の法則の存在を擁護しようとする（Sober 1997）。まず彼は、ベイティが言うところの「進化の偶然的な結果」を、「進化の歴史上のある時点における初期条件が異なっていたら、異なる結果が生みだされていたかもしれない」ということを意味するものとして捉え、その「偶然的な結果」としての一般化（法則的なもの）を［PならばQ］（If P then Q）という形で表記する。そして、この一般化の成立を可能ならしめた、歴史上の先行するある時点において成立していた物理的・化学的・生物学的初期条件をIと表記する。このときソーバーの主張は、以下のようなものとなる。すなわち、確かに［PならばQ］という命題自体は、仮にIが与えられていなかったとしたらこの現実世界で成立していなかったであろう——換言すれば、反事実的条件をサポートしていない[28]——という意味において、必然性を主張しうるものではない。けれども次のような［命題L］を考えることにすれば、それは普遍性・必然性を要求しうる法則的命題といえるだろう、と。

命題L　ある時点でIが成立するとき、後のある時点で［PならばQ］という一般化が成立する

これを図式的に表わすと、次のようになる。

$$\underset{t_0}{\mathrm{I}} \rightarrow [\underset{t_1}{\mathrm{P}}\text{ならば}\underset{t_2}{\mathrm{Q}}]$$

t_1とt_2は比較的近接した時間点であり（場合によっては$t_1 = t_2$ということもありうる）、「t_1においてPという出来事が起こればt_2においてQという出来事が継起する」というのが［PならばQ］の内容である。そしてこの一般化自体は、地球の歴史上のそれに先立つある時点（t_0）——一般的にはt_0は、t_1やt_2よりずっと以前である——に成立した初期条件Iの存在に依存している。要するに、［Pなら

ばQ」という命題が何物か（I）に依存している（contingent on）がゆえに偶然的（contingent）であるならば、その何物かが成立しているという条件の下では、「PならばQ」の生起は必然的となるだろう、というアイデアである（これは「条件付き確率」の考え方に似ている）。したがって、**このようにIを大前提とする実質含意として表現される命題Lは、必然性を備えた生物学固有の法則と呼んでもよいのではないか、というのが彼の主張の骨子である。**

たとえば、木村資生の中立進化論を例に取ると、これはNを集団サイズ、sをある特定の遺伝子の淘汰係数としたとき、「もし$Ns \ll 1$[29]が成り立つのなら（P）、ランダムな遺伝的浮動の効果が自然選択の効果を凌駕する（Q）」という主張（PならばQ）として理解できる。すなわち、集団中の個体数が十分少ないため突然変異によって導入された変異遺伝子が浮動によって集団中に固定される可能性が高く、また選択が無視できるほど当該遺伝子に加わる淘汰圧が小さい場合には、中立進化が選択進化を差し置いて形質進化の主要な要因となりうる、ということである。ところでこの一般化は、地球上の生命進化の歴史における、ある特定の時点以降に成立したものであると考えられる。たとえば、生物の遺伝が核酸の巨大分子によって担われるようになる以前の段階では「遺伝子の淘汰係数s」という概念は意味をなさなかったであろうし、また生物が集団生活を始める以前の段階では「集団サイズN」という集団遺伝学的な概念は意味を持ちえなかったであろう。そこでいまIとして、この一般化の成立を可能ならしめた歴史上の先行する諸条件をとることにすれば、

「生物の遺伝がDNAによって担われるようになり、かつ一部の生物が一定の個体数を有した繁

殖集団の中で繁殖し始める」という条件（I）が与えられたならば、当該の生物集団において、「Ns≪1ならば、遺伝的浮動が自然選択を凌駕する」という一般化（PならばQ）が成立する。

という主張全体を、法則的必然的を要求しうる「命題L」として捉えることができることになる。

＊

さて、では次にこのソーバーのアイデアに対するミッチェルの反論を見ておこう（Mitchell 1997）。まず彼女は、論理的必然性と自然（物理的）必然性の相違に注意を促す。論理的な観点からは、あらゆる命題は必然的（トートロジー）か偶然的かのいずれかであって、その中間段階は存在しない。したがって、われわれが自然法則について語るときに問題とする自然（物理的）必然性——つまり、ある一定の経験的条件が与えられれば必ずある特定の結果が帰結せねばならない、というもの——を備えた命題は、それがトートロジーでない限り、論理的な観点からはすべて偶然的な命題に過ぎない。それゆえ、ある経験的命題が自然必然性を備えた法則といえるか、それとも単なる偶然的な真理に過ぎないかという問題は、偶然性それ自体の存在／非存在というオール・オア・ナッシング的な基準によってではなく、あくまで「程度の問題」として処理されねばならない。

こうした議論を踏まえて彼女は、以下のようにソーバーに切り返す。ソーバーは、問題となっている生物学レベルの偶然的な一般化［PならばQ］がそこに埋め込まれている命題Lそれ自体を、生物学というより物理学・化学のレベルの必然的な一般化に同化・解消することによって、その法則性を救済しようとしている。けれども、はたしてこうした「埋め込み戦略（embedding strategy）」によってその目的を達成することができるのだろうか？

まず論理的な観点からいえば、トートロジーでないあらゆる命題は偶然的である。したがって、たとえ物理学レベルの一般化といえども、何らかの他の先行条件に依存しているはずであり、無制限な必然性を主張しうるものではない。たとえば、現在の宇宙において一見アプリオリに成立しているように見える物理法則や物理定数の値それ自体も、おそらく宇宙開闢（ビッグバン）直後の零《れい》コンマ何秒間の混沌状態における自発的な対称性の破れや、その後の特定の道筋の選択によって、偶然的に選び取られてきたものであろう。したがって、仮にソーバーが上記の「埋め込み戦略」によって、生物学レベルの偶然的一般化を物理・化学レベルの一般化に同化・解消することが可能であると考えているとしても、それがどこまで、言葉の厳密な意味における「必然的な」自然法則と呼べるのかという問題は、いぜんオープン・クエスチョンである。

しかしもっと重要なことがある。それは、**こうした「埋め込み戦略」によって生物学的一般化を物理学的一般化に同化・解消することによって、逆に「生物学に固有なもの」が見失われてしまうのではないか**という点である。一般に生命進化の歴史は「カオス的」である。すなわちグールドが力説したように、ある時点において見られた初期値の微小なゆらぎがその後の出来事の経過に劇的な変化をもたらすという「初期値鋭敏依存性」をその特徴としている。確かに、マクロ進化における種分岐とか種の絶滅とか新種形成といった予測不可能な現象も、物理学や化学の法則に違背するわけではない。しかし生物学的・進化論的説明の存在価値は、むしろそのミニマムな法則性からはこぼれ落ちてしまう圧倒的な多様性・個別性の理解にある。グールドが述べたように、「可動的な動物は左右対称形となる」という認識よりも生物学的にはるかに興味深く重要なのは、「なぜカンブリア紀に突如多くの門が出現したのか」とか「なぜ脊椎動物から哺乳類が進化したのか」といった個別の問いに答えることである。「Iが与えられれば、［PならばQ］が成立する」という極度に形式化された命題（L）では、こうした個別性や歴史の襞《ひだ》は表現できないだろう。さらには、この命題自体がいぜんとして、初期値鋭敏依存性から逃れられない不安定なものだといわねばならない。というのは、「I」として特定された現実の歴史的諸条件とはほんのわずかだけ異なる条件「I′」を与えられた可能世界を考えるなら、そこにおいて［PならばQ］とはまったく異なる一般化が成立するという可能性は、この命題からは排除されていないからである。六五〇〇万年前に地球に飛来した小惑星の軌道の「照準」が現実にそうであったものと角度にしてほんの一度だけずれていた可能世界においては、哺乳類や人間に関して現在成立している一般化はそもそも成立してさえいないのである。

以上のような認識に立ってミッチェルは、次のような教訓を引きだしている。

(1) 法則性・必然性・普遍性という基準にも様々なレベルが存在し、ある一般化が法則か否かという問題は白か黒かで決着をつけられるようなものではない。

(2) 生物学に何らかの普遍的・必然的な法則を求めようとすればするほど、それはますます生物学固有の特徴を喪失し、擬似物理学的なものになっていかざるをえない。

(3) むしろわれわれのなすべきは、「物理学を模範とする厳密に普遍的な法則の探求」という過大な理想を捨て、各々の個別科学の現場において機能している規則性や一般化の多様性を認めるプラグマティックな態度に徹することである。

＊

生物学的法則に関するアメリカ科学哲学会におけるシンポジウムの議論の骨子は以上である。もう一人のパネリストであるブランドンの議論の詳しい紹介は割愛するが、学会誌の会議記録号《プロシーディングズ》に掲載された彼の論文のアブストラクトの最初の一文だけ訳出すると、こうである。「本論文で私は、実験的進化生物学の活動は、それを法則的な規則性の探求ではなく偶発的な規則性の探求として見ることによって、最も適切に理解できるということを論じる」（Brandon 1997, p. 444）。要するに彼は、論理実証主義者が物理学に見いだしたような普遍法則の探求という科学の理想を進化生物学に求めることはできないが、しかし限定された範囲内でなら、その「偶発的な規則性」に、自然法則に通常要求される説明力・予測力といったものを期待することは可能であるし、実際進化生物学者たちはそうしているのだと論じているのである。これは、「生物学に絶対的な意味での法則は存在するかしないか」という形而上学的な二分法を捨て、プラグマティックな観点から実際の生物学の営みを見直しましょう、というミッチェルの提言に近いものであろう。

このシンポジウムのパネリストだけがこの問題をめぐる可能な立場をすべて代表しているわけではないが、**これらの議論を通覧して、私自身の考えも、生物学固有の法則の非存在を唱えるグールド＝ベイティ＝ミッチェルの方向性に傾いている。**たとえば、こういう問題を論じるとき必ず引きあいに出される「**ハーディ＝ワインベルグの法則**」を考えてみよう。これは集団遺伝学における遺伝子頻度の世代間変化に関する基本テーゼであり、「集団の個体数が十分に大きく、集団が隔離されていて個体の移動が起こらず、問題とする遺伝子に突然変異が起こらず、自然選択が行われず、集団内での交配がランダムに行われる場合、集団内の対立遺伝子Aとaの頻度は世代を重ねても変化しない。すなわち、ある世代でのAとaの遺伝子頻度をそれぞれpとqとすると（$p+q=1$）、次世代での各々の頻度は、$p^2+pq : pq+q^2=p(p+q) : q(p+q)=p : q$となり一定である」というものである。これは、この「法則」が成り立つための限定条件である上記の「ハーディ＝ワインベルグの条件」（集団サイズ大、移動なし、突然変異なし、選択なし、任意交配）が満たされているという前提の下で、遺伝子型よりもむしろ対立遺伝子を世代間形質遺伝の基本的な単位とみなす集団遺伝学の基本前提を採用すれば、あとは初等的な確率計算を用いるだけでおのずと「演繹」可能なものである。したがってその限りでそれは一種のトートロジーに過ぎず、反証可能性を持った自然法則とはみなせない[30]。それゆえ、この「ハーディ＝ワインベルグの法則」は、生命科学に特有の自然法則というよりは、むしろ生命科学が「付随（supervene）[31]」しているところの物理学・数学レベルの法則の、生命現象への個別的な適用例に過ぎないと見ることができる。つまりそれは、生物学的一般化に関する上述のベイティの分類における(I)に相当するだろう。それはたとえば、「生物の血液循環は、重力の影響を受ける」（したがってたとえばキリンは、脳に血液を押しあげるためそれだけ強力な心臓を必要とする）、あるいは「二〇種類のアミノ酸がN個結合してできるタンパク質の可能な種類は初頭確率計算に従う」（つまり20^N種類ある）という命題と基本的に同様な種類のものであるといえるだろう[32]。

*

生物学的法則の存在、そして生物学と物理学との関係といった問題を考える上できわめて興味深い論点を提供してくれているのが、**スチュアート・カウフマンの「カオスの縁」をめぐる議論**である(Kaufman 1993)。カウフマンは、その主著『秩序の起源――進化における自己組織化と選択』において、生命体に見出される「秩序(order)」は自然選択によって一から形成されたものではなく、むしろ秩序の自発的生成原理こそが、そもそも自然選択による進化が可能となるための条件である、という主張を展開している。すなわち、身動きならない固定的秩序と、あらゆる秩序を崩壊に導くカオス的混沌とのはざまに位置する「カオスの縁(the edge of chaos)」に立つ組織体において――そしてそうした組織体においてのみ――「進化可能性(evolvability)」が発生したというのである。具体的にはそれは、以下に詳しく見るように、ある生物集団が最大限の進化可能性を獲得することができるためには、その遺伝子ネットワークが、ゆるすぎもせずきつすぎもしない、適度に複雑な相互作用(エピスタシス)の下に置かれていなければならない、ということである。さらに重要な点は、**「進化可能性を持った組織体はカオスの縁に立っている」という命題**――これを「**カウフマンの命題**」と呼ぶことにしよう――**の適用範囲は、核酸とタンパク質を主要構成要素とするこの地球上の現実の生物に限定されない**、ということである。それは、シリコンベースの遺伝子を持った仮想上の生物であれ、サイバースペース上でプログラムされた遺伝アルゴリズムによって実現される人工生命であれ、あるいはこの現実世界ではたまたま実現されなかったがどこかの可能世界上では進化しえた生命体であれ、およそあらゆる可能な生命体が進化するための前提条件なのである。

彼はこうした洞察を、「NKモデル」と彼が呼ぶ、遺伝子ネットワークのシミュレーションモデルに基づいて導いている。これは――ここで簡潔に説明するのは到底不可能であり、詳しくは彼の著書を参照していただく他はないが――、N個の「遺伝子座」が線形に配列された遺伝子ネットワークであり、実際の生物のDNA上の遺伝子配列を模したものとなっている。[33] N個の遺伝子座の各々には二個（一般的に「A倍体」の生物ではA個）の「対立遺伝子」が存在する。各遺伝子の適応度は、それら対立遺伝子のどちらが選ばれているかに依存するとともに、他のK個（K＜N）の遺伝子座においてどの対立遺伝子が選ばれているかにも依存する。つまり各々の遺伝子は、他のK個の遺伝子との緊密な相互作用（エピスタシス）下に置かれているのである。そしてこの遺伝子ネットワーク全体――彼はこれを「遺伝子型」と呼んでいるが――の適応度は、N個の遺伝子の適応度の平均として計算される。

さて、ここで2^N個の可能な遺伝子型の全体――二つの対立遺伝子を備えたN個の遺伝子座の可能な組み合わせの総体――を考え、その各々に対して計算された適応度を、（地図の等高線あるいは立体的な地形モデルのようなイメージで）多次元空間上に投影した「適応度地形（fitness landscape）」を考える。[34] すると個々の集団にとって、適応進化とはこの地形上の「山登り」に他ならず、より高いピークに登攀することに成功した集団がより適応した集団だということになる。

ところで**この適応度地形は、NとKの値のみによって決まる**。K＝0のとき、すなわちエピスタシスが存在せず、個々の遺伝子がまったく独立かつ加算的に全体の適応度に寄与する場合には、適応度地形は唯一のピークを持ち、そのピークから離れるにつれなだらかに高度を下げていく「富士山型」となる。ピークを構成する「最適な」遺伝子型とは、N個の遺伝子座のすべてにおいて適応度の高い方の対立遺伝子が選択されている遺伝子型である。ピークから任意の距離離れた、適応度のより低い遺伝子型からは、N個の遺伝子座の内、適応度の低い方の対立遺伝子が選ばれている遺伝子座の遺伝子を一つずつ適応度の高い方の対立遺伝子に置換することにより（これは「点突然変異」のような微小突然変異でしかも有利なものに相当する）、一歩一歩確実に――局所的なピークを通過した後の一時的な「山下り」を経験することなしに――地形全体の唯一のピークに向かって歩を進めることができる。[35] 他方で、Kの値が増大し、複数の遺伝子間のエピスタシスが次第に顕著になってくると、各遺伝子を「最適化」しようとする自然選択の力は互いに拮抗し妥協を強いられ始める。全体の適応度地形も、多くの局所的な小ピークが乱立するでこぼこ地形へと次第に変形していく。各ピークの高度も、何の制約も受けずに最適化された各遺伝子の適応度の単純な代数和であったK＝0のときのピーク高度から、次第に下落していく。そして、あらゆる遺伝子が緊密な相互作用下に置かれるK＝N－1の極限においては、彼が **「複雑性の崩壊（complexity catastrophe）」** と呼ぶ現象が起き、適応度地形は完全にランダムなものとなる。つまりある遺伝子の適応度を上げる突然変異が起こったとしても、それによって他のすべての遺伝子適応度が予測不可能な影響を受け、その結果「有利な突然変異の選択の積み重ねが長期的な適応進化をもたらす」という概念が意味をなさなくなり、自然選択の効果は偶然に道を譲ることになる。

現実に進化する集団の挙動は、この所与の適応度地形上における、選択や突然変異によって駆動された探査過程として理解することができる。選択は集団をより高いピークに押しあげる働きをする。選択的に中立な進化（遺伝的浮動）は、同じ等高線上の「ぶらぶら歩き」に相当する。突然変異はこの地形上のある場所から他の場所への「ジャンプ」として把握される。[36] 有性生殖において父方の配偶子と母方の配偶子が結合する際に見られる組み換え（recombination）は、この地形上の離れた二点から、それらの中間地点へのジャンプとして――その限りで一種の突然変異として――理解される。

突然変異率は、選択との力関係の観点から――換言すれば、選択の力に制限を課すものとして――重要となる。K=0の「富士山型」の地形においては、突然変異率が非常に低い場合、集団は容易に最適なピークの頂上へ押しあげられる。しかし突然変異率がある一定の閾値以上に上昇すると彼が「第二の複雑性の崩壊」と呼ぶ現象が生じ、突然変異がもたらすノイズあるいはエラーによって集団は絶えず頂上から引き摺り下ろされ、永遠にピークに到達できなくなる。他方で、Kの値が比較的大きいでこぼこ地形において、突然変異率が非常に低い場合、集団は局所的で凡庸なピークに捉えられてしまいそこからなかなか抜けだせない。つまり選択進化はそれ以上集団を最適化できない。しかし、突然変異率が上昇してくると、集団は局所的なピークで「固まっていた（frozen）」状態から「溶けだし（melt）」、過渡的な「谷渡り」を経てその向こうにあるより高いピークを目指した登攀態勢に入ることができる。けれども、さらに突然変異率が上昇しある閾値を超えてしまうと、今度は突然変異のノイズが選択の力を完全に凌駕してしまい、集団は「さまよえるオランダ人」のように地形上をあてどなく果てしなく逍遥することになる。

したがって、**集団にとっての外的な制約である適応度地形（これはNとKの値で決まる）と、集団自身の内的な性質である突然変異率との関係が最適に調整されたときに、集団は最大限の「進化可能性」を手にすることができる。**

適応的進化は、固定された、あるいは変形しつつある適応度地形上での、――突然変異、組み換え、選択によって駆動された――探査過程である。適応しつつある集団は、これらの諸力の下で、この地形上を流動していく。こうした地形の構造は――それが滑らかなものであれ、でこぼこのものであれ――、集団の進化可能性とそのメンバーの持続的な（sustained）適応度の両方を支配している。適応度地形の構造は不可避的に、適応的な探査に制限を課す（Kauffman 1993, p.118）。

地形が非常になだらかな場合、エラーによる複雑性の崩壊が起こり適応しつつある集団は適応度のピークから下方の谷に滑り落ちる。それと対照的に、地形が非常にでこぼこしている場合、それとは別種の複雑性の崩壊が起こる――すなわち適応過程が地形状の空間の小さな局所的な地域に閉じ込められ、効果的な探査が不可能になる。進化可能性――地形状の空間の適切な区域を探査する能力――は、集団が地形状の空間の局所的な地域から「溶けだす」ことができるように、地形の構造・突然変異率・集団サイズが微調整されたときに、最適化されうる（*ibid.*, p. 95）。

すなわち**このとき、集団は「カオスの縁」に立っている**のである[37]。

ここで重要な点は、NとKの値によって決まるこの適応度地形は、それ自体生物集団と外的環境との長期的な相互作用の下で徐々に形成されてきたものであり、その意味で決して「アプリオリな所与」というべきものではないにもかかわらず、いま現在短期的なタイムスパンで適応的進化を繰り広げている生物集団にとっては、それはほとんどアプリオリな制約として――いわば「歴史的アプリオリ」として——機能する、ということである。このことを、第2章であらためて論ずる適応主義の問題に引きつけて解釈するとすれば、次のようになるだろう。自然選択は、「歴史的アプリオリ」に与えられた窮屈な制約の下で、限られた資源をやりくりして（現在地点からとりあえず登攀可能な直近のピークを目指して）当座の必要を満たす他はないのであり、安易な適応主義者が想定しがちなように、何でも必要なものを一から作りだすことのできる（地形上のいかなる地点からであろうと最適なピークに向かって最短距離で進むことのできる）万能のデザイナーなのではない、と。[38] グールドと同様カウフマンもしばしば、自然選択抜きの進化のメカニズムを打ちだした反ダーウィニストだという誤解を受けてきたが、カウフマン自身にはそうした「革命的な」意図はなさそうである。[39] にもかかわらず、自然選択の最適化作用に重大な制限を課し、適応万能論に対するアンチテーゼを突きつけたという点においては、グールドと同じく彼も、れっきとした「反適応主義者」と呼ぶことができるだろう。

＊

さて、以上のようなカウフマンの議論を、生物学的法則の存在／非存在という目下の問題にあてはめるとどうなるだろうか。カウフマンはときに自らの試みを「生物学の物理学」と呼んでいる（Dennett 1995）。それは、**「進化可能性を持った組織体はカオスの縁に立っている」**という**「カウフマンの命題」それ自体は、生物学上の一般化というよりも、むしろこの地上の生命がそこから創発して（emerge）きた物理的世界においてそもそも成立している一般化であると見なすべきだからであろう。**この「進化可能性」は、すでに触れたように、この地球上での現実の生物体のみならず、およよそ生命となりうる可能性を備えたあらゆる組織体が進化しうるための「可能性の条件」（カント）を提供するのである。すなわちそれは、「カオスの縁」に立つ何らかの組織体が――この地球上の現実の生物体であれ、現実世界の進化の歴史においては実現されなかった可能世界上の生物体であれ、さらには核酸やタンパク質とはまったく異質な生化学的基盤の上に実現されうる超生命体ないしは人工生命であれ――、それをたまたま手にすることができたという偶然的恩恵のゆえにその後の進化と複雑化の途を持続的に進行し続けることができるような、何物かである。

いま生物／非生物を問わず様々な個別の組織体A、B、C、……があったとしよう（たとえばAが現実の生命体、Bは鉄の塊、Cは……、としておこう）。このとき、「カウフマンの命題」は、「Aはカオスの縁に立っている」「Bはカオスの縁に立っていない」「Cはカオスの縁に立っていない」……という個々の組織体についての経験的単称命題を小前提として、「Aは進化可能性を持つ」「Bは進化可能性を持たない」「Cは進化可能性を持たない」……という個別の組織体に関する偶然的一般化が結論としてそこから演繹されるところの、大前提として機能していると解釈することができる。その際演繹の出発点となる大前提は、当然、生物学レベルに限定されない、より下位の物理学レベルの普遍命題であると考えるのが妥当であろう。それをAという生物学的な特殊事例に適用するための境界条件「Aはカオスの縁に立っている」が与えられることによってはじめて、そこから「Aは進化可能性を持つ」という生物学レベルの経験的一般化が帰結するのである。つまり**「カウフマンの命題」それ自体は、すでに論じたソーバーの「命題L」にも似て、限りなく生物学的内実を欠いたものと見なさざるをえない。**

ところで、カウフマン自身は、自らの試みを「法則の探求」と呼び、著書の至るところで（普遍）法則の概念に言及している。ではあらためて、**上記の「カウフマンの命題」ははたして厳密な意味での自然法則といえるだろうか？** これについては、われわれは肯定的に答える用意がある。通常、あるものが自然法則であるためには、「自然はそうでなければならない（自然現象はそれ以外の仕方では起こりえない）」という「自然必然性」を備えていなければならないとされる。この自然必然性の有無を判定する基準をどのように定式化するかということ自体、一つの厄介な科学哲学上の問題であり、ここでそれに深入りすることはできないが、科学哲学者の間で比較的広く受け入れられている基準として、**「反事実的条件文をサポートしていること」**というものがある。たとえば、ある日あるとき（これを時刻 t とする）、リカちゃんの財布の中にたまたま百円硬貨しか入っていなかったとしよう。[40] このとき、「時刻 t において、リカの財布の中の硬貨はすべて百円玉である」という言明は真であるが、必然的に真なる言明ではない。「時刻 t において、リカの財布の中には十円玉が混じっている」という反事実的言明が真となったかもしれないような状況を想像することは難しくないからである。たとえば、時刻 t の直前の時刻 t_0 において、リカが自動販売機で缶ジュースを買い十円玉のおつりを財布の中に戻していたとしたら、上の反事実的言明は容易に実現されていただろう。

もう少し科学的な事例を用いて説明しよう。以下の二つの言明を比べてみよう。

(A) 現存するいかなる金の塊も一〇〇トンを超えない。

(B) 現存するいかなるウラン２３５の塊も一〇〇トンを超えない。

言明Ⓐは、おそらく真であるだろうが必然的に真なる言明ではない。世界中の金を掻き集めて一〇〇トン以上の金塊を人工的に作ることは不可能ではない。それゆえ「たとえ一〇〇トンを超える金塊を作ろうとしたとしても、（自然法則によって禁じられているため）それは不可能な企てとなろう」という反事実的条件文はサポートされない。あるいはこれを、「一〇〇トンを超える金塊が現存する」という反事実的言明を真とするような可能世界が存在する、と表現してもよい。

それに対して言明Ⓑは、単に偶然的に真であるのではなく、「それ以外の仕方ではありえない」という必然性を備えた言明である。仮に一〇〇トンを超える（高濃度の）ウラン235を世界中から掻き集めてきて、それを一塊にまとめようとしても、その瞬間に「臨界質量」を超えたウラン235は連鎖反応を起こして分裂してしまうだろう。したがって、言明Ⓑは「たとえ一〇〇トンを超えるウラン235の塊を作ろうとしたとしても、（自然法則によって禁じられているため）それは不可能な企てとなろう」という反事実的条件文をサポートするような仕方で——あるいは、あらゆる可能世界において言明Ⓑが真となるような仕方で——真であることになる。したがって、言明Ⓑそれ自体を「自然法則」と呼ぶのは妥当でないとしても、少なくともそれは「法則性」を反映した言明であると言うことはできるだろう。

さて、以上の議論を基にして、「カウフマンの命題」について考えてみよう。**この命題は当然ながら、「この地上で進化してきた生物はたまたますべてカオスの縁に立っていた」という単に偶然的に真なる一般化を意図したものではない。**むしろそれは、「この地上の現生生物の進化の初期段階における前駆体がもしカオスの縁に立っていなかったとしたら、それは事実とは逆に進化することはできなかったであろう」という反事実条件文をサポートするものとして意図されている。カウフマンもかつて所属していた（複雑系科学のメッカである）サンタフェ研究所の人工生命研究グループによって与えられた、「この地球上の炭素ベースの現実の生物の研究ではなく、むしろおよそ生物となりえたあらゆるものを包含する研究」という人工生命研究のモットーが、彼らの目指しているものが単にこの現実世界での偶然的一般化以上のものであるということを端的に物語っている。したがって、**カウフマンの命題は自然必然性を備えた自然法則である**といって差し支えないだろう。

では、それは生物学の法則と言えるだろうか？　この問いに対しては私は否定的である。その論拠はすでに論じたとおりである。カウフマン自身自らの探究を「生物学の物理学」と特徴づけているように、それはこの地球上の生物を一つの適用対象として包摂するところの、より基底的な物質レベルにおいて成立している法則性の主張に他ならない。ここで、私が先に引用しておいたグールドの言葉を思い起こそう。

> 自然の不変法則は生物の一般的な形状や機能の決定に大きく影響する。つまりそれは、生物体のデザインがそれに沿って進化せねばならない道筋を設定するのだ。けれどもこうした道筋は、われわれを魅了する歴史の細部と比べれば、いぜん大まかにすぎるのだ。（Gould 1989, 邦訳、五〇三頁）

物理学レベルの普遍的自然法則は、生物学の研究にとって重要な制限を課す。生物学の研究はそれを無視して進むことはできない。それどころかそれは、生物学にとっても貴重な情報源となりうる――カウフマンの研究が生物学者（進化学者や遺伝学者）にとっても極めて興味深いものであるように。けれども、現実の生物（＝なまもの）を対象とする学である生物学にとって、それは本来の第一義的な研究対象とはなりえないだろう。

5 生物学と物理学の関係

本節では以上の議論を受けて、生物学と物理学との存在論的・認識論的関係について、哲学的な観点からいま一度考えてみたい。

現代の生物学の哲学では、基本的に物理主義が議論のデフォルトとされることが多い。つまり、この世界に存在するすべての対象は、生物体も含めて物理的対象であるということである。これは言い換えれば、生き物を生き物たらしめている、物質には還元されない特別な「生気」――アリストテレスの「プシュケー（魂）」であれ、ベルクソンの「エラン・ヴィタール（生命の躍動）」であれ、ドリーシュの「エンテレヒー」であれ――を導入する生気論は採らない、ということでもある。生物体も結局物質からできており、物質以外の何物も含んでいない。生物体の組織や生命現象がどんなに複雑であろうとも、それを構成要素や要素過程に分解していけば、そこにあるのはただの物質と、それらの間の相互作用以外の何物でもない。われわれ生物体も、鉛筆の芯も、極論をいえばどちらも炭素をベースとした組織体である。それなのに一方は生きており、他方は生きていないのはなぜか？　アリストテレスであれば、たとえそれらの物質的素材である「質料《ヒュレー》」は同じであったとしても、あるものをそのものたらしめる本質たる「形相《エイドス》」に関して、前者は生物の形相であるプシュケーを含んでいるが後者はそうではないから、と答えるであろう（『自然学』）。しかしこうした回答では、「ではそもそもプシュケーとは何であり、何からできているのか」という問題を単に棚上げするだけであり、科学的な解決にはならない。生物と非生物との違いは、ひとえに、それらを構成している物理的な要素がどのように組み立てられ、相互作用しているかの違いに求めざるをえない。このことを哲学的に表現すれば、**生命現象は存在論的には物理現象に還元可能である**、ということになる。あるいは**生命現象は物理現象に付随する（supervene）**という表現を用いてもいい。

ここで「**付随性（supervenience）**」の概念について簡単に説明しておこう。これはもともと心の哲学で用いられ始めたものである。心の哲学では、痛みの感覚とか色の知覚など、それを体験している当人のみが第一人称的に接近可能な心的性質が、例えば脳のニューロンの発火とかシナプス間での化学物質の放出といった、第三人称的な視点から記述可能な物理・化学過程に還元されうるか、ということが問題とされてきた。そして近年の脳神経科学の進展とともに、基本的に心的性質のほとんどは脳の物理状態に依存する――すなわち、後者が決まれば前者も一義的に決まる――という、物理主義的な心の理解が次第に支持を集めてきた。こうした理解を定式化するために導入されたのが、付随性の概念である。その一般的な定式は、異なる心的性質は、必ず異なる物理状態によって実現されている（同一の物理状態によって異なる心的性質が実現されることはない）

というものとなる。これはつまり、「実現する」もしくは「決定する」という因果関係は常に「物理状態→心的性質」の向きに作用するのでありその逆ではない、ということである。

さて**生物学も、根底的には物質世界に基礎を持つ現象を対象とする個別科学であるという点で、心理学と事情は同じ**である。そのためこの付随性の概念は、生命現象とその基礎にある物理的現象との間の関係を記述するためにも適用可能だし、実際適用されてきた。たとえば、生物個体の「適応度」（期待される子孫数）のような生物学的性質は、基本的には下位レベルの生理学的状態に付随しているといえる。たとえば、駿足のシマウマが駿足であるがゆえに高い適応度を保持しているとすれば、この駿足という性質は、脚の骨格や筋肉の発達状況という生理学的な状態によって実現されている。そしてこの生理学レベルの状態も、結局のところ、骨格や筋肉を構成する分子や原子の配置や運動といった物理・化学的状態によって実現されているといえるだろう。もちろん駿足であることが高い適応度をもたらすためには、駿足であることが有利に作用するような、当の個体と周囲の環境との関係（捕食者のライオンの存在やその頻度・脚力、また同じ群れに属する他のシマウマの頻度や脚力など）も関連してくる。しかしこうした関係も、この世界が畢竟原子・分子の集まりであり、この世界の現象がそれらの相互作用によって成り立っている限りにおいて、結局は物理・化学的なレベルの出来事によって実現されているといってよいだろう。たとえば、「非捕食者が捕食者の視野に入る」という生物学的出来事は、とりもなおさず、非捕食者の体表面で反射された一定の波長パターンを持った電磁波が空間を伝って捕食者の眼球に入り、それが網膜で一定のパターンの電気信号に変換され、それが脳の視覚中枢に伝達されそこで情報処理される、といった物理的過程に他ならない。

このように、もし生物学レベルの性質が生理学レベルの状態に付随し、生理学レベルの状態が生化学レベルの状態に付随し、生化学レベルの状態が物理学レベルの状態に付随する……という一方向的な関係が成立していたとすれば、そのことから推移律によって、生物学的な性質も究極的には最下層の物理学的状態に付随している――すなわちそれによって共時的には決定されている――ということが帰結する。筋肉・骨格の発達程度から、DNA情報から、体内の原子配置にいたるまで、何から何まで寸分違わず同一な「双子」シマウマがいたとして、それらが、天敵が出現する頻度／その脚力／同胞の頻度／集団内での自身の相対脚力に至るまで、あらゆる点で同一の環境下に置かれていたとしたら、これら二匹のシマウマの適応度は完全に等しくなるに違いない。

他方で、**こうした存在論的還元可能性は、認識論的（説明的）還元可能性を含意するわけではない。**つまり、それによって心理学や生物学という個別科学の存在意義が原理的に解消されてしまうわけではない。心の哲学では確かに上に述べたような物理主義的コンセンサスが形成されてはいるが、他方で、痛みなどの第一人称的な心的性質（クオリア）を、特定の神経細胞の発火といった第三人称的な物理化学的言語による記述で完全に置換することによっては――仮にそうしたことが可能であったとしても――、私たちはそこから何かが抜け落ちてしまうと感じるのも事実である。こうした違和感は、「心的性質」は存在論的には脳の物理状態に他ならず――'nothing-butism' と呼ばれることもある――、何かそれとは独立な実体ないし随伴現象として存在しているわけではないが、しかしいぜんとして心理学は、われわれが心的事象を記述し説明する道具として物理学に還元されない自律的な意義を持ちうる、と考えることによって表現されるだろう。あるいはこれを、心的性質は物理状態に存在論的には還元されても認識論的には還元されない（もしくは、前者と後者はトークンとしては同一だがタイプとしては異なる）、と言い換えてもよい。

生物学においても事情は同じである。**たとえ生命現象が究極的には物理現象に（存在論的に）還元されるとしても、だからといって生物学が無用の学問になるわけではない。**生命現象には物理学では表現できない固有の創発的な意義——あるいは誤解を恐れずにいえば、固有の価値——があり、生物学は物理学的な語彙では定義不可能な独自の語彙を豊富に含んでいる。少なくとも、現在の物理学理論であらゆる生命現象を過不足なく説明することは不可能である。たとえば、現行の素粒子理論や超ひも理論や原子核理論から、遺伝子発現制御や抗原・抗体反応の機序や動物の集団行動を説明し予測しうるとは、誰も期待しないだろう。

けれども——「強欲な」（デネットの言う意味で）還元主義者はこう反論するだろう——、あらゆる生命現象が物理的現象である以上、将来入手可能となるであろう究極的な物理学理論によって、上記のような生命現象も説明できるようになるかもしれない。かつて一九世紀に「創発的」（＝還元不可能）と考えられていた化学結合の様式や化合物の性質（水の透明性など）が、二〇世紀に入って量子化学という形で物理学に還元されたように、また以前は「生命の設計図」として神秘化されていた遺伝のメカニズムが二〇世紀中葉のワトソン＝クリックによるＤＮＡ分子構造の発見とそれ以降の分子生物学の展開によって物理・化学的な説明を与えられたように、あと一世紀もすれば現在「創発的」と見なされている生命現象の多くが、同じように下位の物質レベルの理論によって説明される、ということは十分ありうることだろう。[41]

しかし、仮にそうした個別の生命現象が将来の完全な物理学理論によって原理的には還元可能だとしても、**いぜんとして生物学に残された固有の被説明項が存在する**と思われる。ソーバーは、選択下にある集団における適応度の分散と進化速度との関係を記述した「フィッシャーの自然選択の基本定理」とか、生態学におけるロトカ＝ヴォルテラ方程式のような、**生物学レベルにおける多様な個別的現象の包括的な理解のために有効な「一般的パターン」は、――たとえ個々の現象が一つまた一つと物理・化学的な説明を与えられていったとしても――将来にわたって還元不可能なものとして残る**だろうと論じている（Sober 1993, 邦訳、二〇頁以下）。その論拠は、一言でいえば「多重実現性(multiple realizability)」ということにある。たとえば自然選択理論に不可欠な適応度の概念は、物理的特性に関してはまったく異なる生物体の多様な形質――シマウマの足の速さ、フィンチの嘴の硬さ、ハエトリグサが葉を閉じるまでに必要な刺激の回数、等々――の適応進化の説明に包括的に適用可能である。ロトカ＝ヴォルテラ方程式は、捕食者の数と被捕食者の数との間の動的な依存関係を記述するものであるが、それはライオンとシマウマの関係にも、ハエトリグサとハエの関係にも妥当する。しかし「ライオンがシマウマを補食する」というケースと「ハエトリグサがハエを補食する」というケースとの間に何か共通の物理的基盤が存在しているわけではない。すなわちこの方程式が記述する一般的なパターンは、ミクロな物理学レベルからマクロな生物学レベルまで「上昇する」ことによって、はじめて立ち現れてくるものなのである。

たとえば、ソーバーが用いている具体例で説明すると、あるショウジョウバエの集団で、二つの染色体逆位の頻度が、年間を通じて変化することがわかったと仮定しよう。さらに、その変化には適応的な理由があり、一方のタイプの逆位の生存力が他方のタイプよりも高いということが発見されたとしよう。このときこの頻度変化は、一方のタイプの逆位の適応度が他方に比べて高いという「生物学的事実」によって説明されることになる。

ところが次に、この適応度の相違の物理的基盤について調べたところ、一方の染色体逆位によって作られる厚い胸部が、当のハエを周囲の低い気温から保護するという物理的な理由のゆえに、より適応的であったという事実が発見されたとしよう。ひとたびこうした物理的説明が与えられたならば、もはや頻度変化の説明のために「適応度」という語を用いる必要はないことになる。「適応度」を用いた当初の暫定的な説明は、いまや物理学レベルのより深く詳細な説明によって置換可能となったのである。

では、以上の議論から、「適応度」の概念はいずれ将来無用のものとなるだろうという結論を導くことができるだろうか？　それはありえない。適応度を持つ性質はショウジョウバエの胸部の厚さだけではない。シマウマの脚力、フィンチの嘴の長さや堅さ、クジャクのオスの尾羽の装飾、ヒトの病気に対する免疫力等々、生存や繁殖の成功度に差異をもたらす性質は生物界の至るところに充ち満ちている。そして確かに、こうした多種多様な性質の一つ一つが再び、無数の異なる原子・分子配置によって実現可能ではある。にもかかわらず、それらの適応度は、最終的には〇・八とか一・七五というように、一元的に数値化可能なパラメータとして表現でき、それが生物の長期的な生存・生殖成功度の説明という生物学固有の機能を果たすのである。

要するに、以上の考察からいえるのは、適応度という生物学固有のレベルで有用な生物学的性質(もしくは概念)が、その物理学的基礎においては多重に実現可能な(multiply realizable)性質(もしくは概念)だということである。そして――この点も心の哲学の議論とパラレルであるが――、**高次レベルの状態や性質が、低次レベルの状態や性質によって多重に実現されている場合、前者は後者に認識論的には(あるいはタイプとしては)還元できない、つまりそれは説明の道具として自律的な役割を担っているということである。**適応度の概念を用いた適応主義的説明が生物学において果たしうる役割があるとすれば、それは、それを用いることによってのみ、ミクロレベルの事象から存在論的に独立な生物学固有の現象が説明可能となるという点にあるのではなく、むしろそれを用いることによって、煩瑣な情報の洪水に溺れてしまいがちなミクロ物理学的説明から生物学的に重要な情報をざっくりと抽出することができるという点にあるのである。「生物学が扱う対象も結局は物理的対象に過ぎないのなら、生物学独自の存在意義は消失してしまうのではないか」という素朴な疑問に悩まされている人がいたとしたら、ここに述べたことがそれに対する回答となるだろう。

6 生物学的説明の固有性――歴史性・目的・機能・デザイン

ここまで生物学と物理学との関係について考えてきた。本章の最後に、生物学的説明の独自性、すなわちそもそも生物学的に——あるいは本書の射程に即したより控え目な言い方をするならば、進化論的に——何事かを説明するとはどういうことかという問題を、進化生物学的な説明に顕著な以下の二つの特徴を通して、考えていきたい。

(1) 歴史的一回性によって特徴づけられる出来事の説明
(2) 目的論との「切っても切れない」関係

以下、順番に論じよう。

＊

進化生物学（あるいは生物体系学なども）はしばしば、過去に一度切り起こった出来事の間の系譜関係や因果関係をより正確に再構成することを目的とする「歴史科学」だといわれる。その際、当然そこには、再現可能な出来事に関してテスト可能な一般的仮説を措定し、それによって将来の出来事をも予測するという、物理学や化学に代表される「法則定立的科学」との対比が念頭に置かれている。またこうした文脈で、進化生物学によって措定された適応仮説は厳密にはテスト不可能であるがゆえに、それはある種の「物語（narrative）」である、と言われることもある。そしてそこには、進化生物学は科学的実証性の厳格な基準を満たさない「二流科学」である——すなわち、物理学を範とする科学の理想型への発展途上の（あるいはそもそも発展不可能な）学にすぎない——というニュアンスがともなうこともある。

進化生物学ならびに生物統計学を専門とする三中信宏は、著書『系統樹思考の世界——すべてはツリーとともに』の中の、「『歴史』としての系統樹——科学の対象としての歴史の復権」と題する第1章において、こうした理解に異を唱えている（三中 2006）。そこで彼は、進化生物学や生物体系学のような「歴史科学」が、物理学や分子生物学のような「実験室科学」ないし「典型科学」とは異質なものであることを認めた上で、それらがしばしば「物語」とか「フィクション」というレッテルとともに実証性を欠いた非科学として十把一絡げにされてしまっている現状を憂い、前者の「科学」としての地位を復権しようという議論を展開する。その際彼がキーワードとして用いるのが、科学哲学でもお馴染みの**「アブダクション」——あるいは「最善の説明への推論」**——の概念である。

すなわち、歴史的な事象（一回限りのユニークなトークン的事象）を扱う仮説に関しては、テスト可能性・再現性・予測可能性などの実験室科学に典型的な実証性の基準を当てはめて、その厳密な意味での真偽を問うことはできない。しかし「観察データが対立理論のそれぞれに対してさまざまな程度で与える『経験的支持』の大きさ」（同書、六三頁）に基づいて、現在入手可能なデータを包括的に説明しうる対抗仮説のなかで最も経験的支持の高いものを当座の間採用し、それ以外のものを棄却するというやり方で、よりゆるやかな意味における理論と経験との結びつきを確保することは可能である。これは、基本的に仮説の「真偽」が第一義的に問題となる演繹や帰納の場合とは異なった、所与の手持ちのデータの下で「最善の仮説へと推論する（infer to the best explanation）」第三の推論様式——すなわちアブダクション——だ、というわけである。[42]

> 理論の「真偽」を問うのではなく、観察データのもとでどの理論が「より良い説明」を与えてくれるのかを相互比較する――アブダクション、すなわちデータによる対立理論の相対的ランキングは、幅広い科学の領域（歴史科学も含まれる）における理論選択の経験的基準として用いることができそうです。（同書、六五頁）

歴史科学もれっきとした「科学」である、ただそれは物理学的方法を至上のものとする論理実証主義的な科学観には馴染まないだけなのだという、私には健全に思える直観を、ではどのように形式化・理論化したらいいのかというときに、このアブダクションの概念に訴えるのは良い方法だと思う。ただし、その際念頭に置いておかねばならないのは、**このアブダクションは物理学を典型とする厳密科学の方法と対置される歴史科学固有の方法というわけでは必ずしもない**ということである。すなわち、物理学においても「決定的実験」によって競合理論間の優劣・真偽に決着をつけることができるのは稀であり、むしろ所与の経験的データのみでは、特定の理論の確証や合理的選択には不十分であるという「決定不全（underdetermination）」が生じる状況は日常茶飯のことである。そしてそういう場合に、とりあえず「アブダクティブ」な推論によって理論の優劣に関して暫定的な評価を下さねばならないことも多い――そしてその評価が常に科学者共同体の中で一致するとは限らないところに、科学論争の生ずる余地があるのである。

他方で、「歴史」を扱う進化生物学といえども、ある仮説を支持する信頼性の高いデータが十分に提供されているときには、その仮説と、アブダクションにおいて参照すべきその対抗仮説との蓋然性の程度には、大きな非対称性が存在する。したがって、アブダクションは「過去を再構成する」歴史科学に固有の方法論というよりも、科学的探求全般においてすでに広範囲に用いられているものであり、ある特定のアブダクティブな推論が科学的実証性の基準に耐えうるか否かという問題は、ひとえにその推論がどれだけ信頼性の高い経験的データと確固とした理論的根拠によって支持されているかというケース・バイ・ケースの事情に帰着する、と考えるべきであろう。「アブダクション」という普遍的な推論形式に包摂されさえすれば、自動的にその「科学性」が担保されるというわけではないのである(43)。

三中が同書の同所で紹介している、歴史学における近年の興味深い論争に、歴史叙述の物語性を強調し「歴史はレトリックにすぎない」と主張するヘイドン・ホワイトと、歴史叙述におけるゆるやかな意味での実証性・テスト可能性を主張するカルロ・ギンスブルグの間でなされたものがある。三中によれば、ホワイトは近年流行している相対主義的な歴史観を奉ずる歴史学派の学者で、その主張は詰まるところ、歴史「物語」にとって重要なのは史実（データ）との突きあわせではなく、どのように相手（読者）を説得するかというレトリックの問題に他ならないということである。それに対してギンスブルグは、そうした潮流に見られる相対主義的な傾向は、フィクションとヒストリー、空想的な物語と事実に基づいた物語との一切の区別を解消してしまいかねない、と危惧しているという。しかしそのギンスブルグでさえ、他方で、歴史学を「二流科学」に貶めかねないその極度に実証主義的な解釈には反対しているという。三中自身は、ギンスブルグの立場に共感を寄せているのだが、このホワイトの議論は、私の目から見ても重要な問題を示唆していると思われる。歴史科学の「科学性」

を担保するための防波堤として「アブダクション」に訴えるという方略が正当なものであったとしても、上述したようにアブダクション自体が、いうならば「良いアブダクション」から「悪いアブダクション」までケース・バイ・ケースの段階性をともなったものであるとすれば、**そこに常に緊張感を維持しているのでなければ、歴史科学は、あたかも「滑りやすい坂」を転げ落ちていくように安易な「そうなるべくしてなったというまことしやかな物語（just-so stories）」の量産に陥ってしまいかねないという危険性と隣りあわせである**、といえるからである。これは、次章で論ずる「適応主義」の問題と深く関わってくる。

三中の議論に関してもう一つ言及しておきたいことがある。それは、**進化生物学ははたして完全なる「歴史科学」といえるだろうか**という点である。私は必ずしもそうではないのではないかと考える。一方で物理学を「右側の」の極とする法則定立科学があり、他方に歴史学を「左側の」極とする歴史科学があるとすると、進化生物学は、完全なる左派というよりは、むしろ「中道左派」とでも呼ぶべき位置づけになるのではないだろうか(44)。この点は三中自身が著書の中で触れていることでもあるが、進化生物学には上述のような「物語」創作的な側面がある一方で、「自然淘汰や中立進化のような進化プロセスに関する研究」（同書、七九頁）に見られる普遍性・法則性を志向する要素も含まれている。その上で三中は、個々の事例を包括する普遍法則を志向する学問を「タイプ」に関する学問、普遍性とは無関係の個別性を記述する学問を「トークン」に関する学問としたうえで、歴史学や進化生物学を一括りに後者のカテゴリーに編入している――「普遍法則を求める科学が『タイプ』に関する議論をしてきたのに対し、歴史や進化を論じる科学は『トークン』に関する考察をしていると言ってもかまわないと私は思います」（同書、七五頁）。けれども、こうした二分法は必ずしも妥当ではないだろう。「トークン」というのは元来、一定のパターンを共有した同値類である「タイプ」に属する個々の事例という意味であり、「タイプ」が定義されてはじめて「トークン」も意味を持つと思われる。その意味で、進化生物学の対象は、歴史的一回性を特徴とするユニークな歴史的イベントでありながら、同時に自然選択理論や中立進化理論というタイプ志向的理論に包摂されうるという点において、優れて「トークン」的な現象だといえるだろう。それに対して、本来の歴史学は――カール・ポパーが『歴史主義の貧困』で批判したような歴史法則主義を採るのでない限り――、いわば歴史上の「特異点」として単発的・散発的に生起するユニークな出来事の間に因果関係を見いだしていく営みであり、必ずしも「トークンの学」という特徴づけにはなじまないのではないだろうか。

*

では最後に、（進化）生物学に顕著なもう一つの特徴である、**目的論との切っても切れない関係**について考察しておこう。物質科学には見られない生物学固有の説明対象として、生物に見られる目標指向的行動や、生物の諸器官が有する適応的な「機能（function）」の存在がある。ミツバチの「八の字ダンス」は、仲間に蜜のありかを伝達するための行動である。心臓の規則的な拍動の機能は、全身に血液を循環させることにある。狩をする鷹は、獲物を捕獲するという目的のために、刻々と位置を変える獲物の動きに照準を合わせて自らの飛行の速度や向きを調整する。

ちなみに最後の例は、その標的の動きに合わせて自動的に軌道を修正する誘導ミサイルの運動と、一見酷似している。地球外から来たエイリアンにとっては、鷹の運動と誘導ミサイルの運動を区別するものは何も見いだせないかもしれない。けれども私たちは、鷹は生物であるが、誘導ミサイルは人工物であるという仕方で、両者の違いをすでに知っている。誘導ミサイルの場合、それを設計したエンジニアの意図が、誘導装置という技術の形でそこに反映されているのである。そのブラックボックス内部の詳細は専門家以外には理解困難であるとしても、その素過程の一つ一つが完全に物理学的な原理に従っていることは疑いえない。そこには、誘導ミサイルの意図とか目的といったものに訴えねば説明できないものは何もない。ところが鷹の場合は、――上述したように、あらゆる生命現象は基本的に物質とその相互作用以外の何物でもないという現代の物理主義的前提に立つとしたとき――それでもやはりそこに残存する明確な意図や目的の存在をどのように説明したらいいのだろうか？

目標志向性――もしくは「合目的性（purposiveness）」――に関する生物と非生物との間のこうした非対称性を、生物哲学者のデイヴィド・ハルは、次のような上手い例を用いて表現している。

「気体を熱することがその膨張を引き起こす（cause）」と物理学者が述べるのと同様に、「哺乳類を熱することがその発汗を引き起こす」と生物学者は述べることがあるかもしれない。しかし生物学者は他方で「哺乳類は熱せられたときその温度を一定に保つために汗をかく」と述べることができるが、「気体は熱せられたときその温度を一定に保つために膨張する」と述べる物理学者はいないだろう――たとえそれが実際に起こることであったとしても。（Hull 1974, p. 102）

このように、**生物学における説明から「目的（purpose）」の概念を完全に払拭することは難しい。**

この点を称して進化の総合説の創始者の一人であるJ・B・S・ホールデンは、「目的論は生物学者にとって情婦のようなものだ。彼は彼女なしには生きられないのに、彼女と一緒に公衆の面前に出ようとはしない」とまで語っている。これはなかなか言い得て妙である。

*

「目的」の概念に最初に明確な定式を与えたのはアリストテレスである。彼は、有名な**「四原因説」**において、物事が「なぜ」あるのかを十全に説明するには以下の四つの原因に言及する必要があると説いた。物事が何からできているかに言及する「質料因（material cause）」、物事の本質（彼の言うところの「形相」）が何であるかを規定する「形相因（formal cause）」、物事を生起せしめた外部の作用に言及する「作用因（efficient cause）」、そして物事が「そのためにあるところのもの（that for the sake of which a thing exists）」に言及する「目的因（final cause）」の四つである（『自然学』『形而上学』）。

これらの中で、**目下のわれわれの議論にとって特に重要となってくるのが作用因と目的因**である。作用因に言及する説明は、ほぼそのまま因果律に基づく近代の機械論的説明に相当すると考えてよい。たとえば上に挙げた哺乳類の発汗を例に取れば、発汗現象の作用因は「外部環境の温度の上昇＋それに反応する生物身体の生理学的機構」ということになるだろう。すなわち、「外部気温の上昇に反応した身体の生理学的機構という原因が、発汗現象という結果を引き起こした」と述べれば説明は完結するのである。そこには、近現代の物理主義的・機械論的パラダイムに抵触するものは何もない。ところが、その場合問題となるのは、生物の合目的的な行動や機能に特有の「目的」の観点がそこから完全に欠落してしまうということである。まさしく上の引用でハルが述べているように、「作用因」のみに言及する機械論的説明では、「熱せられた」という状況において各々観察される、「哺乳類の発汗」と「気体の膨張」という二つの現象の間に当然存在しているはずの重要な相違が、まったく看過されてしまうのである。

他方で目的因に言及する説明ならば、発汗現象の原因は「体温を一定に保つこと」ということになるだろう。しかしこれは、近代科学の機械論的なパラダイムからすれば相当違和感のある説明である。なんとなれば、ある現象を惹起せしめる原因が、当の現象の後からやってくることになるからである(Buller 1999)。「体温調節」は時間的に「発汗」に継起するのであってその逆ではない。時間的に後なるものが先なるものの原因となるという、こうした「後ろ向き因果(backward causation)」もしくは「結果からの説明」の発想は、近代科学の機械論的な観点にはいかんともなじみ難い[45]。

*

一七世紀の科学革命におけるニュートン力学の成立と、それに付随した「機械論的」もしくは「粒子論的」自然観は、物質の世界は原理的に機械論的原理ですべて説明可能だという了解をもたらした。**しかしその後も生命の世界においては、一七～一八世紀を通じて、機械論(前成説)と目的論(後成説)とが激しくせめぎあっていた。**「神のデザイン」や「生物に内在する生命力」に訴えることなく、生命現象を説明しようとするデカルト的(動物)機械論者にとって特に大きな困難として立ちはだかったのが、生殖や発生の神秘であった。単なる時計仕掛けにすぎない動物機械が、自発的に、自らとは別個の——しかし自らと極めて類似した——新たな機械を精確に再生産するというのは、当時の人々にとっては奇跡以外の何物でもなかったからである。したがってこの時期には、受精の際に雄由来の精子が、雌由来の卵が提供する受動的な物質（質料）に形を与える能動的な力（形相）として働くことによって胚の複雑な構造が形成されるという、アリストテレスの目的論に依拠した後成説も、いまだ根強い支持を集めていたのである。

それに対して、いまだ受精卵からの個体発生の機序が不明であったにもかかわらず、あくまで機械論的原理のみから生殖や発生の謎を説明しようと悪戦苦闘したのが前成説（先在胚珠説）の陣営であった。その結果彼らは、ロシア人形のように、受精卵の中にすでに完成されたミニチュア版の胎児が入れ籠状にしまい込まれているという考えに逢着した（左頁の図）。これは、現代のわれわれの目には荒唐無稽な非科学的思考の典型のように映るかもしれないが、上述したことからもうかがえるように、生命の神秘を神の制御や超自然的な（隠れた《オカルト》）力に委ねるよりは、当時としてはまだしも「科学的」な考え方であったのである。

ともかく、一七世紀の科学革命の後も、生命の世界や精神の世界は、機械論的・物理主義的方法にとっていまだ完全に攻略できない砦のような存在であり続けた。ところが一九世紀半ばになって、ダーウィンの自然選択説が、生物進化の歴史的説明を機械論化することに成功し、その攻略の先鞭を着ける。そして、メンデルが基礎を据えた遺伝学の進歩は、ダーウィンにとってはブラックボックスにとどまっていた遺伝のメカニズムを機械論的かつ定量的に解明することに成功する。さらには二〇世紀中葉にワトソンとクリックは、「生命の設計図」としていまだ神秘化されていた遺伝子の本体DNAの物質構造を解明してしまった。そしてそれによって弾みのついた分子生物学／分子遺伝学のその後の急速な発展は、生殖・発生・遺伝・免疫といった、かつては科学的方法のメスにとって難攻不落であった諸現象を次々と攻略してきたし、いまもしつつある。**こうして見ると、生物学においてもいずれは機械論的パラダイムが席巻し、目的論の居場所は完全になくなってしまうように思われるかもしれない。**

けれども、すでに見たように、食物獲得、求愛、天敵からの逃亡といった生物の目標指向的行動の存在は、共時的にあらゆる現象を物理学の言語で記述することを目指す現代の還元主義的機械論者にとって、いぜんとして解明すべき課題である。また、生物の諸器官が有する明確な機能（＝目的）の存在をいかにして機械論的パラダイムと抵触しない形で説明するか――要するにアリストテレスの「目的因」を用いずに「作用因」のみを用いて説明するか――ということも、現代の生物学の哲学者にとっては大きな課題である。そこで本章の最後に、こうした問題への現代の取り組みについて簡単に紹介することにしよう。具体的にはそれは、ピテンドリー、モノー、マイアといった生物学者たちによってなされた生物の合目的性に対する思索と、他方でライト、ミリカン、カミンズ等の哲学者たちによってなされた生物学的機能の機械論的把握の取り組みからなる。

ホムンクルス
（精子の中の胎児）

＊

合目的性に対する生物学者の取り組みに関しては、まずC・S・ピテンドリーの考察が嚆矢となった。彼は、生物が持つ合目的かつ目標指向的な行動や性質は、あくまで自然選択による進化という機械的なプロセスの産物として存在するという原理を立て、これを「目的律（teleonomy）」と呼んだ（Pittendrigh 1958）。これは、現代の生命科学の文脈における合目的性に関する議論を、すでに形而上学的・宗教的な刻印を帯びてしまったかつてのアリストテレスやキリスト教的な「目的論（teleology）」の文脈から離脱させるための措置であったと言える。

既述の「オペロン説」の提唱者の一人であるジャック・モノーも、生物における合目的的な行動の存在と、近代科学の機械論的パラダイムとの内的緊張関係を強く自覚していた一人である（佐藤 2012）。一方でモノーは分子生物学黎明期の草分けの一人であり、基本的には生命現象においてもデカルト的な機械論が貫徹されているはずだという信念をいだいていた。彼の主要な業績であるオペロン説自体、「生物学的な適応現象を分子のネットワークという機械論で説明できた」（同書、二三二頁）ということのまぎれもない証左である。しかし他方で彼は、組織体としての生物は、それが持つ複雑性や情報量において、単なる物質の塊とは懸隔の差があることをも痛感していた。実際彼の著書『偶然と必然』では、こうした現時点での認識ギャップを埋めるものとして「テレオノミー（téléonomie）」の概念が頻出する。彼はこう述べる。

科学的方法の礎石は自然の客観性の前提にある。言い換えれば、目的因――すなわち「企図（projet）」――に基づく現象の解釈によって「真の」知識が得られるという考えを一貫して否定することにある。こうした規範が発見された時期は正確にたどることができる。すなわち、ガリレオとデカルトによる慣性の原理の定式化によってアリストテレスの自然学や宇宙論が無効とされたことで、力学の――そしてそれだけでなく近代科学の認識論の――基本原理が打ち立てられたのである。

しかしこの客観性が同時に、生物体のテレオノミックな性質の存在を――すなわちその組織性や能力（performance）の点において、生物たちが一定の企図を持って行動し、その目的を追求し実現しているということを――認めるようわれわれに強いるのである。それゆえここには――少なくとも見かけの上では――深刻な認識論上の矛盾が存している。実際生物学の中心問題は、まさにこの矛盾とともにあるのである。もしそれが単に見かけ上の矛盾であるならば、それはともかく解消されねばならない。あるいは、もしそれが本当に解決不可能なものであるならば、そうであることが証明されねばならない。（Monod 1970, 英語版 pp. 21–22）

そしてモノーはこの「認識論上の矛盾」を、自然選択によって獲得された構造の安定性――組織体としての生物が持つ複雑性や情報量の〔世代間〕不変性――が常にテレオノミー（もしくは合目的性）に先立ちそれを可能ならしめている、と考えることによって、解決しようとする。

ここにおいて、近代科学にとって許容可能な唯一の仮説は、「不変性が常にテレオノミーに先行する」というものである。あるいはより明確に述べるなら、それは、進化の過程で次第にそのテレオノミックな強度を増していく組織体の最初の出現、そしてその進化と絶えざる精緻化は、不変性という性質をすでに獲得している組織体において起こる擾乱〔突然変異のこと〕に由来する――したがってその際、かの組織体は偶然〔の結果〕を保存して、それを自然選択の篩《ふるい》にかけることができる――というダーウィンのアイデアに他ならない。

テレオノミーを不変性――これのみが原初的な性質である――に由来する二次的な性質と位置づけるこの選択理論は、これまでに提起されてきた様々な理論の中で、自然の客観性の前提と整合的な唯一のものである。同時にそれは、単に近代物理学と整合的というだけでなく、いかなる限定条件や付加的条件もなしに、近代物理学の基礎の上に直に打ち立てられている唯一の理論である。要するに進化の選択理論は、生物学に認識論的な統一性を与え、それに「客観的自然」の科学の一つとしての地位を与えるのである。（*Idid.*, 英語版 pp. 23–24.〔　〕内は筆者による補捉）

進化の総合説の定礎者の一人であるエルンスト・マイアも、モノーと同じく、ダーウィンの自然選択説に訴えることによって、合目的性の謎に迫ることができると考えた（Mayr 1988）。その際彼は、生物の目標指向的行動を、その内部の詳細はブラックボックスとしたまま、一種の「プログラム」として理解することを提案する。コンピュータ・プログラムの場合、それは使用者の様々な用途に答えてくれるという一種の合目的的な機能を有しているが、その製作過程や動作原理は完全に機械論的に記述できる。そこでそれとのアナロジーで、生物の目標志向的行動も、それをある種の機能的な――しかしＤＮＡによってその発現がコードされているという以上には内部の詳細は不明な――プログラムと見なし、このプログラム自体は過去の自然選択の産物であると考えることによって、神や生気などの超越的な原理に訴えることなくその起源が理解可能となる、というわけである。彼は述べる。

「目的律的（teleonomic）」という語は厳密に、プログラム――すなわち情報のコード――に基づいて作動するシステムに限定して用いる方が都合がよい。生物学における目的律は、ジュリアン・ハクスリーが表現したように、「生物やその性質が示す、見かけ上目的を持っているようなふるまい」を指し示すのである。（Mayr 1961, p. 1504）

これは、心の哲学においてパトナムなどに帰される、「機能主義」の立場の生物学版だといえるだろう。

さて、これとは異なる方向で生物学者によって与えられ、成功を収めてきた生命現象の合目的性に対する機械論的説明に、サイバネティクス――もしくは正または負のフィードバック機構――の概念に基づくものがある（Wiener, Rosenblueth and Bigelow 1943; 大塚 2010）。たとえば、その代表的な例として、すでに挙げた、大腸菌のｌａｃオペロンによる遺伝子発現制御の仕組みがある。既述のようにそれは、環境中に存在するグルコースとラクトースの濃度に選択的に反応して、ラクトースの分解反応速度（グルコース産生量）を調節するフィードバック装置として機能していた。すなわち環境中にグルコースが高濃度で存在するときには、それがラクトース分解反応を抑制しそれ以上のグルコースの産生を阻害する負のフィードバックの役目を担い、他方で環境中にラクトースが高濃度で存在するときには、ラクトースの代謝産物であるアロラクトースが、ラクトース分解反応への抑制を解除し、ラクトースのさらなる分解を促進する正のフィードバックの役目を担っていた(46)。

生物体に見られる他の同様なフィードバック機構としては、たとえば血小板が血液凝固を引き起こす際の正のフィードバック機構や、ヒトの血糖値を一定に保つための負のフィードバック機構などがある。前者においては、傷ついた組織や血管から放出される化学物質が血小板を活性化し、それが傷口に凝集しそれをふさぐ。その際活性化された血小板が、さらに他の血小板を活性化する化学物質を放出することで、止血作用がカスケード的に進行していく。後者においては、血糖値の正常値からのズレに呼応してインスリンその他のホルモンが分泌され、そのズレが補正される。

*

では次に、**哲学者たちによってなされた生物学的機能が有する合目的性の機械論的説明の取り組み**を、ざっと瞥見しておこう。こうした問題を語るとき常に引きあいに出される（多少食傷気味の）例として、脊椎動物の心臓の機能をどのように特徴づけるかというものがある。心臓は、血液（とともに酸素や栄養分）を全身に供給するという、生命活動の維持にとって本質的で不可欠な活動を行っている。同時に心臓は、ドクドクと音を立てるという、生命活動の維持にとっては（おそらく）本質的でない活動も行っている。このときわれわれは、どのようにして、前者の「有用な」活動を、後者の「無用な」活動から、概念的に区別することができるのだろうか？　より厳密に問題設定するならば、「機能」という概念を、そのものがまさしくそのためにあるところの本質的な活動という合目的性を含意したものとして理解するとき、**私たちはどのようにして「心臓の機能は血液を循環させることで**

あって、雑音を立てることではない」という私たちにとっては至極もっともな言明を、はじめから目的の概念に訴えることなしに、機械論的な前提のみから正当化することができるのだろうか？

この問題に対しては、一九七〇年代頃から英米の哲学界において議論が蓄積されてきた。これには主として以下の二つのアプローチがある。一方は通時的・歴史的なアプローチであり、他方は共時的・システム論的なアプローチである。

まず**前者の通時的なアプローチにおいては、あるものの機能とは、それがなぜ現在存在しているのかという歴史的な理由によって定義される（それゆえ機能の「起源説（etiological view）」と呼ばれている）**。もしそれが人工物――たとえば時計――であれば、それを過去に製作した製作者の意図――時を測る装置の製作の必要性――がそのものの存在を説明する。すなわち時を測ることが、時計というものが作られた理由であるがゆえに、時計の機能である。生物の形質の場合は、この製作者の意図に代わるのが自然選択である。すなわち、「ある生物集団に共有された形質Tの機能がFであると言えるのは、その祖先集団の一部のメンバーがTを保持しており、しかもTがFという課題を遂行したという理由のゆえにTを持つことに対する有利な自然選択が働き、その結果Tを保持したメンバーが現在までに多数を占めるにいたった（あるいは集団全体に固定されるにいたった）からである」と考えるわけである。このアプローチは、ラリー・ライトが先鞭をつけ（Wright 1973）、ルース・ミリカンによって洗練化されたものである（Millikan 1984）[47]。

この理論によれば、**心臓の機能が血液循環であるといえるのは、現在の脊椎動物の祖先集団において、全身に血液を循環させる働きを持つ器官を何らかの仕方で獲得したものが現れ、それがそうした**

器官を持っていない他の生物に対して生存闘争上有利であったので、結果としてそうした器官を持ったもののみが生き残って現在にいたっているから、ということになるだろう。つまり「現在心臓があるのは、血液循環のためである」という目的論（目的律）的な言明が許されるのは、それが「過去に心臓が血液循環をしたから、現在の心臓がある」という機械論的な因果関係の言明に翻訳可能であるからである。

それに対して、**後者の共時的なアプローチにおいては、過去のいきさつは一切関係ない。そこにおいては、あるものの機能は、それを一つの構成要素として含む何らかの上位システムの能力ないし活動に対して、そのものが現在果たしている因果的な貢献として理解される。**すなわち、「あるものXの機能がYであるということは、とりもなおさず、XがあるシステムSの構成要素の一つであり、XがYを遂行することが、Sが能力Cを発揮する上で重要な因果的な貢献をなしていることである」と考えるのである。これは、主としてロバート・カミンズが発展させた理論で、機能の「因果役割説（causal role view）」と呼ばれている（Cummins 1975）。この理論によれば、心臓の機能が血液循環であるといえるのは、心臓（X）が、それを保持している生物体（S）の血液循環を維持すること（Y）によって、Sの生存（C）に貢献しているからである、ということになる。

上述した各々のアプローチにはそれぞれのメリットとデメリットが指摘されている。**起源説の最大の魅力は、上に示したように、形質の機能という目的論（目的律）的な概念を、自然選択という機械論的なプロセスの結果として説明する道筋を示したことであろう。**これは、上述したピッテンドレー、モノー、マイアといった生物学者たちによる生物の合目的性の説明と軌を同じくするものだといえる。

ソーバーが述べているように、「ダーウィンは、生物学から目的論的な考えを放逐したのではない。むしろ彼がしたことは、どのようにすれば目的論的な考えを自然主義の枠組みの中で理解できるかを示すことであったのである」（Sober 1993, 邦訳、一六七頁）。

起源説の第二のメリットは、上述した難問——すなわち、なぜ心臓の機能は他でもなく血液循環であって鼓動を立てることではないといえるのか、という問題——に、明解な解答を与えうるという点にある。なんとなれば、起源説によれば、心臓という器官が現在に至るまで自然選択によって維持されてきたのは、血液循環という生物体の生存力を増大させる働きのためであり、鼓動を立てるという適応度には無関係な副次的な効果のためではないからである。極めてシンプルな解答である。

ただし、生物学的機能の合目的性の説明の観点からはこのように魅力あふれる起源説ではあるが、いくつかの難点も指摘されている。ここでそれらを逐一述べることはしないが、一つだけ結構本質的なものを挙げておこう。それは、起源説が正しいとすると、次のような奇妙な「機能」も認めねばならなくなってしまうというものである（Boorse 1976; Sober 1993）。

> 肥満の人は、太っているがゆえに運動できない。しかし同時に、運動できないことによって、その人の肥満は解消されない。換言すれば、ある人が現在肥満であり続けているのは、過去にその人の「肥満」という形質が「運動を不可能にする」という効果を有していたからである。すなわち現在の肥満の存在は、過去のその効果によって説明される。ゆえに、「肥満」という形質の機能は「運動を不可能にすること」である。ピリオド。

このような、明らかにナンセンスな「機能」の説明がまかり通ってしまうということは、確かに「哲学的な定義」としての機能の起源説の限界を示しているといえるかもしれない。しかしそれにもかかわらず、上述した魅力のゆえに、起源説は現在では生物学的機能の哲学的な特徴づけのスタンダードとしての地位を築いている。

他方で**因果役割説のメリットは、それが「歴史科学」たる進化生物学のみならず、物理学や工学や認知科学や生理学や分子生物学などの「非歴史的な」科学においても広範な適用可能性を持っている点にある。**すなわち、ある分野の対象領域が階層性をなしており、相互作用しあう下位の諸システムが比較的独立な――準分解可能（nearly decomposable）な――モジュール構造を形成している場合には、ある一つの下位システムを単独で取りだして、それが上位システムの能力の遂行にどのように貢献するかを語ることが有意味なものとなるのである――ちょうど生物体という上位システムが、心臓、肺、脊髄、脳、その他のモジュール的な諸器官から構成されているように（大塚 2010）。

また次のような利点もある。ウイリアム・ハーヴェイが一七世紀に「心臓の機能は血液循環である」と述べたことは、もし彼が進化論を知らなかったとすると、起源説の観点からはまったく無意味な言明だということになってしまう。しかし因果役割説の観点からは、ハーヴェイの言明は、生物体というシステムの生命維持活動全体に対して心臓がもたらす共時的な寄与を述べたものとして、有意味に理解可能となる（Sober 2000）。もしわれわれがハーヴェイの歴史的業績を正当に評価しようとするならば、起源説による機能の定義を普遍的なものとみなすわけにはいかないだろう。

他方で、**因果役割説の弱点として最も深刻なものは、それが生物特有の目標志向性や合目的性をまったく考慮に入れることができないという点にある**（Buller 1999）。因果役割的な機能理解の下では、人工物の機能と生物形質の機能を本質的に区別する基準は何もない。「人工心臓の機能は、それが埋め込まれた生物体の血液循環を維持することによってその生存に貢献することにある」と述べることと、「生きた心臓の機能は、それを保持している生物体の血液循環を維持することによってその生存に貢献することにある」と述べることとは、認識論的にまったく等価である。歴史性を度外視するなら、アンドロイドを本物の人間から区別することはできなくなるか、あるいはそれをせいぜい出来の悪い人間とみなさねばならなくなってしまうだろう。

これと関連する弱点として挙げられるのが、**因果役割説では、上述したような、形質の持つ「有用かつ本質的な」活動と「無用かつ副次的な」活動とを概念的に区別できない**というものがある。心臓は確かに、一方で血液循環を維持することによって生物体の生命維持活動に貢献しているが、他方で鼓動を立てることによって「循環器系の雑音を発すること」という生物体の活動にも主要な貢献をしているのである（Buller 1999）。またそれは、数百グラムの重量を持つことによって生物体の体重をその分だけ増量することに貢献しているともいえる。このいずれもが、心臓という構成要素が、生物体というシステム全体の能力ないし活動に対してなす貢献であることに変わりはない。そのどれが生命の維持にとって「本質的」なものであり、どれが「副次的」なものであるかという区別は、因果役割説の枠内ではつけられないのである。

＊

以上私たちは駆け足で、生命現象や生物体の行動や形質に見られる合目的性という特異な現象を生物学的にどのように特徴づけるかという課題に対して、生物学者や哲学者によってなされた主として前世紀の取り組みを概観してきた。ここまでの議論から見て取れるように、近代科学の機械論的分析手法が真核細胞核内の聖域にまで浸透してきている現代においてもなお、「目的論」という用語こそ慎重に避けてはいるが、「目的」や「機能」の概念は現在の生命科学でもいぜんとして不可欠な役割を果たしている。しかし、当然機械論的・還元主義的嗜好を持つ論者の中には、こうした点を科学的説明の放棄もしくは一種の「開き直り」として苦々しく見る向きもあるだろう。「目的律」とか「プログラム」という概念に訴えたとしても、所詮それは暫定的な代替概念、もしくはそれ自体目的論的なメタファーに他ならないからである（Keller 2000; 大塚 2010）。上に引用したハルも、基本的にはこうした陣営に属し、近年の疑似目的論の復権を次のように揶揄している。

ホールデンは、「目的論は生物学者にとって情婦のようなものだ。彼は彼女なしには生きられないのに、彼女と一緒に公衆の面前に出ようとはしない」と語ったと伝えられている。今日、件の情婦は合法的な正妻となった。生物学者はもはや、目的論的な言語の使用に関して申し開きをする義務を感じなくなった。むしろ彼らはそれを誇示しさえしている。そのいかがわしい過去に対して彼らが行う唯一の譲歩は、それに「目的律」という新たな名を付けたことのみである。

(Hull 1982, p. 280)

第2章……適応主義をめぐる論争

前章では、「進化論と哲学」とタイトルを銘打ったこともあり、網羅的なものではないにせよ、生物学の哲学の多くの話題をオンパレードで——必要に応じて最近の生物学の話題も織りまぜながら——、しかもかなり駆け足で概観してきた。本章ではもう少し焦点を絞り、生物学の哲学の中心問題の一つとも言える**適応主義**（adaptationism）の問題についてじっくりと考えてみたい。この問題は、一面において進化生物学という個別科学の経験的・実証的問題という側面を持つものであるが、他面において、哲学的な概念分析なしで済ますわけにはいかない側面をも併せ持っている。したがって、この問題をケーススタディとして考えることは、同時に科学哲学的思考がいかなる仕方で、いかなる程度において科学研究に寄与しうるか（あるいは、しえないか）を測る上での試金石ともなりうるのである。

1 適応主義論争前史

適応主義とは

適応主義とは、一言でいえば、生物が持っている形質の由来を自然選択に訴えて説明するという方法論である。生き物の世界は、彼らの生存環境に非常にうまく適応しているように見える特徴や行動に満ちている。暗い洞窟の中でも岩にぶつからず高速で飛び回ることのできる、コウモリの超音波を用いたエコロケーション（反響定位）。捕食者である鳥が嫌う有毒なマダラチョウにそっくりな羽根模様を模倣したアゲハチョウの擬態。泳ぐ際の水の抵抗を減らすための、魚類などにおける流線型・紡錘形の体型等々。こうした形質に出会ったとき、進化生物学者がまず発想するのは、「これはいったいどのような淘汰圧の下で形成されてきたのだろうか」という問いである。すなわち、ある形質が、それが形成された当時の環境条件の下で、どのような有利性を保持していたがゆえに、その時代の生存闘争の中で選択・保存されてきたのだろうか、という方向で問いを立てるわけである。これを形式的に表現すると、次のようになる。「ある形質Tは、これこれの時代Pにおいて、これこれの環境Eの下で、これこれの機能Fに関して、その対立形質T′やT″に対して、これこれの有利性Aを有していた。それゆえTは、Eの下における自然選択において有利となり、その後現在にいたるまで保存されてきた」、と。このように、過去の自然選択の産物として保存されてきた形質を「適応」または「適応形質」（いずれも adaptation）と呼ぶ[1]。ポイントは、**ある形質Tが適応であるか否かはそれが有し**

ている機能Fに相対的に決まる、ということである。

ここで問題となってくるのは、ある形質がある機能に関して、「適応」であることと「適応的」(adaptive) であることとの、生物学上の重要な相違である。たとえある形質がある機能に関して「適応」であったとしても、その後そうした機能を喪失し現在は全く「適応的」ではなくなったという例（痕跡器官など）が一方で存在する。しかし他方で、ある形質が、その現在の機能が当の生物個体の適応度の増大に寄与しているという意味で「適応的」ではあるが、当の機能に関してはいまだ自然選択の洗礼を受けていないという意味で「適応」とはいえない、という場合も存在する。たとえば、ヒトの代表的な痕跡器官である虫垂は、われわれの――おそらく霊長類以前に遡る――祖先がまだ草食動物であった時代に、植物に含まれるセルロースを分解するという生存上不可欠な機能のゆえに固定された適応であるが、現在ではその適応性を完全に（あるいはほとんど）[2]喪失している。かたや、羽毛を擁した鳥の翼は、現在は飛翔という機能のために大いに適応的となっているが、これはもともとは、まだ飛ぶことができなかった鳥の祖先（走行性の原-始祖鳥）の段階で、体温調節というそれとは別の機能のゆえに進化してきたものであるといわれている。したがって翼と羽毛はあくまで体温調節のための適応であって、飛翔のための適応ではないということになる。もう一つ別の例を挙げれば、人間の脳は現在科学的思考や芸術的創造などの文化的利用のために大いに適応的であるといえるが、こうした機能は、かつて現代人の祖先である狩猟採集民が生きていた当時の生存環境に適応するために必要であったより原初的な機能――天候や地形などの現状把握、猛獣・急流・毒蛇などの危険因子の察知、食用植物と有毒植物との区別、道具の製作、等々――のゆえに適応となった脳から比較的最近派生した副産物にすぎず、したがって脳はこうした文化的使用に関して適応形質であるわけではない。

さて、こうした一見適応的な形質が自然選択によって形成されてきたという主張は、特に議論を呼ぶようなものには思えないかもしれない。キリスト教的な特殊創造論を採るのでない限り、現代生物学においては、自然選択の概念を用いて進化を説明することは当たり前であるようにも見える。だが問題は、**こうした選択的説明を形質の由来を説明する際のデフォルトとしてしまってもよいのか、またそうして得られた形質の由来に関する適応仮説はどこまで検証可能か**、という点にある。すなわち第一に、自然選択だけが唯一の進化の原因であると考えることは妥当なのかという問題がある。後にも述べるが、自然選択による進化という「適応的要因」の他にも、ランダムな突然変異とその遺伝的浮動による固定といった「偶然的要因」、地殻変動や隕石の衝突や火山の噴火といった生物外的な突発事に由来する大量絶滅や種分化、集団の一部の移住にともなう生殖隔離に起因する種分化のような「歴史的要因」、そして最適性を志向する自然選択の駆動力に現実的制約を課すことによってそれを妥協に導く「発生的要因」など、形質の進化には様々な要因が多元的に関与していると考えられるからである。

第二に、適応仮説の検証可能性の問題がある。マクロな形態の目に見える進化にはふつう数十万年から数千万年のオーダーの時間が必要となるので、そうした遠い過去の環境や淘汰圧、その時点では存在していたかもしれないがその後淘汰され消滅してしまった対立形質の存在、そしてそれら諸形質と環境の淘汰圧との間の相互作用などについて、いかにして妥当な推論を立てるのか、そしてそうして立てられた推論をいかにして科学的な検証にかけるのか、という問題がある。おおざっぱに命名すれば、第一のものは適応主義の妥当性問題における「客観的側面」、第二のものは「主観的側面」と呼ぶことができるだろう。

ペイリーのデザイン論証

ところで、一八世紀末から一九世紀中葉（のダーウィンによる『種の起源』出版の頃）までの時期に、主としてイギリスで大きな影響力を誇った自然神学という思潮がある。それによれば、上述したような生物の見たところ適応的な形質は造物主によるデザインの産物であり、したがってそれはとりもなおさず神の存在の証明だと考えられていた（これを神の存在の**「デザイン論証（argument from design）」**と呼ぶ）。たとえば、ダーウィンも若い頃愛読していたという、一八世紀の英国で活躍した自然神学者ウィリアム・ペイリーの著書『自然神学』の冒頭部では、次のような主旨の議論が展開されている（Paley 1802）。もしあなたが広大な草原の中を歩いていて、たまたまひとつの小石に躓いたとしても、なぜそんなものがそこにあるのかと驚く必要は特にないだろう。それは盲目的な自然の営みによって形作られそこに運ばれたであろうことが、十分に推測できるからだ。けれども、もしその草原において一個の腕時計が落ちているのを見つけたとしたら、どうだろうか。あなたは、そのようなものがその時にその場所に存在している理由を、盲目的な自然の営みのみに委ねることはできないだろう。なにしろ、ぜんまいや歯車や針のような微小で精妙な部品が、ほんの少し位置がずれていただけでももはや時を計るという機能を果たすことができないような仕方で、寸分違わず組みあわされているのである。そのようなものが雨風、川の流れ、地殻変動のような偶発的で方向性を持たない自然のプロセスだけで形成されたなどとはとても考えられない。要するに、時計のように一定の機能を果たすためにその各部が精巧にデザインされた機械が存在できるためには、それをデザインし組みあげた時計職人がいると考えざるをえないのである。とすれば——と彼は議論を進める——、生物体とて事情は同じである。なにしろそこには、眼や心臓や肺その他の器官が整然と配置され各々の機能を忠実に遂行することで全体システムたる生物体の生命維持に極めて効果的に貢献しているのである。これが単なる偶然の積み重なりに過ぎない自然の盲目的なプロセスによってできあがってきたなどと信じられるだろうか? 生命体だけではない。自然界の食物連鎖による捕食者・被食者間の絶妙なバランス関係の維持。降雨や四季の変化などの地上の気象システム。太陽系の天体の整然たる周期的運行、等々においても同様である。つまり、**「時計」の存在には「時計製作者(watchmaker)」が必要であったように、上記のような精緻な自然のメカニズムの存在にも、その「設計者(designer)」が必要不可欠である。**しかるに時計のような人工物でなく、人為の手の及ばない大自然の壮大なメカニズムを設計できるのは、万物の造物主たる神を措いて他にない。ゆえに、神は存在する、ピリオド。以上が、ペイリーその他の神学者によって唱道された、典型的なデザイン論証の骨子である。こうした論証がかつて存在した——あるいは現在も形を変えて存在している——という事実から言えるのは、「適応的形質の存在↓自然選択による進化」という推論法は決して自明のものではないということである。

ヒュームによるデザイン論証批判とその妥当性

ところで、英国の著名な哲学者デイヴィド・ヒュームは、ペイリーの『自然神学』より以前に出版された書物『自然宗教に関する対話』においてすでに、こうしたタイプのデザイン論証に対して執拗な反駁を試みている（Hume 1779）。ヒュームはいくつかの異なるタイプの反駁を用意しているが、その中でも重要なのは、**時計のような人工物と生物のような自然物における明白なデザインの存在から、それらをデザインしたデザイナーの存在を導くデザイン論証は、根本的に、これら人工物と自然物との類似性に依拠しているがゆえに妥当性を欠く**というものである。すなわち、この比較の両項が互いに類似しているからこそ、一方（人工物）で成り立つこと（製作者の存在）が、他方（自然物）でも成り立っているはずだ、といえるわけである。けれども、よくよく考えてみると、時計と生き物（たとえば犬）は、あまり似ていない。時計は自分で栄養分を摂取して活動することはできないが、犬は当たり前のようにそれを行っている。時計には血液は流れていないが、犬には流れている。時計は固い金属で作られている（ことが多い）が、犬は柔らかい肉（つまりタンパク質）などでできている、などなど。実際時計と犬の似ている点を数えあげるよりも、似ていない点を数えあげる方が、項目リストははるかに長大なものになるだろう。それゆえ、ヒュームによれば、時計には時計製作者がいるのだから、同様に様々な生物にもそれを創造した神がいるはずだというデザイン論証は、極めて弱いアナロジーに基づくものにすぎず、論証としては失敗している。ピリオド。

けれども、デザイン論証は必ずしも、比較の両項の類似性に依拠する論証だと見なさねばならないわけではない。ソーバーによれば、ペイリーは本題に先立つ導入のための喩え話として時計の例に言及しているだけであって、彼の生物体に関するデザイン論証は、時計とは無関係な単独の論証である。**むしろそれは、生物体の内的組織の複雑さとその外的環境への適応性を説明するための「最善の説明への推論（inference to the best explanation（IBE））」とみなされるべき**である（Sober 1993）。

ＩＢＥとは次のような推論法である。ある観察事例Oが与えられたとし、それを説明しうる互いに対抗する二つの仮説H_1とH_2が提起されたとしよう。このとき、もしH_2よりもH_1の方がより良くOを説明しうるならば、われわれは当座の間H_1をH_2よりも優れた仮説と見なすべきだ、というものである。どうってことないことを仰々しく述べ立てているだけのように聞こえるかもしれないが、ポイントは二つある。第一に、仮説は演繹とか枚挙的帰納といった方法によって他のところであらかじめ導かれていなくとも、所与の現象Oを説明するのに使えそうだというその一点において仮説としての地位を認められるという点。第二に、仮説の優劣は本質的に対抗仮説との比較によってはじめて決せられるものである――つまり仮説の科学的地位は、他の競合仮説との比較による選別淘汰をくぐり抜けることによってのみ、次第に強固なものになっていく――という点である。これらのことからいえるのは、科学的仮説の地位は常に暫定的であるということである。それは、ポパーの言うように科学的仮説は常に反証のリスクにさらされているべきであるという意味においてではなく、ある仮説が確からしいといえるのは、その仮説がこれまで提起されてきた諸々の競合仮説とのコンテストにおいて、これまでのところとりあえず最善であったからにすぎないという意味においてである。このように考えると、科学的探究のプロセスは、「真なる理論」という究極のゴールを目指す、競合仮説間で繰り広げられる絶えざる選別淘汰の繰り返しであるというイメージが湧いてくる。

ただしここで注意せねばならないのは、「ある仮説Hが所与の観察Oを良く説明する」ということと、「観察Oが仮説Hを確からしくする」ということとは、概念的にはまったく別のことだということである。前者は観察Oのもとでの仮説Hの尤度（likelihood）――すなわち尤もらしさ――と呼ばれ、確率論の表記を用いてP(O|H)と表される。後者はOのもとでのHの確率（probability）――すなわち確からしさ――で、P(H|O)と表される。一般的には、P(O|H)≠P(H|O)である。この相違を理解してもらうために、ソーバーが用いているものに多少手を加えた例を使って説明してみよう（Sober 1993）。いま、夜中に家の奥からガタゴトと音が聞こえてきたとする（O）。それに対して「家の奥で座敷わらしが糸車を回して遊んでいる」という仮説（H_1）を立てたとする。このとき、P(O|H_1)は非常に高いかもしれないが、P(H_1|O)はおそらくかなり低いだろう。つまり、もし本当に座敷わらしが出現したとしたら、そのとき家の奥でガタゴト音がするのは至極尤もなことであるが、家の奥でガタゴトと音がしたからといって、直ちに座敷わらしが出現したという仮説が確かなものになるわけではない。現代の科学的証拠その他に照らして、座敷わらしが糸車を回して遊んでいると考えるよりも、天井裏でネズミかハクビシンが騒いでいる（H_2）と考えた方が、はるかに自然で説得力があるだろうからである。

さてソーバーによれば、ペイリーのデザイン論証は、この尤度の概念を用いて以下のように定式化できる。いま「生物は複雑な組織体で環境に良く適応している」という観察事実をQとする。そしてこれを説明しうる以下の二つの対抗仮説を考える。

K_1 生物は造物主によるデザインの産物である。

K_2 生物はランダムな自然過程の産物である。

このときペイリーの論証は、$P(Q|K_1) \gg P(Q|K_2)$ を主張するものだと解釈しうる。すなわち、生物体に見られる複雑性や適応性は、それをランダムで盲目的な自然のプロセスの産物と見なすよりも、神の意図的なデザインの産物と見なす方が、はるかに尤度が高い——すなわち、無理なく自然に理解可能となる——というわけである。そしてこの論証の中には、時計に関する言及はいっさい出てこないのである。(3)

ペイリーのデザイン論とドーキンスの適応主義との意外な接点

ところで、**筋金入りのダーウィニストかつ確信的な適応主義者として知られるドーキンスは、自らのことを「変形された（transformed）ペイリー主義者」と呼んでいる**（Dawkins 1983）。(4) これはいったいどうしたことだろうか？　その理由は、自然界（とりわけ生物の世界）に見られる「興味深い複雑性」——すなわち、システムを構成するパーツが複雑に連繫しあっており、竜巻の一吹きのような単なる単一ステップの偶発事で組みあがったとはとても思えないような精巧さと精妙さを備えた複雑性——の由来に納得のいく説明を与えたいという情熱を、彼はペイリーと共有していると感じたからである。両者の違いは、ペイリーが造物主の深慮あるデザインにその解答を求めたのに対し、ドーキンスは「累積的選択（cumulative selection）」(5) にその解決を求めたという点だけである。こうした事情からドーキンスは、創造論者ペイリーをある点で尊敬さえしているようなのである。彼は『盲目の時計職人（The Blind Watchmaker）』（1986）の冒頭部で次のように述べている。

> 私の本のタイトルの「ウォッチメイカー」は、一八世紀の神学者ウィリアム・ペイリーの有名な本から拝借させてもらったものだ。彼の『自然神学――もしくは自然の現象から集められた神の存在と属性の証拠』は一八〇二年に出版された。それは〝デザインからの論証〟の最も有名な形を示し、それ以後神の存在証明における最も影響力ある書物であり続けている。私はこの本に大いなる敬意をいだいている。というのは、私が現在苦労しながらやろうとしていることを、この著者は彼の時代において、上手くやってのけたからだ。彼には語るべき主張があり、彼は情熱的にそれを信じ、それを説得的に表現する努力を惜しまなかった。彼は生物界の複雑性に対する正当な畏敬を持ち、そしてそれが非常に特殊な種類の説明を要求するということを見て取った。唯一彼が誤ったのは――確かにこれは極めて重大な誤りだが！――、その説明自体においてであった。彼は伝統的な宗教的解答をこの謎に与えたのだ。ただそれをそれ以前の誰よりも明確で納得のいくように表現したに過ぎない。真の説明はこれとはまったく別のものだ。それは、あらゆる時代を通じて最も革命的な思想家の一人、チャールズ・ダーウィンを待たねばならなかったのである。（Dawkins 1986, p. 4）

非適応主義者ダーウィン

さて、本章の中心的なトピックとなるグールドとルウィントンの共著論文を詳しく検討する前に、自然選択説の妥当性をめぐるダーウィン以来の論争の歴史を、ごく簡潔に振り返っておこう。グールド＝ルウィントンの問題提起も、多かれ少なかれこの歴史的論争の延長線上のものと見ることができるからである。ダーウィンの進化論は、二つの大きな柱からなる。共通起源説と自然選択説である。共通起源説とは、この世界のあらゆる生命体はおそらくたった一種類の――あるいはせいぜい数種類の――単純な生命体から進化してきたという、「自然の事実」にかかわるテーゼである。このテーゼは創造論者にとっては受け入れがたいものだろうが、ダーウィン以降進化生物学者の間ではほぼ異論の余地なく受け入れられてきた(6)。

他方で、生物はなぜそうした単一起源の単純な生命体から現在のような極めて多様かつ複雑な生物へと進化してきたのか、そのメカニズムを説明する「理論」ないし「仮説」が自然選択説である。こちらの方は、ダーウィンがこれを提起してから現代に至るまで論争には事欠かなかった。その批判者（もしくは懐疑論者）は、創造論者のような生物学共同体には属さないサークルから、T・H・ハクスリーのようなダーウィンに極めて近い立場の人々、そして構造主義者（グールド＝ルウィントンやカウフマンもこの範疇に含めてよいだろう）や中立進化論者や今西錦司のような生物学者の共同体に属する人々まで、実に幅広い様々な陣営に散らばっている。それに応じて、その批判（もしくは懐疑）の度合いも、進化のメカニズムの説明理論としての自然選択説を全面否定する「ハードライナー」から、個々の生物の形質進化の説明におけるその寄与を自然選択万能論的なネオ・ダーウィニストたちよりは少なく見積もろうとする「修正主義者」まで、様々なヴァリエーションを含んでいる。

まずは、すでに周知の事実ではあるが、**ダーウィン自身が必ずしも自然選択一辺倒ではなかった**という点を押さえておく必要があるだろう。通常ラマルクの獲得形質遺伝説とダーウィンの自然選択説は、環境への形質適応のメカニズムの説明としては、対極的で相容れないものと見なされている。しかし、**ダーウィンその人がある種の獲得形質遺伝説にコミットしていた**――つまり、決して自然選択だけで現在観察される生物のあらゆる形質の由来を説明できるとは考えていなかった――ということは銘記しておく必要がある。『種の起源』の出版の九年後に書かれた『飼養動植物の変異』(1868)という書物の中で彼は、独自のパンゲネシス説というものを提起して、用不用に基づき後天的に獲得された形質が次世代に遺伝し固定されるというラマルクの考えを裏づけるような、実質的なメカニズムを提供しようとした(Darwin 1868)。すなわちゲンミュールという微小粒子が動物の体から放出され、これが体内の異なる諸器官に、それらが用不用によって後天的に発達した程度に応じて分配される。そして生殖細胞形成の時期に、逆にそれらの器官に蓄積されていたゲンミュールが放出され、それが血流を介して生殖細胞に流入する。かくして次世代の子(生殖細胞)は、親の後天的な環境適応に応じて各器官に配分されたゲンミュールを継承し、それを基にして新たな諸器官の発達の度合いが決定される。すなわち、喩えていうならば、子に継承される生殖細胞の組成に関して、親の諸器官は、それらの後天的な発達の程度に応じて比例配分された「投票権」を握っているというような発想である。

またダーウィン自ら、**性選択を自然選択とは別個の、しかし同等に重要なメカニズムと見なしていた**ことも見逃せない(Darwin 1871)。たとえば雄クジャクのきらびやかな尾羽は、生き残りのための闘争には無用の長物であるが、雌クジャクの関心を惹きつけて交尾の機会をより多く得るためには有用となる。自然選択が、生存力（viability）選択と繁殖力（fertility）選択という二つの局面からなるという現代的な考えからすれば、異性の目を引くことも最終的に子孫繁栄につながるのだから、それを敢えて自然選択（＝生存力選択）とは別個の原理と考える必要はなさそうにも見える。しかしともかく、ダーウィンはそう考えた。

ウォレスの適応主義

実際、この点に関して異を唱えたのが、自然選択説の「共同発見者」アルフレッド・ラッセル・ウォレスである。**ウォレスはある意味で、ダーウィン以上に熱烈な適応主義者だった。**この後に紹介するグールドとルウィントンによる適応主義批判のための共著論文の中で彼らは、「適応主義プログラム、もしくはパングロス的パラダイム」と彼らが名付けた思考法は、ダーウィンにではなく、むしろウォレスとヴァイスマンに由来するものだと述べている。さらに彼らは、自然選択以外の要因を過小評価するウォレスの態度についての、ダーウィンの愛弟子ジョージ・ロマネス——実際彼とウォレスとの間には、ダーウィンの死後ウォレスが独自に提唱し始めた「ウォレス版」進化論をめぐって感情的なまでに激しい対立があったという——による以下のようなウォレス評を紹介している。

ウォレス氏は、有用性〔適応価〕や自然選択以外には〔形質進化の〕法則や原因は理論上ありえないとあからさまに主張しているわけではない。……にもかかわらず、他の法則や原因を彼が認めている箇所がどこにもないのであるから、……彼は実質的に、帰納的もしくは経験的な理由から、そのような法則や原因は他にはありえないという結論を導いているのである。(Romanes 1895; Gould and Lewontin 1979, p. 78 より引用。〔 〕内は筆者補捉)

実際ウォレスは、一見非適応的な動物の形質(雄クジャクの尾羽や雄シカの角など)の進化を説明するための、自然選択とは独立のメカニズムとしてダーウィンが導入した性選択の考えに対しては生涯を通じて懐疑的で、むしろ性選択は自然選択の特殊ケースにすぎないと考えていた。しかし他方で彼は、後年スピリチュアリズムに傾倒し、生存闘争に直接寄与しない人間の高次の精神能力だけは自然選択では説明できない別格だと考えるようになった。このウォレスの「転向」は、上述したように基本的に生命の進化は自然選択ですべて説明できるという適応主義的立場をそれまで彼が一貫して採ってきたことから考えると、ダーウィンにとっても当時の人々にとっても理解に苦しむことであっただろう。

しかし興味深いことには、——第1章ですでに若干触れたように——他でもないわれわれ人間の高次の精神能力を単なる生物学的適応として説明し切れるのかという、一九世紀にダーウィンとウォレスとの間で意見の不一致を見た問題が、二〇世紀末から二一世紀にかけて、社会生物学や進化心理学をめぐる論争として再浮上してくるのである。

ハクスリーの自然選択説への留保

次に「ダーウィンのブルドック」というあだ名まで頂戴し進化論の普及に大きく貢献したトマス・ヘンリー・ハクスリーであるが、実は彼は、自然選択説に関しては強い留保をいだいていた。その一つの理由は、**彼が比較解剖学という、理論よりはむしろ観察を重んじる実証的な学問の徒であったため、自然選択という――それが働いている現場を実際に目で見ることのできない――仮説的なメカニズムの存在を、確信を持って受け入れることができなかった**という点にある。実際彼は、自然選択説のみならず、あらゆる「仮説」や「理論」を嫌った。たとえば彼が、一八七〇年代にロイヤル・スクール・オブ・マインズ(7)に動物学の講座を開設したとき、「動物」の学とは名ばかりに、「死体」の解剖によって細かく切り刻まれた組織断片の観察ばかりさせられたと当時の学生たちが不満を漏らすほどであったという。これも、生物の行動や生態をそれが生きている環境の中で捉えようとするフィールド生態学者ダーウィンなどとは異なり、ハクスリーが、「生命」とか「活力」といった目に見えない仮説的な概念を拒否する冷徹な唯物論者の眼差しでもって、生物体を単に「組織化された物質の塊」と見なしていたことに起因するものであろう。実際彼は、一八六八年にエジンバラでなされた「生命の物理的基礎」と題する講演において、「生命活動は原形質《プロトプラズム》（細胞の微細構造が知られていなかった時代に、細胞の中にあると考えられていた「生きている物質」）を形成している分子の間に働く力以外の何物でもない」という趣旨の発現をして聴衆を仰天させている。ちなみに彼は、キリスト教の神に対しては――無神論でなく――不可知論の立場を採っていたが、レーニンは『唯物論と経験批判』(1909)の中で、ハクスリーの不可知論は唯物論の隠れ蓑だと指摘して、「つつましやかな唯物論者」

ハクスリーを自分たちの陣営の一員として位置づけている（レーニン 1909）。

ヴァイスマンの「ネオダーウィニズム」から現代の「進化の総合説」へ

そして一九世紀末には、**グールド＝ルウィントンが「適応主義プログラム」の創始者の一人とまで呼んだ、アウグスト・ヴァイスマンが登場する。**彼は医師として経歴をスタートさせるが、ウニの卵の発生の研究などを通じて次第に動物学や遺伝学の研究に重心を移していった。面白いことに、彼は学問的経歴の初期の頃にはまだ、外的環境の影響によって生じた形質変化が遺伝する可能性――すなわち獲得形質の遺伝――をある程度認めていた。しかしその後、生殖細胞と体細胞の分離を中核とする生殖質説（germ-plasm theory）を提唱するに至る。すなわち、遺伝情報は生殖細胞を通じてのみ親から子へと継承されるのであり、それ以外の体細胞は遺伝にはいっさい関与しない。そして生殖細胞と体細胞との間の影響関係は一方向的・非対称的であり、体細胞はその出発点において生殖細胞から作られるが、個体の一生を通じて体細胞に獲得・蓄積された変化は、生殖細胞にはいっさい影響しない。したがってラマルク的な獲得形質の遺伝はありえないことになる。配偶子（生殖細胞）に生じるランダムな突然変異に自然選択が作用することによってのみ、適応的な形質変化が可能となるわけである。「ネオダーウィニズム」という呼称は、先に述べたダーウィンの愛弟子ロマネスがダーウィン亡き後の自称後継者たちの「自家製」進化論を皮肉るために作ったものだが、ヴァイスマンはこれを、「自然選択の万能（Allmacht）」を唱える自らの立場を表現するために積極的に利用した。現在この呼称は、ヴァイスマンというよりもむしろ二〇世紀中葉に成立した（このすぐ後に触れる）「進化の総合説」の立場を表すのに用いられることが多いが、それは、このヴァイスマン的な思想が実質的に進化の総合説に継承されているからに他ならない。その証拠に、進化の総合説を確立した立役者の一人であるエルンスト・マイアは、ヴァイスマンのことを、ダーウィンについで二番目に重要な一九世紀の進化思想家であり、かつまたダーウィン以後進化の総合説の確立にいたるまでの時期に出現した最も重要な進化思想家であると述べている（Mayr 1982）。

しかし、**一九世紀の末から二〇世紀の初頭にかけての大勢としては、自然選択説はむしろ忘却の淵に沈んでいた**と言ってよい。生物が進化するという事実すなわち共通起源説に関しては、少なくとも生物学者の間では広範囲に受け入れられていたが、こと進化のメカニズムに関しては、いぜんとして獲得形質の遺伝を進化の主要原因とする新ラマルク主義、生物はもともと一定の方向に進化しようとする内的傾向性を備えているとする定向進化説、一度の突然変異によって大規模な種の変化が起こると見なす跳躍進化説といったライバル仮説が多くの支持を集めており、自然選択説はまだまだ疑いの目をもって見られていたのである。特に一九〇〇年にド・フリースらによってメンデルの法則が「再発見」され、遺伝物質（後の遺伝子。彼はこれを「エレメント」と呼んだ）の概念に基づく「粒子的」遺伝説がそれまで通説であった融合遺伝説に取って代わり、有性生殖において両親の形質を担う遺伝物質は融合（混合）されることなく独立性を保ったまま子に受け継がれるという考えが広まっていくと、微小変異の選択と保存によって種が進化するというダーウィンの漸進進化説は、メンデル遺伝学とは対立するものだという解釈が次第に定着していった。ド・フリースは突然変異の発見者でもあり、自然選択抜きでも突然変異のメカニズムだけで進化は説明できるという上記の跳躍進化説の信奉者でもあったからである。

けれどもその後、一九二〇年代から三〇年代にかけて、ロナルド・フィッシャー、ジョン・バードン・サンダースン・ホールデン、セウォール・ライトらによって集団遺伝学理論が整備され、メンデル遺伝学とダーウィン進化論との融合が進められる。自然選択説の復権という点において特に決定的だったのは、フィッシャーによって、異なる遺伝子座の遺伝物質の独立かつ離散的な寄与を認めるメンデル遺伝学の基本原理が、自然選択による漸進的・連続的進化というダーウィン進化論のイメージと完全に両立可能だということが示されたことである。そしてこれを受けて一九四〇年代に、エルンスト・マイア、エドモンド・フォード、テオドシウス・ドブジャンスキー、ジョージ・シンプソン、ジョージ・レドヤード・ステビンズといった人々によっていわゆる**「進化の総合説」が確立され、生態学・遺伝学・細胞学・古生物学・植物学・生物体系学など生物学の様々な分野の知見が「総合」される**ことになった。この進化の総合説では、——例外的にライトによって形質進化における遺伝的浮動——つまりは「偶然性」——の意義が強調されたものの——基本的には「突然変異によって提供された微小変異の上に自然選択が作用することによって形質の進化がもたらされる」という疑似法則的な原理がパラダイムとなっており、形質進化の説明における自然選択の役割は再び最大限に強調されることになる。先述のように、「一九世紀の適応主義者」ヴァイスマンの立場を呼ぶのに用いられていた「ネオダーウィニズム」という呼称が、現在ではもっぱらこの総合説を指すのに用いられるようになったゆえんである。

2　宣戦布告

グールドとルウィントンによる適応主義への猛攻

グールドとルウィントンが一九七九年に共著で執筆した、適応主義を批判する有名かつ挑発的な——そしてそれだけに毀誉褒貶の激しい——論文は、すでに述べたように、自然選択説の妥当性をめぐるこうした歴史的な論争の延長線のものと位置づけることができる。この論文の原型は、一九七八年に英国のロイヤル・ソサエティでジョン・メイナード＝スミスらによって企画された「自然選択による適応の進化」と題するシンポジウムにおいて、もともと招待されていたルウィントンに代わって、聴衆の意表を突いて登壇したグールドが行った報告にある。後で述べるように、このときまでにすでにルウィントンとメイナード＝スミスとの間で、「最適性仮説」の妥当性をめぐるテクニカルな論争が数年来継続していた。そこでメイナード＝スミスは、このシンポジウムの場で、あらためてこの問題を取りあげ突っ込んだ議論をしようと考えていたらしい。けれども、そこに現れたのは当初予定されていたルウィントンでなくグールドであり、しかも彼の報告は、テクニカルな科学的議論というよりはむしろ、「スパンドレル」（建築学）とか「パングロス博士」（小説）とか「アステカの食人習慣」（人類学）といった生物学外の人文学的な事例を基にしたレトリックに満ちた、しかも極めて論争的なものであった。聴衆は大いに面食らったに違いない。グールドはいわば、ダーウィン以来の「自然選択による適応の進化」研究伝統の総本山である英国の、しかもロイヤル・ソサエティというその中枢部に、確信犯的な「殴り込み」をかけたといってもよい(Segerstrale 2000)。そしてその翌年に、件の論文が、グールドとルウィントンの共著という形でロイヤル・ソサエティの会議記録号《プロシーディングズ》に掲載されたのである。

この論文の出版によってもたらされた少々滑稽な波及効果について、『適応』という本の序文の中で、編者のマイケル・ルースとジョージ・ラウダーは以下のように描写している。

この論文は進化生物学の方法にかくも大きな衝撃を与えたので、「適応主義」という言葉――ときには「適応」という言葉までもが――侮蔑を意味するものとなってしまった。適応という語は、恐ろしげな適応主義と関連があると見なされるのを厭われ、進化生物学の用語集から完全に放逐されてしまった。われわれの一方が一九八〇年代初頭にあるセミナーに参加したときのことだが、ある講演者が、自分は講演の中で適応という語は使わないことにすると宣言した。適応主義のネガティブな含意と結びつけられて論争を招くのを避けるため、代わりに彼は、適応を意味するところでは常に「バナナ」という言葉を使うことにした。このアプローチには、それなりの効用がないわけではなかった。というのは、適応という語に言及しただけで強い感情的反発が引き起こされ、進行中のセミナーの内容とはほとんど無関係な議論が巻き起こされることがしばしばであったからである。(Rose and Lauder 1996, p. 2)

思わず笑ってしまいたくなるのは、筆者だけではあるまい。

しかし他方で、**現在生物学者の中でこの論文を肯定的に評価する人はおそらく少数派であろう。**その理由の一つは、この論文で著者たちによって指摘されたポイントは、方法論的自覚を持って地道な実証的研究に取り組んでいるまっとうな生物学者にとっては、いわば自明の理であるかもしれないという点にある。確かにこの論文が書かれた当時は、折しもウィルソンの『社会生物学』(1975)が出された直後で、過度に適応を強調する"just-so story"(そうなるべくしてなったというまことしやかな物語)が跋扈していた時期でもあり、そうした言説がもたらす政治的な意味合いも含めて、適応主義に対する原理的な批判が大きなインパクトを与える時代的な素地があった。しかしその後論争が沈静化して進化生物学が再び「通常科学」化してくると、グールド＝ルウィントンの論点は、方法論的意識を持った誠実な生物学者にとっては特に真新しいものではないということがわかってきた、という事情はあるだろう。もうひとつの理由としては、この論文が適応万能論を批判するその舌鋒の鋭さとは裏腹に、科学的にはあまり説得的な対案を提示しえていなかったということがあるだろう。彼らが提起している主な対案は後に見る「多元論」と「バウプラン」だが、前者に関してはいまとなっては自明のことであり、後者に関しては、その後この概念が進化生物学の文献の中で重要な位置を占めるようになったという話は寡聞にして聞かない。概してグールドは人文社会系の研究者には受けがよいが、生物学者の共同体の中ではむしろ孤立していたようである。

　にもかかわらず、この論文が巻き起こした論争は、科学哲学・科学方法論的な観点からはすこぶる興味深い。一元論的理論か多元論的理論か、理論の反証可能性、生物学と物理学との関係(ないしは生物学理論の物理学理論への付随性)、決定論と非決定論、可能世界論、対象を観察する側の視点の取り方に関する「粒度問題」、「最善の説明への推論」(アブダクション)、イムレ・ラカトシュの「リサーチプログラム」等々、科学哲学的に重要な実に様々な論点がこの問題と関係して登場してくる。また個人的にも、ソーカル事件に端を発する「サイエンス・ウォーズ」になぞらえていえば、そこで敵対した「科学の実践家」と「外野の批判者」という両陣営のいずれにも属さず、その中間的な立ち位置から科学の営みをできるだけ内側から(しかし必要に応じて批判的に)見ていこうとしている科学哲学者である私にとっても、この適応主義をめぐる論争は論争発端から三〇年以上経ったいまでも色褪せていない。

さらにあえていえば、前々段で述べた点にもかかわらず、本書第1章で現代の進化発生生物学(エボデボ)について述べたところでも触れたように、ネオダーウィニズムの選択万能論と遺伝子中心主義の見直しを図ろうとしている最近の生物学の潮流において、グールド的な発想はむしろ再評価されつつあるともいえるのである。

そこで以下ではかなりのスペースを割いて、このサンマルコ論文が提起した論点(本節)と、それに対する批判者たちの応答(次節)とを紹介しながら、適宜筆者独自の分析も開陳していこうと思う。

*

グールド=ルウィントンの共著論文の表題は、「サンマルコ聖堂のスパンドレルとパングロス的パラダイム――適応主義プログラム批判」と命名されている。スパンドレルとは、イタリアのヴェネツィアにあるサンマルコ大聖堂に見られるように、二本の円形アーチ型回廊が直角に交差する地点の真上にドームを配置させる際にできる逆三角形型の隙間(三角小間)のことである(次々頁の図)。そしてそこには、数々の見事な宗教的装飾画が描き込まれている。しかし、この装飾画がこのスペースにいくら理想的に収まっているからといっても、この装飾画自体が先に存在し、それをうまく収容するためにスパンドレルが作られた――そしてそれを可能ならしめるように回廊やドーム全体の構造が設計された――と考えるのは、本末転倒であろう。**あくまでこの装飾画は、建築構造上不可避的に生じる「副産物」たる隙間の有効利用の結果にすぎない。**この原因と結果、あるいは目的と手段の関係をあべこべに捉えるのは、ヴォルテールの風刺小説『カンディード――あるいは楽天主義』のなかに登場するパングロス博士が、メガネを支えるという目的のために鼻が存在していると主張するのと同様に滑稽な主張である。ちなみにヴォルテールのこの小説でパングロス博士は、慈愛に満ちた神によって創造されたあらゆる可能世界の中の最善のものであるこの現実世界において、すべてのものが善きものであると信じて疑わない（ライプニッツを戯画化した）人物として、描かれている。たとえばリスボン市を壊滅させた大地震に際しても「すべては善きものであるがゆえにそれ以外の仕方ではありえなかったのだ」と主張し、自身が梅毒に冒されて苦しんでいても「コロンブス隊が新世界から梅毒を持ち帰らなかったらヨーロッパはチョコレートのような素晴らしいものを味わえなかったのだから梅毒は必要だったのだ」とこじつける、というように（ヴォルテール 1759）。グールドとルウィントンに言わせれば、現代のダーウィニストたちも、大なり小なりこれと同様の本末転倒を犯しているということになる。

サンマルコ大聖堂のスパンドレル

（Ed.ne Alinari） P.e I.A N.o 12927. VENEZIA-Basilica di San Marco. Gran Pilastro della volta maggiore.（XII secolo?）

アステカのカニバリズム

たとえば彼らは、アステカにおける人身供犠と食人習慣に関する唯物論的・生物学的説明を批判的に論じている。一五世紀から一六世紀にかけてメキシコの地で栄えた――しかし一六世紀にスペインによって滅ぼされた――アステカ文明では、その宗教的儀礼の一環として、生きた人間の胸を切り裂いて脈打つ心臓を取りだし、それを神に捧げるという人身供犠が執り行われていた。さらにその後は、生贄にされた人間の肉がその場にいる人々の食用に供せられてもいた。こうした食人《カニバリズム》の慣習が、単に儀礼的な目的のためのものなのか、それともアステカの食習慣として広く定着していたのかについては、文化人類学者たちの間でも議論が大きく分かれていた。たとえばマイケル・ハーナーは、食人の慣習は実質的に、アステカ社会における慢性的なタンパク質不足を解消するための手段として機能していたのであり、他部族との戦闘で捕獲された捕虜や奴隷が、アステカの特権階級の人々にとっての貴重な食肉の供給源として、宗教的儀礼という名の下に利用されていたにすぎないと論じた(Harner 1977)。そしてそれを受けてウィルソンは、『人間の本性について』の中で、不安定な狩猟採集生活から定住農耕生活に移行した後も新鮮な肉の調達に苦慮してきた人類においては、場合によっては慢性的な食肉の不足が宗教的・社会的システムという上部構造そのものの改変を招くこともあるという事例として、アステカにおいて食人が宗教的儀礼として認可されたことと、逆にインドにおいて肉食を禁じた仏教やジャイナ教が定着していったことを挙げている(Wilson 1978)。

他方で、たとえば人類学者のマーシャル・サーリンズは、アステカの人身供犠と食人は、あくまで彼ら固有のコスモロジーを反映して複雑に編みあげられた文化的・宗教的儀礼の一環にすぎないと主張する。その背景には、殺されて神に捧げられることで神性を獲得した犠牲者の肉を食することによって、いまだ生ある者に神の力が宿るというアステカの信仰がある。さらに犠牲となる奴隷や捕虜は、儀式の当日にいたるまで神のように丁重に遇され、御馳走を与えられて丸々と太らされるが、殺された後食用に供されるのはその手足の肉だけであり、頭や胴体は廃棄される。もし特権階級にとっての必須アミノ酸不足の解消だけが目的なら、奴隷や捕虜を太らせるのに投入した栄養分のほんのわずかな部分を食人によって回収するよりも、はじめからその栄養分を彼ら自ら摂取した方が、はるかに効率的かつ経済的であろうとも述べている（Sahlins 1978）。

グールドとルウィントンは、このサーリンズの反論に賛同しつつ次のように論じる。**アステカにおける食人は、壮大な文化的・宗教的実践の中で生みだされた二次的生成物の有効活用と見なすことはできても、それ自体がそうした実践を生みだした原因ないし目的だと見なすのは、原因と結果を取り違えた本末転倒である。**「なぜシステムの全体をこのようなおかしな仕方で反転させ、文化全体を食肉の供給量を増やす尋常でないやり方の随伴現象とみなそうとするのだろうか？」（Gould and Lewontin 1979, p. 76）、と。

適応と外適応

ちなみに、グールド＝ルウィントン論文からちょっと離れるが、こうした「その現在の機能のために形成された適応か、他の理由で形成されたものの有効利用か」という論点を、グールドとその共同研究者エリザベス・ヴルバが後により明確化したのが「外適応（exaptation）」という概念である

(Gould and Vrba 1982)。すでに述べたように、「適応（adaptation）」とは定義によって、それが持っている有利な機能のゆえに過去の自然選択により固定され維持されてきた形質を指す。それに対して、**現在何らかの適応的な機能を有しているが必ずしも過去の自然選択の洗礼を受けていない形質のことを、彼らは「外適応」と名付けた**のである。'exaptation' というのは辞書にも載っていない造語であるが、彼らはこれに「転用（cooptation）」——有り体にいえば「リサイクル」——というような意味を与えた。彼らの定義に忠実に分類するならば、広義の外適応には以下の二つの下位グループが含まれる。

第一のグループ（転用された適応（coopted adaptation））　ある何らかの機能のゆえにいったん適応形質となったが、その後それとは異なる機能を獲得して現在それゆえに適応的となっているが、その後者の機能に関してはいまだ自然選択の洗礼を受けていないような形質
第二のグループ（スパンドレル（spandrel））　他の適応形質の発生上の副産物か、あるいは元来まったく機能を持たなかった身体構造が、その後何らかの適応的な機能を獲得するようになったもの

第一のグループは「狭義の外適応」とも呼ばれる。たとえば、すでに触れた鳥の翼と羽毛の例でいえば、それらは体温調節という機能に関する適応であるが、飛翔という比較的新しい機能に関しては（狭義の）外適応だということになる。

第二のグループは、グールド＝ルウィントンがサンマルコ論文で「スパンドレル」と呼んだものに他ならない。その具体例の一つとしてグールドとヴルバは、ブチハイエナのメスの巨大化した生殖器官を挙げている。メスのクリトリスは形も大きさもオスのペニスと区別できないほど肥大化して下腹部から垂れ下がっており、勃起能力もある。また大陰唇も肥大化し左右が一つに融合して、オスの陰嚢と酷似した様相を呈している（図）。しかもこれは、ハイエナ科に属する他のハイエナ属にはみられない、ブチハイエナ属のメスに特異な現象である。はじめてアフリカのサバンナでブチハイエナのメスを観察した研究者は、これを「両性具有体」だと勘違いしたという。ではなぜこのようなことになっているのか？　かつてこれは、ブチハイエナが行う儀礼的な挨拶のための適応だろうと推測されていた。ブチハイエナは、同じ群れの個体どうしが出会うとしばしば、相手が――それがオスであろうとメスであろうと――仲間であることを確認しあうために、双方が同時に後ろ足を挙げて相手のペニスまたはクリトリスの臭いをかいだり舐めあったりする。そこで、この儀式の効果をより印象的で継続的なものにするために、メスの生殖器もオスのものと同等に大きくなったのだろうというわけである。しかしそれに対してグールドとヴルバは、そうした推測は、

ブチハイエナのメスの生殖器官

形質の現在の用途とその形成の由来との混同に基づくものだと批判する。現在それが挨拶のために有効に機能しているという事実だけを根拠に、これをそうした機能のための適応形質だと推測することは、安易な適応主義に他ならない。むしろ、ハイエナ科の中で、ブチハイエナ属のメスだけに生殖器の肥大化現象が見られることと、ブチハイエナ属のメスだけがオスよりも体が大きく、オスよりも攻撃的で、オスに対して支配的に振る舞うという事実との間に関連性を見いだすべきではなかろうか、と。ヒトでもそうだが、元来オスとメスの生殖器は相同器官であり、発生の初期にはすべてメスの生殖器が形成されるが、その後オスにおいては、アンドロゲン（雄性ホルモンのこと。テストステロンなどがある）の分泌によってこれがオスの生殖器へと急遽作り替えられる。またメスの場合でも、何らかの異常により発生初期に多量のアンドロゲンが分泌されると、その気質がより攻撃的・支配的になるとともに、クリトリスや大陰唇がオスの陰茎や陰嚢のように肥大化することはよく知られた現象である。だとすれば、過去に何らかの理由で大きく強く攻撃的なメスを有利とするような選択が働き、アンドロゲンの多量分泌という経路によってそれが実現され、それがその後も維持されている（適応形質）のだが、そのいわばスピンオフとして生じた「無機能の副産物」としてメスの生殖器の肥大化現象が起こり、それが後になって儀礼的な挨拶のために転用された（スパンドレル）と考えた方が、儀礼的挨拶をより効果的なものにするだけのためにメスの生殖器が肥大化したと考えるよりも、より自然で理に適っているのではないかと彼らは論じている[8]。ともかく、グールドらによれば、生物の持つほとんどの形質は適応というよりは外適応なのである。

自然選択の営みはしばしば「不器用な修繕屋（tinkerer）」に喩えられる。有用な突然変異率の低さ、体細胞上の有用な変化の遺伝不可能性（生殖質の分離による獲得形質の遺伝不可能性）、発生プログラム上の強固な制約その他の理由によって、選択によってある形質に目に見える変化が生じるには通常数十万年から数百万年、場合によっては数千万年というオーダーの長い時間がかかる。それゆえ多くの場合、所与の環境条件と、自然選択による適応形質の形成との間には「タイムラグ」が生じる。適応は常に「遅れてやってくる」わけだ。場合によっては（進化心理学者たちがしばしば強調するように）、環境条件の急速な変化（といっても数千年〜数万年オーダーのものだが）についていけず、せっかくできあがった適応がいつのまにか「不適応」になってしまうということすらある。したがって、自然選択は決して与えられた環境条件に最適にフィットした形質を一から作りだすのではない。それをするには時間も資源も足りない。むしろたいていの場合、すでにそこにある素材で間に合わせ、たとえそれが不十分なものであったとしても、それに微少な修正を施すことでなんとか当座の必要を凌いでいく、という仕方で事態が進行する。自然選択が「万能のデザイナー」ではなく「不器用な修繕屋」と呼ばれるゆえんである。

この点に関する一つの明快な実例が、グールドが彼の本の書名にもした「**パンダの親指**」である（次頁の図）。パンダは主食である竹の皮を得るために、一見親指のようにも見える「六番目の指」の付け根を竹の表面に当ててしごくことによって、器用に皮を剥いている。それゆえ適応主義者ならば、この親指もどきは竹の皮を剥くという機能のために自然選択によって最適にデザインされたものだと考えたくなるかもしれない。けれども実際には、これは実は指ですらなく、正しくはパンダの祖先の肉食のクマ類から継承されてきた、機能を持たない骨状突起なのであり、それがパンダの新たな食餌法のために比較的最近「転用」されたにすぎない、とグールドは論ずる（Gould 1980a）。したがってこれは、上記の分類でいえば、外適応の第二のグループである「スパンドレル」の一種だということになるだろう。

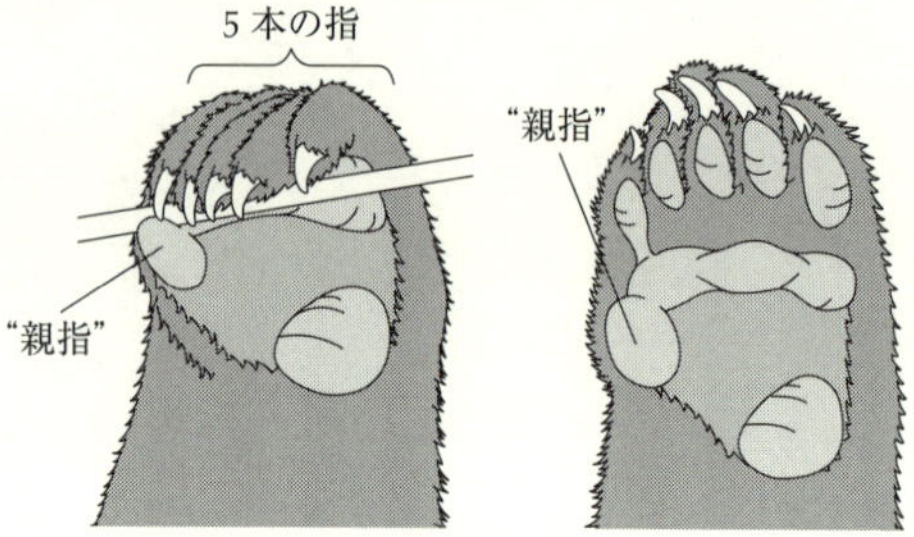

パンダの「親指」

　またグールドは後に、進化心理学に特徴的な適応主義を批判する文脈で、以下のように論じてもいる。すなわち、われわれ人間の読み書きの能力、芸術的能力、死の不可避性の意識、宗教的信仰といった様々な心理的・精神的能力は、確かに現代の社会・文化生活においては大なり小なり適応的な機能を担っているが、しかしそれらは、そのために脳の適応的進化が駆動された元来の理由ではない。われわれの脳は、まだそうした「文化的利用」が必要でなかった先史時代に狩猟採集生活を営んでいたわれわれの祖先が、当時の複雑な自然・社会環境に対処するためにより高度な情報処理能力を持つより大きな脳を必要としたことによって、進化してきたのである。要するに、**大きなサイズの脳とそれによって可能となる高度な情報処理能力こそが元来の適応であり、進化心理学者が注目するような脳の文化的利用もしくは様々な心的能力は後の時代になって派生してきた副産物（外適応）にすぎない**――したがって、そうした心的能力それ自体が自然選択によって形成された適応であるとする進化心理学の主張は誤っている――、と（Gould 1991, 1997）。

では、外適応（ないしスパンドレル）の概念に関するこうしたグールドらの議論をどのように評価したらいいだろうか。これらの概念は、グールドの言う“just-so story”（まことしやかな物語）に依拠した「適応主義プログラム」が猖獗を極めていた時代には、適応というものの形成に関するより現実的なメカニズムに進化生物学者たちの注意を向け直すという意味で、一定の役割を果たしたといってよいだろう。けれども、この概念がその後生物学の教科書の中に定着したようには見えない。それは、**この概念自体にいくつかの問題点がある**からだと思われる。少なくとも以下の三点を指摘することができるだろう。

第一に、**外適応という概念は従来の適応と比較して、それほど本質的に異質で新鮮味のあるものではない**という点が指摘できる。たとえばデネットは、『ダーウィンの危険な思想』の中で以下のような主旨の議論をしている。すなわち、進化の歴史を十分に遡れば、いかなる生物のいかなる適応であっても、現在の機能とは異なる機能を持っていたか、もしくは何らの機能も持っていなかったような身体構造から派生してきただろうということは、ダーウィニストにとってはほとんど自明の事実である。それゆえ、グールド＝ルウィントンの指摘は、方法論的な自覚を持ったまっとうな進化生物学者にとっては先刻承知の助《すけ》であろう、と（Dennett 1995）。

第二に、**外適応の概念に基づいた「適応形質」とそれ以外の形質との間の線引きの恣意性**という点が指摘できる。ステレルニーとグリフィスは『セックス・アンド・デス』の中で、次のように論じている。すなわち、グールドらによる定義によれば、ある形質は、それが最初に選択のふるいを通過したときの機能に関してのみ「適応」と呼ばれ、それ以降に獲得された機能に関しては、たとえその後に自然選択の洗礼を受けようともはや「外適応」でしかないということになる。けれども、数ある選択圧の中で一番手だけにこの特別なステータスを与えることの根拠はないだろう。「重要なのは、最初の選択圧〔adaptation〕とそれ以降〔exaptation〕との間の区別ではなく、すべての選択プロセス〔adaptation〕と、現在進行中であるが過去の進化ではいかなる役割も果たさなかったようなプロセス〔adaptive〕との区別である」（Sterelny and Griffiths 1999, 邦訳、一九八頁。〔　〕内は筆者による補足）。

第三に、**グールドらが、ある形質が「外適応」に分類されるための基準を少々安易に考えすぎている**という指摘がある。進化心理学の批判者として著名なデイヴィド・ブラーは、グールドによる社会生物学や進化心理学の批判は不十分で不適切なものだったと論じる文脈で、この点について次のように指摘している。すなわち、グールドはある一見「適応的な」形質が実際に「適応」であるという証拠がないならば、それはすべて「外適応」であるかのように――要するに、ボーダーライン上の懸案となる形質が実際に適応であることを示す挙証責任はすべて適応主義者の側にあるかのように――論じている。しかし考えてみれば、グールドらが外適応に与えた定義に鑑みれば、ある形質が外適応であることを証明するのは、それが適応であることを証明するよりもはるかに厄介なことであるはずだ。というのは、ある形質が（狭義の）外適応であることを示すには、それがかつて現在とは異なる機能のゆえに適応となっていたという証拠に加えて、それがその後何らかの理由によって現在の機能を遂行するべく（選択を受けることなく）リサイクルされたという証拠を示さねばならないからである。同様に、ある形質がスパンドレルであることを示すには、それが他の何らかの形質の発生上の副産物としてかつて生じたという証拠だけでなく、場合によっては、その元来の形質がかつて（あるいは現在も）何らかの有用な機能のゆえに適応となった（あるいはなっている）という証拠を示さねばならないのである。こうした事情を前にしてブラーは、もし進化生物学・社会生物学・進化心理学における適応仮説の乱発が「そうなるべくしてなったというまことしやかな物語（just-so stories）」であるなら、自然界の大部分の形質は外適応に過ぎないというグールドらの主張は「**そうなるべくしてなったわけではないというまことしやかな物語（just-ain't-so stories）**」にすぎない、と批判している（Buller 2005, p. 89）。

ここで、話が逸れたついでに、「外適応」の概念に付随する上記の第三の問題点と関連してブラーが指摘している、**グールドの進化心理学批判の議論の問題点**を二つほど見ておこう。ブラーが指摘する第一の問題は、進化心理学者たちはグールドがそう考えているように読み書きとか芸術的能力とか死の意識といった個々の心的能力が適応だと主張しているわけではなく、むしろそれらが産出される基礎にある、**人間において高度に進化した「心理メカニズム」こそが適応だ**と主張しているのだということである。前者は後者が置かれた状況に応じて臨機応変にアウトプットされた二次的産物に過ぎないのである。したがって、個々のそうした心的能力が「外適応」ないし「スパンドレル」に過ぎないというグールドの論点には、おそらく進化心理学者たちも喜んで同意するだろう。要するにグールドは、人間や生物が直面する環境においてそのつどアウトプットされる個々の能力や行動それ自体が適応だと考えた一九七〇～八〇年代の社会生物学者の主張と、そうした社会生物学的言説の短絡性を修正した現代の進化心理学者のより洗練された主張との重要な相違を看過していることになる。

ブラーが指摘する第二の問題点は、グールドが示唆している、大きな脳のサイズが適応だという考えに関するものである。実際には、大きな頭蓋骨を持つことにはむしろ様々なデメリットがともなう。これは進化心理学者のスティーブン・ピンカーが論じていることでもあるが、身体のサイズに比べて不相応に大きくなった人間の脳は、全体重の二%程度の重さを占めるにすぎないのにエネルギー消費量は全摂取量の一八%にも達する。またそれは殴打や転倒による致命傷を受けやすい。また頭でっかちの新生児はスムーズな分娩が困難であるため、それを可能にするために、人間の女性の骨盤は生体力学的な最適設計という観点からはかなりの妥協を強いられている——にもかかわらず、出産が女性にとっていぜんとしてリスクをともなう難事業であることには変わりない（Pinker 1997）。したがって、より信憑性の高いシナリオは次のようなものとなるだろう。すなわち、**脳の高度な認知能力こそが元来の適応であり、脳のサイズそれ自体は、それを可能にするために二次的に選択されてきた「副産物」に他ならない**。換言すれば、発生学的な因果関係の観点からは、まずは大きな脳があってそれによって高度な認知能力が可能ならしめられるわけであるが、自然選択上の適応価の観点からは、あくまで認知能力がその有利性のゆえに選択された当のものであり、脳のサイズはいわば付随的に選択された「ヒッチハイカー」（他の対象の選択に「ただ乗り」して付随的に選択される対象）に過ぎない。ソーバーの表現を用いれば、現実に起こったのは脳のサイズのための選択（selection for）ではなく、あくまで高度な認知能力のための選択である。脳のサイズに関しては、単に脳のサイズの選択（selection of）が起こったにすぎない、ということになる。[9]

以上見てきたように、「外適応」や「スパンドレル」の概念、そしてそれらを支えているグールドらの考え方は、現代的な観点からは様々な問題を含んでいる。にもかかわらず、グールド、ルウィントン、ヴルバがこれらの諸概念を提起したことは、一九八〇年前後の生物学的状況の中では一定の役割を果たしえたと評価してもよいのではないだろうか。いずれにせよ、サンマルコ論文の主要論点の正確な理解のために、(広義・狭義の)外適応の概念の分析が有効であるという事実には変わりはない。

最適性仮説批判

さて、サンマルコ論文の方に話を戻そう。グールド＝ルウィントンが、当時の進化生物学の実践を批判する際に特に念頭に置いていたのは、**「生物の形質は、過去から現在に至るまでの自然選択の作用によって、現在の環境に対して最適化されているはずである」という最適性仮説(optimality hypothesis)**である。彼らによれば、これは自然選択の形成力を実際以上に過大評価した前提であるが、それにもかかわらず進化生物学者たちがこの前提そのものの真偽を経験的なテストにかけることはほとんど皆無である。つまりそれは、実質的に反証不可能な――したがってその限りで非科学的な――前提だというのである。この辺の事情を少し詳しく見てみよう。

通常最適性仮説を採用する進化生物学者は、「最適化モデル」と呼ばれる定量的なモデルを立てて研究を進める。最適化モデルは、エンジニアが人工物の機能や動作を分析するような仕方で、生物の生体力学的な(biomechanical)特性を分析するためのツールである。このモデルは適応度指標(fitness measure)、遺伝率の仮定(heritability assumption)、表現型集合(phenotype set)、および一連の状態方程式（state equations）という四つの要素からなる（Sterelny and Griffith 1999）。

適応度指標とは、各々の形質がその生物体の適応度の増大にどれだけ貢献するかを測る尺度である。理想的には、その生物が当の形質を所有することの結果としての期待される子孫数の増加を測定できればそれに越したことはないが、たいていの場合それは不可能である。そこで代わりに、適応度の増大に貢献すると見込まれる他の中間的な指標が用いられることになる。たとえば、馬の足並み（gait）のデザインの適応度の算定の際には、一定速度で一定距離を走るのにどれだけのエネルギー量を消費するかが指標とされることがある。[10] この場合、最もエネルギー効率の良い走法をする個体が最も子沢山だろうと想定されるわけである。

遺伝率の仮定とは、親の形質がどの程度忠実に子に継承されるかに関するものである。この場合、すべての子は無性生殖によって親とまったく同じ形質を受け継ぐという単純化された想定が立てられることが多い。こうした便宜的な単純化を行っても、多くの場合は、個々のモデルの結果がそれほど大きく狂ってしまうことはないと考えられるからである。しかし後に見るように（本節および第4節）、こうした理想化が機能しない場合もありうる。

表現型集合とは、目下考察されている形質の対抗馬となりうる可能な対立形質を指定することによって、自然選択が作用する範囲を画定するものである。短期的な進化を考察する場合なら、現在調べている種とその近縁種で実際に観察される、少数の変異型だけを表現型集合に含めれば十分であることが多い。けれども長期的な進化を考察する場合には、事情がいくぶん複雑となる。いまその最適性を検討している形質は、いわば定義によって、遠い過去に起こった生存闘争においてその対立諸形質を駆逐することによって「最適化」されてきたのであるからである。したがって、そうしたはるか以前の選択環境においてどのような対立形質が存在していたのかということを再構成するのは、いまとなっては容易ではないことが多い。

最後の**状態方程式**とは、生物の表現型と環境との相互作用を規定するこのモデルの中心部である。この方程式によって、競合関係にある各対立形質が、適応度指標においてどこまで高いスコアをあげられるかが決定される。馬の足並みのデザインに関していえば、ある特定の歩行／走行パターンのエネルギー消費効率上のコストパフォーマンスを、生体力学や筋肉生理学の観点から計算するわけである。

＊

さて、グールド＝ルウィントンが最適性仮説に関して不満を漏らすのは、以下の点においてである。第一に、**最適化モデルにおいては生物体が原子化された要素形質の寄せ集めとして捉えられ、生物体を全体として見る視点に欠けることが多い**という点がある。すなわちそうした場合、一個の全体としての生物体の個体適応度が、大ざっぱにいえば「目＋口＋鼻＋……」といった要素形質の形質適応度の代数和とみなされ、そしてその要素形質の各々を自然選択が独立に最適化するという、要素還元主義的な発想が前提されている。けれども、生物個体を「形質」に分解する仕方は、必ずしも一義的に決まるわけではない。たとえば人間の顎は、はたしてそれ自体一つの独立した適応価を持った形質なのか、それとも単に顔と首とが接合する部位を指す呼び名に過ぎないのか。もし後者であるとすれば、顎という形質はどのような適応価のゆえに進化してきたのかと問うことは意味をなさないことになるだろう。あるいは、心臓それ自体が単独の適応価を持った形質なのか、それとも心臓も含む循環器系が一個の独立したユニットなのか。こうした問題は、形質同定に関するいわゆる「粒度問題（grain problem）」と見ることができる。

第二に、上述した**要素還元主義的なモデル構築に基づく理論的予測がうまくいかなかったときにはじめて、要素形質どうしの相互作用——すなわち、ある要素の最適化が別の要素の最適化を妨げるというトレード・オフ関係——にその説明が求められることになるのだが、それが、最適性仮説そのものを反証から救うためのアド・ホックな理由づけとしてなされがちであるという点**がある。たとえば、最適採餌理論というものがある。これは、生存・繁殖上の諸活動に割り当てることのできる時間やエネルギーに限りがある中で、動物は、相反する様々な必要性をいかに調停してその採餌行動を決定しているのかという問題に、最適化モデルを用いてアプローチするものである。たとえばゴードン・H・オリアンズとノラン・E・ピアソンは、この最適採餌理論の一環として、自分の巣を中心拠点としたエリアでエサを採取し、それをその場で食べずにいったん巣に持ち帰ったうえで、それを自ら摂取したり、あるいは子に与えたり、あるいは備蓄したりするという採餌法——「中心地採餌（central-place foraging）」と呼ばれる——を採っている生物（典型的には鳥）の行動が、どのように最適化されているかを研究した（Orians and Pearson 1979）。近場にあるが質・量ともにあまり豊富でない餌場に時間を惜しんで足繁く通う行動と、遠くにあるが質・量ともに豊富な餌場に時間をかけてでも遠征するという行動との両極端の間で、鳥たちはどのように最適解を見いだしているのだろうか？　そこでオリアンズとピアソンは、鳥の採餌行動は、単位時間あたりに巣に持ち帰ることのできるエネルギー（食物量）を最大化するように最適化されているはずであるという前提（最適化仮説）の下で、一回の採餌行動で持ち帰るエサの量は巣と餌場との距離によって決まる――すなわち遠くの餌場に遠征する場合には、時間のロスを埋めあわせるため必然的に一度に持ち帰るエサの量も増える――という仮説を立て、それを検証すべく実際のフィールドのデータを収集した。その結果、得られたデータは確かに仮説を有意に支持するものではあったが、しかし仮説からの予測と定量的に完全に合致するものではなかった。そこで彼らは、ひな鳥のいる巣に捕食者である天敵が接近するのを監視し阻止するために親鳥はできるだけ頻繁に巣に戻らねばならないという、採餌以外の他の必要性との間のトレード・オフを考慮に入れることによって、理論とデータの間の上述した見かけ上の乖離は説明できるだろうと推測した。

それに対してルウィントンは、「適応」と題する論文において、理論と経験との見かけの不一致に際してオリアンズとピアソンが想定したこのような最適性仮説そのものの救済策について次のように批判的にコメントしている。

これは、適応的なストーリーの作り替えの最たる例である。当初の問題は、採餌行動におけるエネルギー効率性の問題として設定されており、ランダム状態から予測された方向への行動の偏差は、行動の適応的説明を強力に支持するものと解釈されていた。しかるにその際、予測された最適条件からの乖離は、当初の問題への解に対する制約として働くアド・ホックな二次的問題の導入によって説明されるのである。……このように、観察された形質がそれに対する最適「解」となるような「問題」の恣意的な組み合わせを理論家に許せば、適応主義プログラムにおける適応とは、単に反駁不可能なだけでなく、どんな観察によっても必然的に確証されてしまう形而上学的措定物となってしまうであろう。これは、進化は自然選択の産物であるというダーウィンの洞察に含意されていたものの戯画に他ならない。(Lewontin 1978; Maynard Smith 1978, p. 99 より引用)

*

ところで、この第二の論点は**カール・ポパーの「反証可能性」の概念**を彷彿とさせる。確かに、サンマルコ論文の中でグールドとルウィントンが反証可能性の概念に明示的に言及している箇所は存在しない。けれども彼らは、実質的には、適応主義プログラムは反証可能性を欠くがゆえに科学的に信頼できないという主旨の議論を展開しているのである。たとえば彼らは、適応主義プログラムの典型的な「議論のスタイル」を以下のように概括している(Gould and Lewinton 1979, p. 78)。

(1) ある適応的議論がうまくいかなかったら、他を試せ。
(2) これまで試したあらゆる適応的議論がうまくいかなくても、必ずどこかにうまくいくものがあると想定せよ。
(3) 良き適応的議論がまったく見つからなかったら、その原因を現在のわれわれの知識の不完全性に帰せ。
(4) 目の前の環境に対する有用性以外の、形質の属性は考慮の外に置け。

すなわち彼らによれば、最適化モデル論者たちは、ある最適性仮説が仮にデータによって支持されなかったとしても（すなわち観察によって反証されたとしても）、直ちに別の最適性仮説を考案して、それを再びテストにかける。あるいはいかなる適応仮説もうまくいかないときは、現在のわれわれの知識では知ることのできないいわば「隠れたパラメーター」が存在していて、それが当該の形質の最適化を妨げているのだろうと推論される。かくして、その仮説とデータの不一致が、「自然選択は最適化する」という基本公理自体に疑問を投げかけるものかもしれないという可能性ははなから考慮の外にある、というわけである。別の言い方をすれば、モデルが現実を予測し損ねるという適応モデルの破綻が、決して適応主義的方法論それ自体の破綻だとは見なされないという点を、彼らは問題視しているわけである。適応主義者はこうした場合しばしば、問題の源泉は、上述した最適化モデルの四つの要素——適応度指標・遺伝率の仮定・表現型集合・状態方程式——のどれかにあるはずだと決めてかかる。曰く、「最適と予測された形質はおそらく表現型集合の中には含まれていなかったのだろう。あるいは、遺伝率の仮定が単純すぎたのかもしれない。もしくは、当該の形質が適応度に貢献する度合いを過大に評価していたということもありうる。それともひょっとしたら、当該の形質と、それが遺伝的に連鎖している他の形質との間に、適応度上のトレード・オフが成立していたのかもしれない」等々。かくして当該形質が完璧な適応ではないという可能性は考慮されないのである（Sterelny and Griffith 1999）。

たとえばこの問題に関してグールドとルウィントンは、**社会生物学者のデイヴィド・バラシュによ**

る、**ムジルリツグミ（mountain bluebird）のオスに見られるメスの「不義」（つがい外交尾）に対する攻撃性の研究**を、批判的に取りあげている。バラシュは、不義に対するオスの攻撃性は進化的な適応であるという仮説をテストするために、二組のつがいの巣が近接して存在している場所で、一方のつがいのオスが餌を取りに巣を離れている間に、「密通者」に見立てた剥製のオスの模型をその巣の近くに置き、巣に帰ってきたオスの反応を見た。彼はこの実験を、メスの産卵の前に一回、産卵後に二回（卵の孵化の時期とヒナの養育の時期）、合計三回にわたって実施した。その結果、産卵前の実験ではオスは剥製のオスに対して徹底的な攻撃を仕掛け、またメスに対しても、剥製のオスに対してほどではないにせよ、かなりの攻撃性を見せた。しかし産卵後はその攻撃性の程度は著しく減少し、特にメスに対する攻撃性はほとんどゼロになった。このことからバラシュは、「この結果は進化理論によって期待されるものと整合的である」と結論づける。産卵前のメスの不義は、オスの遺伝子の継承にとって大きな脅威となるので、オスの侵入者に対する攻撃性は適応的である。他方、代わりとなるメスが比較的容易に手に入るという状況の下では、オスは自分を裏切ったメスを見捨てて別のメスとつがいを組むことによって自らの父性をより確実なものたらしめることができるであろうから、メスに対するある程度の報復的な攻撃性もまた適応的な行動と解しうる、というわけである（Barash 1976）。

これに対してグールドとルウィントンは、バラシュがこのつがいのオスの行動を説明する代替仮説を試してみることなしに、最初から適応主義的仮説のみに目を向けている点を問題視する。例えばこの場合、二回目と三回目のオスの攻撃性が減少したのは、侵入者と思っていたものが単なる剥製の模型にすぎないということにオスが気づいて、それを無視するようになっただけだと説明することもできるのではないか？　こうした代替仮説の可能性をアプリオリに排除できないのなら、バラシュは、自らの仮説が検証されたと見なす前に、比較対照実験として、たとえばメスの産卵後にはじめて剥製の模型を置いてみて、それに対してオスがどの程度攻撃性を示すかを検証するというような手続きを踏むべきだったのではないか。このように彼らは論じる。

さらにモートンらは、ムジルリツグミと近縁種のルリツグミ（eastern bluebird）に対して、類似の手法を用いてバラシュの仮説を検証しようと試みたが、今度は不義のメスに対するオスの攻撃性はまったく観察されず検証は失敗に終わった。しかしその結果に対して彼らは、おそらくバラシュの研究の際にはオスにとって代替となるメスが容易に手に入る状況だったのに対し、自分たちの場合は状況が違っていたために、不義を働いた（ように見える）メスとのつがい関係にオスが固執せざるをえなかったのだろうと推測し、「われわれは、オスのツグミが不義に対する対抗措置という適応行動を示すというバラシュの示唆を立証することはできなかったが、しかしいぜんとして、いずれの研究も──およそいかなる注意深い研究もそうなるだろうというのがわれわれの想定だが──『進化理論によって期待されるものと整合的な結果』（Barash 1976, p. 1099）に到達していると、われわれは示唆する」と結んでいる（Morton et al. 1978, p. 969）。これに対してグールド＝ルウィントンは、いかなる「注意深い研究」によっても決して否定されることのないような理論──要するに反証不可能な理論──にいったいどのような科学的価値があるのだろうか、と不満を漏らしている。

＊

ところで**哲学者のブライアン・ガーヴェイは、グールド＝ルウィントンの議論はポパーの反証可能性基準とはまったく関係ないと論じている**（Garvey 2007）。なんとなれば、彼らは個々の適応仮説の反証不可能性を論難しているのではなく、適応主義者が個々の仮説のテスト可能性を認めつつも、テストの結果が予測と異なっていた場合に、その仮説に対する根本的な対案の可能性を考慮せずに安易な救済策の乱発に走ってしまうという、適応主義者たちの明確な方法論的意識の欠如を論難しているのであるからだ、と。けれども、そのことは裏を返せば、「自然選択は形質を最適化する」という最適化論者の根本公理の反証可能性がまさしく問題となっているということに他ならない、と私は考える。ステレルニーとグリフィスの表現を借りれば、「個々の適応ストーリーはテスト可能である。しかしグールドとルウィントンに言わせれば、これは適応主義という考え方自体をテストするものではない。ある一つの適応ストーリーが信頼を失ったときに適応主義者がすることといえば、新たなストーリーを作りあげるか、いつかは見つかるさ、と空手形を切ったりすることである。こうして、その形質が適応ではないという可能性は、決して考慮されないのである」（Sterelny and Griffiths 1999, 邦訳、二〇三頁）。

この辺の事情を科学哲学的に分析すると、以下のようになるだろう。（細かい哲学的な問題はいろいろ指摘されているにせよ）科学的推論のパターンをそれなりにうまく捉えた推論法として広く受け入れられている仮説演繹法というものがある。これは、たとえばアインシュタインの一般相対性原理のような高度に抽象的な自然科学の基礎仮説の真偽を直接観察や実験によってテストすることはできないので、そこからたとえば光の湾曲とか重力赤方偏移のように直接観察可能な予測を演繹的に導出し、それをテストにかけることで、先の基礎仮説の妥当性を検証しうるというアイデアである。[11]

これに照らして最適化モデルを解釈してみると、中心地採餌を採用している鳥が一回の飛行で持ち帰るエサの量とか、海鳥の一腹卵数（clutch size）とか、フンバエがある特定の餌のパッチにとどまる時間といった個々の事例における適応仮説は、「自然選択は形質を最適化する」という基礎仮説から演繹的に導出されたテスト可能な予測だと見なすことができる。最適性仮説そのものは直接経験的テストにかけることができないからである。けれどもその際、それら個々の適応仮説をテストにかけるのはあくまで最適性仮説そのものの検証を視野に入れてのことであって、それら個々の適応仮説の真偽それ自体は第一義的ではないはずである。

ただし、現実の科学の営みはそれほど単純ではない。先の例を用いていえば、一般相対性原理という基礎仮説から、直ちに光の湾曲とか重力赤方偏移といったテスト可能な予測が演繹できるわけではないからである。光の湾曲に関していえば、「太陽の質量によって空間自体が曲げられれば、質量のない光でも湾曲して進む」とか「日食で太陽が月に覆われれば、通常昼間には見えない遠方の星が観察可能となる」とか「別の季節の夜間に観察可能な星の本来の位置を基準にして、その星の光が太陽の近傍を通過したときの湾曲の程度を測定することができる」といった様々な補助仮説を前提して、はじめて「日食の際観察される、太陽の縁をかすめて地球に到達する遠方の星の光の湾曲の程度は、一・七四秒角となるはずである」という、実際にエディントン観測隊が観測したような予測が引きだされるのである。

それと同様に、最適化モデルの場合、「自然選択は最適化する」という基礎仮説（O）だけからテスト可能な予測を演繹することはできない。そこで上述したように、中心地採餌を行う鳥などの個別事例における適応度指標（F）、遺伝率の仮定（H）、表現型集合（P）、状態方程式（S）、その他（R）の様々な補助仮説群を同時に前提することによって（言い換えれば、それら各々の前提を連言子とする連言を構成することによって）、たとえば「鳥が一回の飛行で持ち帰るエサの量と、巣と餌場との距離の間には、○○という定量的関係がある」（X）というような、観察データとつきあわせて実際にテスト可能な予測を導きだすことができるわけである。これを論理式で表せば、

$$O \land F \land H \land P \land S \land R \rightarrow X$$

ということになる。

ところがこの場合、仮にテストの結果Xが反証されたとしても、直ちにそこからOの反証は帰結しない。後件否定（modus tollens）[12]によって反証されるのは、あくまで $O \land F \land H \land P \land S \land R$ の全体であり、そしてさらに、$\neg(O \land F \land H \land P \land S \land R)$ から帰結するのは、$\neg O \lor \neg F \lor \neg H \lor \neg P \lor \neg S \lor \neg R$ である。すなわち、Xの反証から帰結するのは、OかFかHかPかSかRのいずれかの反証である。したがって、もしその気になれば、最適化論者にとっての「最後の砦」ともいうべき基礎仮説Oを反証から救済するために、F、H、P、S、Rのいずれかにアドホックな（その場しのぎの）修正を施すという対処法も可能となるわけである。したがって、たとえ仮説演繹法によって演繹された予測が反証されたとしても、これら様々な補助仮説群によって幾重にも防御された基礎仮説の妥当性は相変

わらず疑問に付されることはない。すなわち最適性仮説は実質的に反証可能でない。このように解釈すれば、グールドとルウィントンによる問題提起は――ハーヴェイの主張とは逆に――海鳥の一腹卵数やフンバエが特定の餌のパッチにとどまる時間といった個々の適応仮説の反証可能性ではなく、あくまで「自然選択は常に最適化するはずだ」（すなわち自然選択以外の要因によって最適化が妨げられている可能性は無視して構わない）という「適応主義プログラム」の中心的な研究綱領の反証不可能性を問題にしているのだと、解釈することができる。

ただし、重要な点を一つ付言しておかねばならない。それは、ポパーのような素朴な反証主義者にとっては、こうした基礎仮説の救済策は「批判に対して開かれていない」科学にあるまじき姑息な対応だということになるのであろうが、ポパー以後の科学哲学の展開の中で、こうした意味でのポパーの厳密な反証主義は、現実の科学の実践にそぐわないということが――特にトーマス・クーンやイムレ・ラカトシュやピエール・デュエムといった批判者たちによって――認識されてきたということである。すなわち、上述したような基礎仮説の反証不可能性は、必ずしもある研究伝統（リサーチプログラム）にとって致命的な欠陥とはならない、というのが現代の科学哲学の通説となっている。後述するように、もしジョン・アダムズとユルバン・ルヴェリエがポパーの基準に厳密に従い、天王星の軌道の摂動という変則事例をニュートン力学という基礎理論に対する反証とみなしていたら、海王星の発見という快挙はありえなかっただろう。場合によっては、基礎仮説という「最後の砦」を死守するために破れかぶれの「捨て身の防戦」をすることによって、活路が開けてくることもあるのである。

＊

ところで、**前段で述べたような「科学の現場」の声を代弁して、ここまで筆者が行ってきたような科学哲学的な観点からの問題の再構成に異を唱えるのが、自身が最適化モデル論者であり、進化ゲーム理論の創案者としても名高いメイナード＝スミス**である。(13) すでに述べたように、彼は一九七八年のロイヤル・ソサイエティの会合において「自然選択による適応の進化」と題するシンポジウムを企画し、かねてから最適性仮説の妥当性について議論を戦わせてきたルウィントンを招待した人物である（しかし当日そこに現れたのは「招かれざる客」グールドであり、彼の報告が翌年ルウィントンとの共著のかたちでサンマルコ論文として結実したことはすでに述べたとおりである）。以下では、彼がグールド＝ルウィントンのサンマルコ論文が出る前年の一九七八年に書いた、「進化における最適化理論」という興味深い論文をとりあげることにする（Maynard Smith 1978）。この論文は主として、ルウィントンによってそれ以前になされた最適化モデル批判に対する応答という意図で書かれたものである。ルウィントンの批判の主旨は、最適化モデルにおいては個々の適応仮説が見かけの反証にさらされても結局は仮説が温存されるようにその場しのぎの救済策が導入されてしまうという論点にあり、これはほぼ、サンマルコ論文における最適化モデル批判においても踏襲されている。

これに対してメイナード＝スミスは、**最適化モデルのテストにおいて研究者がテストしようとしているのは、「自然は最適化する」という一般原理ではなくて、あくまで個々のモデルにおいて具体的に採用されている一連の補助仮説（適応度指標・遺伝率の仮定・表現型集合・状態方程式）の妥当性であると主張する**ことによって、議論の土俵を仕切り直す。つまり、最適化モデル論者は「自然選択は万能か」というような形而上学的命題に——メイナード＝スミス自身が「形而上学的」という言葉を使っているわけではないが――別段関心を持っているわけではなく、もっと現実的な問題に携わっているのである、と。すなわち目下考察の対象となっている生物の形態や行動が、なぜいまそうあるようなものになっているのかということを理解するために、彼らは、ある何らかの適応仮説を立て、さらにはその仮説が正しいかどうかをテストにかけるために、現実の複雑さよりは多かれ少なかれ単純化された一連の補助仮説を採用するのである。そうした単純化なしには科学理論の検証はありえない。理論化とは、大なり小なり単純化したモデルによって世界を見ることである。けれどもそうした単純化が度を過ぎれば、当然、仮説から予測されるものと現実の観察データとの間に、著しいずれが生じることになる。したがって最適化モデル論者がやっているのは、予測（X）とデータとの間に当然生じてくるギャップが最小化されるように、プラグマティックに措定される一連の補助仮説（F、H、P、S、R）を微調整することである。そうした状況においては、考察している形質が真に最適化されているかどうか（O）という原理的問題はほとんどの場合彼らのスコープの外にあるのであり、むしろ逆にそれらが最適化されているという作業仮説の下で、一連の補助仮説の精度を高めていくことにこそ彼らの関心はあるのである。このように彼は主張する。

したがって「適応主義者」メイナード＝スミスにとっては当然ながら、「たいていの場合、研究の対象として選ばれた表現型の性質からして、その表現型の変異が選択的に中立だという仮説は信憑性のある対案とはならない」（*ibid.*, p. 113）ということになる。進化生物学者がある形質に着目しその起源を研究しようとするのは、その形質が何らかの注目に値する特徴を備えているからであり、その時点ですでに適応主義的前提がデフォルトポジションとなっているからである。したがってそうした適応的な特徴が、その適応価とは無関係に遺伝的浮動によって形成された単なる偶然の産物だという中立進化論の仮説を考慮に入れる必要はない、というわけである。

他方でしかし、メイナード＝スミスは、最適性仮説のテスト可能性に関するルウィントンの危惧に対しても一定の理解と共感を示している。「最適性理論にとって最もダメージの大きい批判は、それがテスト不可能だというものである。生物学における機能的説明の探求が発明の才（ingenuity）のテストに退行してしまうかもしれないという真の危険がそこにはある」（*ibid.*）。しかしそうした危険に対して彼は、種あるいは高次タクサをまたがった異なる分類群の生物どうしを比較し、当該の形質と、その適応主義的説明において想定されている淘汰圧との間に実際に正の相関があったのかどうかを調査するという「比較法（comparative method）」が、決定的なものではないにせよ、最も強力な仮説のテスト法を提供するだろう、と述べるにとどまっている。

多元論

さて、最適性仮説をめぐる話題はこれくらいで切り上げて、次にグールド＝ルウィントンの共著論文の中で論じられている他の重要論点の検討に移ろう。それは、形質の進化の説明における多元論の主張である。彼らは、ダーウィンは正当にも多元論者だったのだが、（すでに見たように）ウォレスとヴァイスマンによって自然選択一元論的な考えが導入されたと見る。ただし他方でグールド＝ルウィントンは、ダーウィンと同様自分たちも、多元的な諸要因の中で自然選択が最も重要な形質進化の要因であることを認めるにやぶさかではないことも確認している。つまり決して自分たちは「反ダーウィニズム」の旗を振っているわけではないというわけである。

彼らが考慮に値する非選択的要因として挙げているのは、遺伝的浮動、形質相関、選択と適応が分離している例、歴史的偶然、そしてスパンドレルなどである。**遺伝的浮動**とは、有限数の個体からなる集団において、繁殖時に配偶子がランダムに抽出されることによって、世代間の対立遺伝子の頻度に変化（偏り）が生じる現象である。集団サイズが小さいほど、サンプリングエラーによって、生物体が産出した配偶子（卵や精子などの生殖細胞）全体の中で次世代の個体の形成に寄与するものに偏りが生じるので、遺伝的浮動（偶然）が遺伝子頻度の変化に与える影響が増す。逆に集団サイズが大きくなれば、偶然の効果は次第に減少し、選択の重要度が増す。したがって遺伝的浮動は、選択が関与しない、まさしく偶然に支配された形質進化のメカニズムであり、非適応的な遺伝子が固定されたり、逆に有利な突然変異が消失してしまったりする原因となる。[14] さらには、同一の生物集団の中に複数の遺伝子型が安定的・均衡的に共存する遺伝的多型（genetic polymorphism）という現象がある。もし自然選択が常に最適な遺伝子型を最終的に集団中に固定するのであれば、このような現象は起きないはずである。したがって、遺伝的多型の説明のためには自然選択の働きを「攪乱する」遺伝的浮動の関与を認めざるをえないという見方が成り立つ。しかし他方で、すでに見たように、生物進化における偶然性の関与をあまり認めたがらないメイナード＝スミスのような適応主義者は、「頻度依存型選択」のメカニズムに訴えることによって、遺伝的浮動抜きで遺伝的多型の現象も説明可能となると主張している。

形質相関とは、ある選択的に中立な形質Aが別の選択的に有利な（あるいは不利な）形質Bと相関

――すなわち、連鎖（linkage）――していて、A自体には淘汰圧が作用していないにもかかわらず、Bの進化（あるいは消失）とともにAも進化（あるいは消失）するというような場合である。たとえば彼らは、それ自体は決して適応的とはいえないある種の幼形進化――早熟（progenesis）[15]――は、世代交代の回転率を高めて個体数を急激に増やしていく戦略が（安定的に世代交代する戦略よりも）有利となるようなr選択[16]下の環境において、繁殖能力を他の能力に比して不均等に高める淘汰圧が作用した結果であり、幼形進化自体に適応的説明を与えることはおそらく無意味だろうと述べている。

選択と適応との分離とは、自然選択によって集団の組成が変化しているにもかかわらずそれが集団全体の適応度の増大につながらないという場合（適応抜きの選択）や、逆に自然選択という媒介を経ることなしに集団がより適応的になるというような場合（選択抜きの適応）である。前者の例としては、彼らはある種の思考実験によって次のような状況を想定している。すなわち、ある環境の下で繁殖力（多産性）を野生型の二倍にするような突然変異が起こったとすれば、その変異型は野生型を駆逐して集団中に固定されるだろう。けれども環境中の利用可能な資源の総量に変化がなかったとしたら、そのとき変異型の個体適応度（一個体当たりの期待される子の数）は野生型のものと変わらない。単によりたくさん産み、よりたくさん死んでいくだけである。このような場合、確かに選択は作用しているが、集団がより適応的になったとはいえないだろう、と。後者の例としては、たとえば彼らは、表現型可塑性とか文化的適応を挙げている。表現型可塑性とは、第1章で進化発生生物学について述べたところでも触れたように、生物がその個体発生の段階でその行動や形態を周囲の環境に合わせて成形するという現象であるが、このようにして生じる個体間変異は一般的には遺伝可能性を持たず、したがって適応とはなりえない[17]。文化的適応とは、人間の文化・社会行動において、遺伝子を介さずに「学習」によって世代間に継承される非ダーウィン的な適応である。彼らはついでに、社会生物学者によってもたらされた混乱の多くは、この種の適応様式と、遺伝に基づくダーウィン的な適応様式とを、社会生物学者たちが正当に区別できなかったことに由来すると述べている。

歴史的偶然とは、適応の進化に自然選択が一定の役割を果たしてはいるが、同一の適応的問題（淘汰圧）に応答するための進化の道筋が複数存在し——科学哲学の表現を用いれば、現実の進化のトラジェクトリが環境条件によって「過小決定（underdetermination）」されており——、それらの道筋のどれが現実に採用されるかということは、当該の種がその時点に至るまでに置かれていた歴史的もしくは偶然的な事情に依存する、といった事態を指す。言い換えれば、セウォール・ライト的な「適応度地形」上において、適応度の局所的なピークが複数存在し、その中の最も高い頂に集団を収斂させるほどには自然選択の最適化作用が強力ではない、というような場合である。

スパンドレルについてはすでに詳しく論じたので、ここでは省略する。

さて、**では彼らが唱道する多元論は常に好ましいものなのだろうか？**　科学理論やモデルは多元的であればあるほどより優れたものであるといえるのだろうか。確かに彼らの述べるように、多元論は一元論よりも現実をより忠実に反映しているというのは事実であろう。けれども他方で、科学理論には、理想化・単純化されたモデルを用いて現実の現象の本質的な部分を切りだしてくるという重要な役割もある。その際「現実のより忠実な反映」という価値と「現実のより単純明解な理解」という価値はしばしば拮抗しあうものであり、そのとき常に前者が後者に優先されるとは限らない。この点についてソーバーは次のように論じている。いまyを、x、w、zという独立変数によって決まる従属変数であるとし、a、b、c、dをデータとの照合によって推定されるべきパラメーターであるとしよう。そして、

$$H_1: y = ax$$
$$H_2: y = bx + cw + dz$$

という二つの方程式が与えられたとしよう。H_1はyの決定要因としてもっぱらxに着目する一元論的なモデルであり、H_2はxに加えてwやzの寄与をも考慮に入れる多元論的なモデルである。このとき、H_1はH_2に埋め込まれているといえるため、H_2の方がH_1よりも常に現実のデータをより忠実に反映しうる。しかし科学者は、より単純なH_1で当座の説明の目的を十分に達せられるならば、わざわざより複雑なH_2を用いようとはしないだろう、と（Sober 1998）。

バウプラン

最後に、グールドとルウィントンがサンマルコ論文の末尾で示唆している生物学の「忘れられた伝統」について触れておこう。それは、生物体全体を要素形質へと分解してその各々に最適性仮説を適用するという英米系の生物学特有の要素還元主義的パラダイムとは対極的な、欧州の大陸生物学特有の全体論的パラダイムである。そこにおいて着目されるのは、**生物体の基本身体設計（basic body** plan）ないしは「バウプラン」である。適応主義プログラムでは、この生物体の基本身体設計に対して加えられる表面的・修正的な適応的変化は説明できても、この身体設計そのものの由来、そしてある身体設計から他の身体設計への大規模な遷移がどのように起こるのかは説明できない。というのは、この設計において身体は一つの全体として統合されており、その部分の変更に対しては強い制約が課されているため、部分的修繕屋（tinkerer）たる自然選択によって説明できる変化は極めて限定されたものでしかないからである。したがってこのとき、適応それ自体よりも、むしろこの適応に対する制約の方こそが、生物の形態進化の説明においてより重要な鍵を握っているとさえいうことができる。ここで彼らがそうした制約の例として挙げているのは、系統的制約（phyletic constraints）と発生的制約（developmental constraints）である。

系統的制約とは、たとえば、ヒトの骨格構造が直立二足歩行のためには最適化されていない――ちなみにこれが、われわれが現在肩こりや腰痛に悩まされる理由でもある――という事実の中に見て取ることができる。というのはヒトの基本身体構造は、われわれの祖先のサルの四足歩行生活のために元々適応していたものであるが、それ以降ヒトの進化の過程で設計上それほど大きな修正はなされていないからである。あるいは、なぜそもそもわれわれの手の指は五本なのか、なぜ昆虫は象よりもずっと小さいのか、なぜ軟体動物は空を飛ぶことができないのかといった点に対しても、格別に適応的な理由があるわけではない。その答は、それらの生物がその祖先から歴史的に受け継いできたもの――系統的慣性（phyletic inertia）――に求めるしかない。要するに系統的制約により、自然選択の必然が歴史的偶然に道を空けることになるわけである。

発生的制約とは、特に複雑な器官や機能を有する生物において、その個体発生のプロセスが初期段階から後期段階に至るまで全体としてカスケード的にプログラミング（パッケージ化）されており、その一部分だけを取りだしてその適応価について語ることはできないということである。とりわけ個体発生の初期段階におけるプログラムの変更は、その後期段階と比べ、生物体の生存力に対してより深甚な影響をもたらす。したがって、発生プログラムの初期段階はより「保守的（conservative）」であり、その変更に対するより強い制約によって保護されている。胚発生に関するフォン・ベアの法則が述べているのも、基本的にはそういうことである[18]。

この基本身体設計や「バウプラン」の概念は、主流派進化生物学においては長らく顧みられることのなかったものであるが、ここに述べられているグールドらの主張は至極もっともなものばかりである。すでに第1章で触れたように、近年の進化発生生物学においても、Ｈｏｘ遺伝子群の発見とともに、大方の生物——少なくともあらゆる動物——の身体基本構造（ボディプラン）の相同性という現象が中心的なテーマとなっている。思うにこのサンマルコ論文は、それが惹起した喧しい論争のゆえに、そのレトリカルでポレミカルな側面のみが注目され——そしてそれは論争の沈静化とともにさっさと忘れ去られてしまい——、その反動ということもあって、地味ではあるが生物学的に重要な部分が看過されてきてしまったのではないだろうか。

＊

さて、ここまで詳しく見てきたように、このグールド＝ルウィントンの共著論文は、当時の進化生物学に見られた過度の適応主義的風潮に対して、二面作戦で警鐘を発したものだといえる。それは、多元論という「自然の事実」に関する側面と、(対案も含めた)仮説の厳格な検証の必要性という「方法論」に関する側面である。この二つは互いに緩やかに関連してはいるものの、ほぼ独立な別個の論点である。不適切な方法論によって正しい事実認識に至ることも不可能ではないし、また科学的に信頼できる方法論に基づいて誤った自然理解が導かれることもありうるからである。

最後に一言付け加えておくと、このサンマルコ論文は確かにグールドとルウィントンの共著論文ではあるが、この論文中で提起されているいくつかの主要な論点は、グールド独自のものとルウィントン独自のものの「寄せ集め」的な性格が強いという(Garvey 2007)。たとえば、一個の生物体を要素形質へと分解する還元主義的な手法や、最適性仮説の検証可能性に対する批判はルウィントン独自のものである可能性が高い。すでに見たように、ルウィントンはこの論文の出版に先立つ時期に、この観点から最適性仮説を批判する論文を何本か執筆していたのである。それに対してグールドは、彼の最晩年に出版された『進化理論の構造』(2002)においてすら、形質単位で進化を論ずること――たとえば生物の形質全体の中で適応と外適応との「相対的頻度」はどちらが大きいかというような発想――に何の躊躇も見せていない(Gould 2002)。他方で、形質進化の説明における多元論の主張、そしてとりわけ「偶然」や「歴史」の関与の重要性に関してはグールドの貢献が大きい。文学・建築学・文化人類学といった他分野からの広範な事例を換喩として援用しつつ、手を変え品を変え提起される「外適応」や「スパンドレル」の論点は、彼のベストセラー『パンダの親指』において詳述されているものであるし、また進化の道筋の歴史的偶然への依存性という論点は、第1章で詳しく取りあげたように、彼の『ワンダフルライフ』などの著書に登場する「生命テープのリプレイ」の議論――

進化史のテープを巻き戻して再生したとしても、同じ結果が二度現れる可能性は低い――とほぼ同一のものであるからである。

3 適応主義からの反撃

主流派進化生物学の基本的方法論に正面から疑問を突き付けたグールド＝ルウィントンの問題提起に対して、当然ながら適応主義者の側も黙ってはいなかった。生物学者の中ではメイナード＝スミスやドーキンスといった人々がこうした論戦に参入したのだが、しかしとりわけ激しい応戦に打って出たのが、哲学者のデネットであった。彼は『ダーウィンの危険な思想』（1995）その他の著作において適応主義を熱烈に擁護し、返す刀でグールドとルウィントンの論点を次々と切って捨てていく。しかもこのデネットの議論は、――確かに「喧嘩」見物のような野次馬的な面白さもあるにはあるのだが――適応主義あるいはそもそも進化論的説明とは何なのかということを考える上で非常に示唆に富む洞察に満ちており、グールド＝ルウィントン論文のレトリックにどっぷりと浸かった後で再び自らの思考のバランス感覚を取り戻すためにも格好の「解毒剤」を提供してくれる。そこで以下では再びかなりのスペースを割いて、関連文献も随時参照しながらデネットの議論を追ってみることにする。

リバースエンジニアリングと最適性仮説

最初に取りあげる論点は、リバースエンジニアリング（遡行分析）である。デネットによれば、この方法は生物学的思考の核心であるという。いったいどういうことだろうか？　それは、**ある電機メーカー（たとえばソニー）の研究開発員がライバル会社（たとえばサムスン）のヒット商品を遡行分析するように、生物学者も、生物の良くできた形質がいったいどのようにして形成されてきたのか、そして一見しただけでは何のためにあるかわからない複雑な構造が実際どのような機能を担っているのかを、その製作者である自然の「意図」を推し量りながらリバースエンジニアリングせねばならない**ということである。そしてデネットによれば、これこそが適応主義的推論に他ならない。

そもそもデネットに言わせれば――これはかなり意表を突く見解だが――「**生物学は工学である**」！　人工物の製作や新製品の開発のためのR＆D（研究開発）の過程において、技術者は何度も試行錯誤を重ね、成功した、あるいは有用であることが証明されたスペックを残し、失敗した、あるいは無用であることが明らかになったスペックを破棄することによって、次第に完成度の高い・高品質の・より洗練された製品へと仕上げていく。それと同様に、自然界における種や形質の進化のプロセスにおいても、自然選択というエージェント（行為主体）――あるいは「母なる自然（Mother Nature）」――は、「ランダムな変異の産出と適者の保存」という名の試行錯誤を重ね、たまたま適応的であった形質を保存し、同時にたまたま不適応となった形質を破棄することによって、次第に適応性の高い種や形質を作りあげていく。もちろん技術者による「意図的な」プランニングの領域と、自然選択による「盲目的な」進化の領域とでは、事態が完全にパラレルであるわけではない。前者の場合技術者は、「こういう製品を開発したい（せねばならない）」という明確な見通しないしは達成目標を掲げて事に当たる。それに対して自然選択のプロセスにおいては、将来に対するいかなる見通しも先見性も存在しない。けれども上に示唆したように、新製品の研究開発のプロセスにおいては目標通りに事が運ぶことはむしろ稀であり、それと同じくらい偶然・試行錯誤・失敗から得た僥倖（セレンディピティ）といった要因によって支配されている。したがってその点においては、製品開発と生物進化とは平行関係にあるといってよいだろう。そしてこうした平行関係をいったん認めれば、生物学の仕事も、すでに完成されたライバル会社の製品を遡行分析したり古代文明の遺跡から発掘された謎の機械装置がいかなる機能を持っていたのかを解明しようとしたりする「人工物解釈学（artifact hermeneutics）」と基本的には変わるところはない、ということが帰結する、というのがデネットの言い分である。

さらにデネットによれば、**このように対象をリバースエンジニアリングする際には、——人工物であれ生物であれ——それが基本的には良く出来ているという最適性仮説をデフォルト仮説として措定する必要がある**。たとえば、ソニーの研究開発員が最近発売されたサムスンの電子機器（プラズマTVやスマートフォンなど）を遡行分析する場合を考えてみよう。彼らは基本的にこのライバル会社の製品が「良く出来ている＝最適に設計されている」という前提に立ってその内部を精査する。すなわち、その機器の内部のあらゆる部品のサイズや配置、メモリの容量、導線の太さに至るまで、それらがそうなっているのには何らかの理由があるはずであり、サムスンは導線の配線一本に至るまで何事も無為には設計しなかったであろうという前提である。そうでなければ——その製品が最適性にはほど遠い凡庸な代物でしかなかったとしたら——、ソニーはわざわざ貴重な時間的・経済的・人的資源を投入してそれを分析しようとはしないだろう。当然、その機器の構成要素のすべてが最適に設計されているとは限らない。ある導線の太さがなぜ〇・二ミリでなくて〇・四ミリになっているのか、その導線のシールド（被覆）の色がなぜ赤色でなくて緑色でなければならないのかという点に関しては、適応的理由は存在しないのかもしれない。しかし、非最適性はあくまで適応的理由がどうしても見いだせない場合の例外的事例と見なされるべきであり、遡行分析にあたってのデフォルトとされるべきではない。

発見法としての適応主義

生物学者による生物の形質の由来や機能の説明においても事情は同じである。一見複雑で何らかの有用な機能を持っていそうに見える形質に遭遇したとき、彼らは「これは単なる自然の偶然のいたずらとは思えない。いったいこれは何のためにあるのだろうか？」と素朴な疑問を抱く。そして、**その進化的起源を探査する糸口をつかむためのいわば「発見法（heuristics）」として、様々な適応仮説を考えてみる**。たとえば、ジョージ・C・ウィリアムズは、なぜヒトは瞬きするとき両目同時にするのだろうか、という問いを立てている（Williams 1992）。一回の瞬きに約五〇ミリセカンドを要するが、原始社会においては、この間に敵の放った矢が数メートルは接近しているかもしれない。もし両目同時でなく、片目ずつ瞬きするような仕組みになっていたら、生存上の危険を避ける上でより有利であったかもしれない。ではなぜ実際には片目ずつでなくて、両目同時に瞬きするようになっているのか？　それはおそらく、そこにトレード・オフ関係が生じるからであろう。すなわち両目同時に瞬きするシステムの方が、片目ずつ交互に瞬きするシステムよりも、より簡単で発生学上のコストが少なくてすむからであろう、と彼は推論を進める。

この推論は典型的な適応主義的思考である。すなわちそれは、これまでほとんど注目されていなかったある特徴に目を向け、それがなぜそうなっているのかについて素朴な疑問を抱き、適応度上の純粋な費用便益計算に基づいて、それに関する何らかの経験的データが利用可能になる以前の段階でなされた思弁的推論に他ならない。けれどもここでウィリアムズは、そうした単なる思弁のみに基づいて、「両目同時瞬きシステムは、片目交互瞬きシステムより適応度は劣るが、発生学的なコストが少ないがゆえに実際に選択されている」と性急に結論づけようとしているわけではない。それでは単なる「まことしやかな物語」で終わってしまう。むしろ**彼はここで、新たな研究課題の可能性を提示しているの**である、とデネットは見る。現在のシステムから片目交互に瞬きするシステムへと移行するためには、目の発生を制御している発生システムにどのような変更が加えられなければならないのか？　あるいはそれを可能にする遺伝子突然変異によって、他の箇所にどのような影響が及ぼされることになるのだろうか？　その影響が有害なものであったとき、それと、瞬きシステムの変更によってもたらされる利益との間に、どれほどのトレード・オフが生じることになるのだろうか？　発見法としての適応主義仮説を立てることで、経験的に探究されるべきこうしたあらたな研究課題が次々と生みだされてくる、というわけである。

さらにデネットによれば、**いくばくかの経験的探求の後に、ある形質を「〜のためのものである」と適応主義的に同定する時点で、すでに最適性仮説が前提条件として入り込んでいる。**「キリンの長い首」という形質を同定した時点で、それは「そのキリンが自らの首の長さを最大限に駆使して高いところにある食物を得る」ということが暗黙のうちに前提されているはずである。キリンの首の長さの適応度を論じながら、当のキリンはその首の長さの効用に気づくことなく相変わらず低いところの食物を探し回っていたかもしれない、と考えている生物学者はいないだろう。同様に、「有毒のマダラチョウの羽根の配色を真似たアゲハチョウの擬態を最大限駆使して捕食者から逃れようとする」という形質を同定したとき、それは「件のアゲハチョウは、この擬態を最大限駆使して捕食者から逃れようとする」ということはすでに前提されている。このことは当然、この擬態という方法が捕食者から逃れるための考え得る限りの最適な方法であるという、より強い意味での最適性仮説を含意しているわけではない。しかし、それが何ら機能を持たない単なる美的な装飾ではなく、捕食の回避という特定の機能の「ための」ものであり（自然は何事をも無駄には為さない）、このチョウは生存闘争においてそれを最大限活用しているはずだという前提は、この形質を同定した時点ですでに織り込み済みである。

人間の「無知」の代償としての適応主義

さらには、もっと根本的な理由も考えられる。**適応主義的推論は、生物世界におけるなぜ（why）の問い――単なるいかに（how）ではなく――に答えるためにも不可欠**なものだといえるかもしれない。次のような素朴な問いから始めよう。もしかしたら、生命の進化の歴史も、究極的にはこの世界を構成しているミクロ物理学レベルの原子・分子の相互作用の歴史に他ならず、ラプラスの魔のような全能の計算能力を備えた存在にとっては、――六五〇〇万年前の予期せぬ隕石の衝突に続く恐竜の絶滅のような――いかなる偶然性や予測不可能性も存在しないとはいえないだろうか？ すなわち、[19]

選択進化のデフォルト条件として必要な遺伝的変異を供給する突然変異、そうした遺伝子型変異が表現型変異へと発現していく個体発生の過程、またこの発生過程における数多の分岐点においてそれが進んでいく道筋に影響を与える生物体内外の環境からのインプット、そしてその表現型発現後に淘汰圧という形で適応進化にとって最も肝要な条件を提供する外的環境との相互作用、等々の諸プロセスも、究極的にはミクロレベルの原子・分子の相互作用に還元され、したがってそうしたレベルの現象を支配しているニュートン力学の基本法則によって未来永劫の出来事に至るまであらかじめ「決定」されているとはいえないだろうか。ただ、われわれ人間はラプラスの魔のような万能の情報解析能力を持たないので、そうした認識にアクセスできないだけなのではないだろうか。

そうであるかもしれないし、そうでないかもしれない。けれども――問題をはぐらかすようで恐縮だが――最低限いえるのは、仮にそのようなミクロレベルの決定論的な記述が私たちに入手可能であったとしても、それは「いかにしてある形質が形成されてきたのか」という歴史的な問い（事実問題）に答えるものではあっても、「なぜそこにあるのが他でもなくその特定の形質でなければならないのか」という、形質の存在理由にかかわるより根本的な問い（権利問題）に解答を与えるものではないということである。[20] 進化の歴史において、ある生物種を取り巻く捕食者・生態学的状況・地質学的状況・気象学的状況・等々からなる、そのときどきに移り変わる環境の中で、実際に当の生物体とそれらの環境条件との間でどのような相互作用が繰り広げられ、その結果としてどのような形質が選択され保存されてきたのかという「物語」は、巨視的な生物学的レベルの視点に立ってはじめて有意味に語りうるものである。ミクロ物理学的な記述レベルにまで下降していけば、確かに記述の精確さや網羅性（取りこぼしのなさ）に関しては格段に向上するであろうが、逆に膨大な情報の洪水に溺れて、レレバントな情報とイレレバントな情報との境界線が曖昧になり、進化の歴史において真に注目に値する事象間の真の因果関係を見失わせることになってしまうだろう。

＊

世界の中でも米国の東半分のみに分布する周期ゼミ（*Magicicada*）には、繁殖サイクル（生活環）が一三年のもの（南部地方に分布するジュウサンネンゼミ）や、繁殖サイクルが一七年のもの（北部地方に分布するジュウシチネンゼミ）がある。これらのセミの発生周期の位相は完璧に同期化されており、同じ地域では一三年または一七年に一度の周期で大発生するが、その間の一二年間または一六年間に孵化する個体はほとんど皆無である（ただし地域が違えば、この位相もずれてくる）。これは世界の他の地域のセミと比べても極めて特異である。ではなぜこの周期セミは、こうした形質を備えているのだろうか？　とりわけ、なぜ彼らはこれほどまでに長い繁殖サイクルを持っているのだろうか？　また、なぜこれらの繁殖サイクルはたまたま素数（1とそれ自身以外の自然数で割りきれない自然数）になっているのだろうか？（この事実のゆえに、それは「素数ゼミ」とも呼ばれる。）これらの「なぜ」の問いに答えるには、おそらくミクロレベルの突然変異や分子間相互作用を支配している物理・化学法則や、これらのセミの祖先と外部環境との間でなされてきた微細レベルの相互作用の全歴史まで参照していては、ラプラスの魔でない限り到底対処しきれないだろう。また、仮にラプラスの魔がそうした説明を与え得たとしても、それは単なるミクロ事象の時間継起的な記述を与えるだけで、なぜこれらのセミがこうした特異な生活環を採用しなければならなかったのかという「権利問題」への本質的な解答にはならないだろう。

これに対して、はじめて見事な適応主義的説明を与えたのがモンティ・ロイドとヘンリー・S・ダイバスである（Lloyd and Dybas 1966a, 1966b）。まず、この周期ゼミが周期を完全に同期化して一三年あるいは一七年に一度に大量発生することは「捕食者飽食（predator satiation）」戦略として説明がつく。つまり「いち、にの、さんっ」と足並みを揃えて、捕食者が食べても食べても食べきれないほど大量発生することにより、残った一定数が確実に繁殖できるよう保証するという戦略である。実際、たまに同期化に失敗して大量発生年から一〜二数年ずれた年に発生する少数のセミがいるが、彼らはたちまちのうちに天敵の餌食となってしまうという。次に、繁殖サイクルがかなり大きな年数でしかも奇数年である点に関しては、以下のように説明される。すなわち、もし周期ゼミの繁殖サイクルが他のより基本的な自然数の倍数となっていたとしたら、たまたまそれらの自然数年を繁殖サイクルに持つ捕食者が出現したときに、周期ゼミは（捕食者飽食戦略があったとしても）かなりの打撃を被ることになるだろう。セミを補食する多くの動物の繁殖サイクルは二年から五年である（Gould 1977）。したがって、仮にセミの繁殖サイクルが一六年だったとしたら、たまたま二年ないし四年の繁殖サイクルを持つ天敵が突然変異によって出現した場合、もしセミとそれら天敵の繁殖サイクルの位相さえ一致すれば、セミはしばらくぶりに地上に姿を表した途端に（食い尽くされることはないにせよ）大きな痛手を被ることになろう。それに対して、たとえば素数の一七年サイクルで繁殖する場合、セミにとって不幸なこうした「偶然の惨事」が生じる可能性は著しく低くなる。すなわち、もし天敵が二年の繁殖サイクルを持つなら、二と一七の最小公倍数である三四年に一度、天敵が四年の繁殖サイクルを持つ場合には同様に六八年に一度しか、そうした惨事は起こらないことになる。それゆえ自然選択は生き残りに有利なこうした繁殖サイクルを持つセミに対して有利に働いてきたに違いない、というのである。

もちろん、このロイドとダイバスの説明はこれだけでは単なる仮説――もしくは“just-so story”――にすぎず、それが実際に経験的に検証されない限りその信頼性は確立されない[21]。しかし、ここでのポイントは、**こうした仮説を立てるところから始めなければ、このいわゆる「素数ゼミ」がなぜそのような形質を持つに至ったのかという問いには、永遠に解答を与えることはできないだろう**、という点である。そしてグールド自身でさえ、一九七九年のルウィントンとの共著論文より以前に出版した著書『ダーウィン以来』の中で、このロイドとダイバスの仮説を強く支持しているのである（Gould 1977）。

*

ステレルニーとグリフィスは『セックス・アンド・デス』の中で、**「大局的なプロセスの説明（robust process explanations）」と「現実の事象継起の説明（actual sequence explanations）」**とを区別し、以下のように述べている。

現実の事象継起の説明とは、我々が住む世界の因果的歴史の詳細を説明するものである。つまり、実際の歴史とそれに近い可能世界の歴史との間の差異を説明するのである。この目的のためには、説明は詳細であればあるほどよいということになる。しかし、これと同じことがすべての説明に当てはまるわけではない。大局的なプロセスの説明に従えば、個々の出来事の帰結は、実際の歴史のある側面に対しては無関係である。例えば、第一次世界大戦の勃発をヨーロッパの政治的分裂に訴えて説明することは大局的なプロセスの説明であり、それによって第一次世界大戦に類する出来事が起こる確率が非常に高かったということが示される。他方、現実の事象継起の説明は、当時の外交戦略と軍事作戦の詳細を明らかにすることで、実際の第一次世界大戦がどのようにして生じたのかを示す。これら二つの説明の目的は同じではない。それゆえ、一方に特有の制約は他方には当てはまらない。とりわけ詳細さは、現実の事象継起の説明には意味を持つが、大局的なプロセスの説明では要点を外すことになる。我々は大局的なプロセスの説明において、第一次世界大戦が起こった可能世界すべてを特徴づけたいのである。そして、それらの可能世界のうちのいくつかでは、イギリスの外務大臣はグレイではないかもしれないので、そうした世界がグレイの言動によって特徴づけられることはないだろう。(Sterelny and Griffiths 1999, 邦訳、八四–八五頁)

すなわち**説明の「詳細さ」ないし「きめの細かさ(fine-grainedness)」は一つの価値ではあるが、それは単純化されたより「きめの粗い(coarse-grained)」説明によって得られる「明快さ」という別の価値を大なり小なり犠牲にしてはじめて得られるもの**である。必要以上に詳細な情報を提供することは、かえって説明の焦点をぼかすことになる。形質の進化の説明においても、事情は同様である。セミの繁殖サイクルが特定の年数になるべく進化したことの説明には、おそらく説明の詳細さ——あるいは説明の「粒度（grain）」――に関する、それに適した固有のレベルというものが存在する。自然選択に訴える説明はこの意味において、ある程度粒度の粗い「大局的なプロセスの説明」なのである。

ここで、ステレルニーとグリフィスも上の引用中で言及している**「可能世界」の概念を用いて、このあたりの事情をさらに敷衍してみよう**。様相論理学の考え方に基づけば、この現実世界で過去から現在にかけて現実に起こった出来事、そしてこれから未来にかけて現実に起こるであろう出来事は、およそ起こりえた／起こりうるであろうあらゆる可能な出来事の集合の中のほんの小さな部分集合にすぎない。現実には起こらなかったが起こる可能性があった出来事Aを考えると――たとえば「六五〇〇万年前に地球に向かって飛来してきた小惑星が地球に衝突することなく通り過ぎた」といったもの など――、それは「この現実世界とは別に、Aが起こった可能世界が存在する」という仕方で表現される（したがってそうした可能世界の中には、現在まで恐竜が繁栄し続けている可能世界も存在することになる）。出来事Aが起こった可能世界とは、「Aが起こった」という命題が真となるような可能世界のことである。あらゆる命題が、ある特定の可能世界において真か偽いずれかの真理値を持つ。したがって、現実世界とは、この現実の世界で起こった／起こっている／起こるであろうあらゆる出来事を記述する命題――その数は当然無限個である――がすべて真となるような、ある一個の可能世界のことだということになる（三浦 1997）。

さて、そうするとたとえば、「昨日（現実にそうであったように）雨が降った」という可能世界群は、「昨日は晴天であった」という可能世界群や、「昨日は大雪であった」という可能世界群等々とともに、全可能世界を構成している。さらには、「昨日雨が降った」という可能世界群の中にはその部分集合として、「昨日雨が降り、かつ（現実にそうであったように）ニューヨークで猟奇的殺人事件が起こった」という可能世界群と並んで、「昨日雨が降り、かつニューヨークで猟奇的殺人事件は起こらなかった」という可能世界群も含まれている。そしてさらには、「昨日雨が降り、かつニューヨークで猟奇的殺人事件が起こった」という可能世界群の中にも、「昨日雨が降り、かつニューヨークで猟奇的殺人事件が起こり、かつ（現実にそうであったように）私は自宅で本を読んでいた」という可能世界群とともに、「昨日雨が降り、かつニューヨークで猟奇的殺人事件が起こり、かつ私は傘をさして外出した」という可能世界群も、その部分集合として含まれている。さて、ここで「私は自宅で本を読んでいた」という出来事が起こった理由を説明したいとしよう（ちなみにここに出てくる「私」は日本在住の日本人であるとする）。そのときおそらく、昨日雨が降ったか降らなかったかという情報はそれを説明する上で有用なものとなるだろうが、ニューヨークで猟奇的殺人事件が起こったか起こらなかったかということは、単に煩瑣なだけの無用な情報にすぎない。したがって、「私は自宅で本を読んでいた」という出来事の説明のためには、「昨日雨が降った」というレベルのきめの粗さの可能世界を引きあいに出せば事足りるのであり、部分集合への分割によるそれ以上きめの細かい特徴づけは、説明の精度をいささかも向上させるものではない、ということになろう。

自然選択による進化の説明においても事情は同じである。「素数ゼミ」の進化に関する上述のロイドとダイバスによる適応主義的説明が実際に正しかったとしよう。そのとき、この説明が「なぜ」の問いに答えうるのは、以下の事情による。すなわち、「これらのセミが素数年の繁殖サイクルを持っている」という可能世界の中で、「これらのセミが素数年の繁殖サイクルを持っており、かつこれらのセミが捕食者による捕食をうまく回避している」というその部分集合の占める割合をPとしよう。「素数年の繁殖サイクルを持つこと」は「セミの適応度が増大する」ための一つの要因（寄与因子）ではあっても、それだけで後者を引き起こすのに十分な条件ではない（素数年の繁殖サイクルを持つセミが他の何らかの事情で捕食されてしまうこともありうる）ので、必ずしもP＝1とはならない。そしてさらに、「これらのセミが素数年でない繁殖サイクルを持っている」という可能世界の中で、「これらのセミが素数年でない繁殖サイクルを持っており、かつこれらのセミが捕食者による捕食をうまく回避している」というその部分集合の占める割合をQとしよう（上と同様な理由で、必ずしもQ＝0というわけではない）。このとき、セミが素数年の繁殖サイクルを持つことと、そのセミのその後の生存繁殖成功度との間に正の相関関係が存在するという事態、すなわち「素数年の繁殖サイクル」という被説明項が適応主義的に説明されるということは、可能世界論の枠組みの中では、P＞Qが成立していることとして理解できる。

さらにここであらたに、「これらのセミは素数年の繁殖サイクルを持っており、かつ（現実にそうであるように）米国東部にのみ分布している」という可能世界と、「これらのセミは素数年の繁殖サイクルを持っており、かつ米国西部にも分布している」という可能世界を考えてみることにする。そして、前者の中でセミが補食の回避に成功している部分集合の割合をX、後者の中でセミが補食の回避に成功している部分集合の割合をYとする。このとき、もし「セミが米国東部に分布しているか西部に分布しているか」という情報が適応度に影響しない偶然的・付帯的な情報に過ぎなかったとすれば、そのときX＝Yが成立していると考えることができる。逆にもしこの情報が適応度に影響するものであったとすれば、そのときX＝Yとはならないことになる。

以上が可能世界の概念を援用した、自然選択による「大局的なプロセスの説明」の特徴づけである。要するにポイントは、詳細さの増大は必ずしも説明の正確さの増大につながるわけではないということである。

＊

デネットは一九八三年に「認知動物行動学における志向システム――『パングロス的パラダイム』を擁護する」と題する、適応主義の意味を考える上で極めて興味深い論文を、*The Behavioral and Brain Sciences* 誌に発表している（Dennett 1983）。ここで彼は、**同じ群れの仲間や戦闘関係にある他の群れの個体に対して手の込んだ高度なコミュニケーション行動を行うベルベットモンキーを、われわれ人間と同様、信念・欲求・意図といった命題的態度（ないし志向性）を操る主体として解釈することは可能か否かという問いを立て、それに対して肯定的な立場から論じている。**たとえば、彼は次のような事例を報告している。ベルベットモンキーのある群れが、他の群れとの縄張り争いにおいて、次第に形勢不利になり陣地を失いつつあった。そのとき、前者の群れに属する一匹のモンキー――仮に「サム」と呼んでおこう――が、「ヒョウが来た」ことを告げる警戒の叫び声をあげた。ベルベットモンキーは通常、ヒョウとかワシとかニシキヘビに対する異なる警戒警報を使い分けており、たとえばヒョウに対する警戒警報を聞くとその仲間はいっせいに藪の中に逃げ込んだりする。しかしこのときは、ヒョウが実際にいたわけではないのに、サムはそうした警戒警報を発したのである。その結果驚くべきことが起こった。味方も敵もあらゆるベルベットモンキーが、ヒョウを恐れて、一斉に藪に逃げ込んでしまったのである。結果として縄張り争いは白紙に戻され、前者の群れは元どおり自陣を奪還することができた。

さて、この事態をどのように解釈したらいいだろうか？ これは単なる偶然の僥倖なのだろうか？ そうではないだろう。サムが、敵を「欺くために」こうした警報を発したという点には、議論の余地はない。仮にベルベットモンキーが、ヒョウの黒黄まだらの体表の視覚刺激やヒョウの体臭の臭覚刺激に対する単なる反射として（先天的な無条件反射であろうと、後天的な条件反射であろうと）「ヒョウが来た」警報を発しているのだとしたら――すなわち、そうした「刺激」を受け取ったときには必ず、そしてそのときに限って、その入力情報が大脳皮質を経由することなく自動処理され、それに対する「反応」としてある一定の警戒警報が発せられているのだとしたら――ヒョウがいないにもかかわらずそうした警報を発するのは、「誤作動」以外にはありえないことになる。したがってこれは「意図的な」行動、しかも敵を欺くための行動だと解釈するのが自然である。この一点からしても、ベルベットモンキーはかなりの「知性」の使い手だといえる。ではサムのこうした行動は、どこまで高度な志向性ないし命題的態度を駆使したものだと考えられるだろうか。

まず一ついえるのは、敵グループのメンバーはサムの警報を、有無をいわさず従うべき一階（first order）の「指令」としてではなく、それを参照して自らの行動を決定すべき「情報」として受け取っている――すなわち彼ら自身が二階の（second order）判断力を行使している――可能性が高いということである。というのは、ベルベットモンキーがある程度の知性の使い手ならば、自分たちがいま陣地をめぐって争っている当の敵方が発した「指令」に、——いま戦闘状態にあるという状況認識も忘れて——一斉に条件反射的に反応してしまうということは考えにくいからである。あるいは、ひょっとしたらサムはさらに高階の、高度な志向性を自在に操っているのかもしれない。たとえば彼は、敵グループのメンバーに、もともとサムのグループの仲間内にのみ「向けられた」指令をたまたま立ち聞きしたと「信じさせる」ことを「企んだ」——つまり当該の情報に対する敵方の信頼性が高まるように、山本勘助（武田信玄の軍師）ばりに何らかの策をめぐらせた——、という可能性は考えられないだろうか？

ここはこの問いに答えを出す場所ではないが、ベルベットモンキーならばそうした可能性はありえない話ではないだろう。実際様々な人工的に設定された状況で比較対照実験を設定することによって、そうした高度な志向性に関する仮説を経験的に検証することができるかもしれない。たとえばこれとは別の文脈であるが、チンパンジーが「心の理論（Theory of Mind）」を持っていることを示したプレマックとウッドルフ（Premack and Woodruff 1978）は、さらに巧妙な実験状況を設定して、チンパンジーが実験室でエサを手に入れるために実験者を「欺く」能力を持っていることを示そうとしている（Woodruff and Premack 1979）。

けれども場合によっては、こうした「志向システム理論」が空振りに終わることもある。たとえばミツバチの例を考えてみよう。ミツバチにおいては、巣の中で死んだハチの死骸はその姉妹のワーカーたちによって直ちに巣外に運びだされる。これを、志向システム理論を用いて、ミツバチたちは死体が巣の衛生上の問題であることを「理解して」おり、あるハチが死んだときワーカーはそれが死んだことを「認識した」上で、それが自分たちの健康を損ねることを「危惧して」、それを直ちに巣の外に運びだそうと「決断した」、というふうに解釈しようとする人がいるかもしれない。けれども実際には、そうした志向的な物語は徒労に終わる。そのような高次の命題的態度をわざわざミツバチに帰属させなくとも、死骸が腐敗していく際に放出されるオレイン酸が、生きた働きバチに、死骸を外部に運びだすという行動を誘発するフェロモンの働きをするという機械論的な事実によって、そうしたハチの行動は十分に説明できてしまうからである。実際、まだ生きている一匹のハチにオレイン酸を少量塗り付けると、ただちに彼女は他のハチによって無理矢理巣外に放逐されてしまうという。これは、志向システムに基づいて「選択された」行動というよりは、むしろ単なる条件反射の類に属するものと解釈した方が自然だろう。

さて、意表を突くのはデネットが、対象物——それが動物であれ人間であれ——の行動を、それがあたかも高度な志向性ないし命題的態度を駆使しているかのように考えることによって説明するという——彼が「志向システム理論」もしくは「志向姿勢（intentional stance）」と呼ぶ——こうした記述のスタンスが、進化生物学における適応主義と同じものだと述べていることである。その類似性の根拠は以下の二点である。第一に、適応主義においてはすでに見たように、生物の形質進化に関する適応仮説が、厳密な検証ないし反証の手段がないにもかかわらず安易に量産されてしまう点が、グールドとルウィントンによって批判された。それと同様志向システム理論——これはデネットによれば心の哲学における「心理主義（mentalism）」に等しい——に関しても、ターゲットとなっている動物や人間がある一定の行動を示すとき、彼らが心の中で何を考えているのかに関する仮説が、検証ないし反証の手段がないままに安易に量産されることが、「徹底的行動主義」を掲げて心理主義を執拗に批判したバラス・F・スキナーによって指摘されている（Skinner 1957, 1974）。第二に、グールドとルウィントンは、適応主義者が適応仮説の案出に夢中になるあまり、自然選択以外の要因——遺伝的浮動とか形質相関とか発生的制約——の果たす役割を過小評価していると批判した。特に彼らは、適応主義者がともすると、形質が現在示している適応価に目を奪われて、それが形成されてきた真の歴史的経緯（歴史的偶然とか外適応）に無頓着であることを批判した。それと同じようにスキナーは、心理主義的な心理学者たちが、信念・欲求・動機・意味・目的といった、外部から第三者的に観察できない非科学的な語彙を用いた行動の説明に夢中になるあまり、その行為者がなぜそういう行動をとるように至ったのかという「強化（reinforcement）」や「条件づけ（conditioning）」の歴史に無頓着であることを指摘しているのである（*ibid.*）。

すなわち、デネットによれば、**グールド＝ルウィントンによる適応主義批判と、スキナーによる心理主義批判に共通しているのは、観察不可能で仮説的な概念を弄して検証・反証不可能な「まことしやかな物語（just-so stories）」を量産することへの戒めと、われわれの眼前に現前するものが実際にこれまでたどってきた歴史性へのまなざしの必要性**である。ただしそれに対して、適応主義を擁護する目的でこの論文を執筆した彼自身は、志向システム理論のそうした弱点を認めつつも、あらゆる仮説的な概念を検証・反証不可能だという嫌疑で研究の現場から放逐してしまうという過度に禁欲主義的な態度を貫けば、科学研究はなんとも無味乾燥で非生産的なものになってしまうだろうと述べている。純粋に観察可能なデータのみに頼って、形質進化の歴史ないしは対象物の行動の条件づけの歴史を再構成することは、ラプラスの魔ではないわれわれ人間にはほとんど不可能な企てであり、したがってそのような方法しか認めないということになれば、科学研究の生産性はガタ落ちになってしまうだろう。むしろ彼にとって「志向システム理論」は、科学的な検証・反証の手続きによって厳密にその真偽が問われるような伝統的な意味での「理論」なのではなく、研究を導くための暫定的な「姿勢(stance)」であり「戦略」なのである、と。

＊

デネットの議論の以上の考察から、私は次のような暫定的な結論を導いておきたい。すなわち、**適応主義的推論とは、ラプラスの魔とは違って有限の認知能力しか持たない人間にとっての代替措置**である。ミクロ物理学レベルのあらゆる情報を参照して、ニュートンの運動法則並みの機械論的・決定論的な厳密さでもって生物世界における進化の方向を予測することは、——たとえそれが原理的には不可能でなかったとしても——有限な情報処理能力しか持たないわれわれ人間にとっては得策ではない。不必要に膨大な情報の「残酷なまでの詳細(gory details)」に溺れてしまうことになりかねないからである。このことは、適応主義的推論は本来的に仮説的な性格を有しているということを意味しているといえるだろう。ここでいう「本来的に仮説的(intrinsically hypothetical)」とは、「あらゆる科学理論はそれが経験的に検証されるまでは仮説である——あるいは決定的な検証というものが存在しない以上、永遠に仮説である」と一般にいわれるときの仮説性とは次元を異にしている。これは、われわれ人間の認知能力の限界に由来する仮説性であり、現時点での科学理論の不完全さに由来する仮説性——したがって将来の科学の進歩によって乗り越えられ消去されうるたぐいの仮説性——では

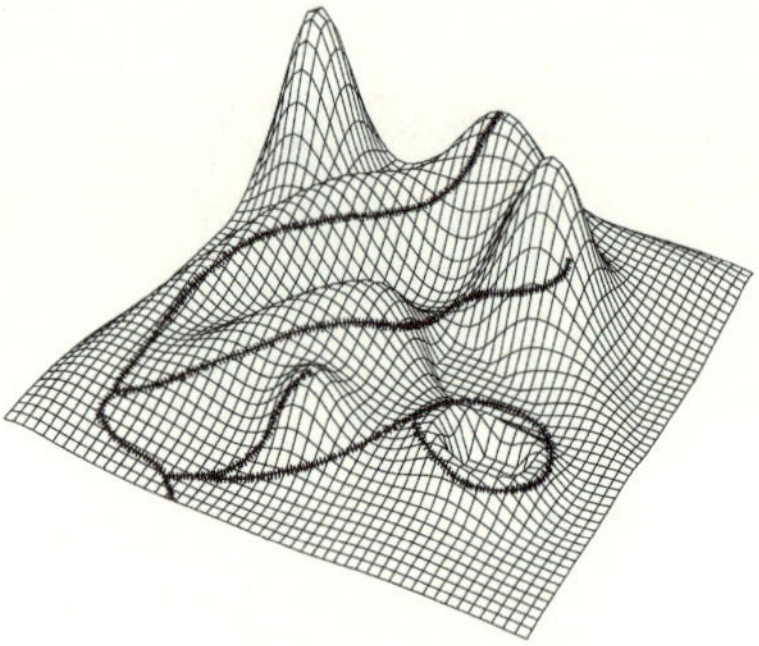

適応度地形

Dennett 1995, p. 258 より転載

ないのである。

適応と内的制約

さて、議論をサンマルコ論文に対するデネットの反論に戻そう。ここまで、適応主義的推論は生物学的思考のデフォルト条件であり、新たな研究方向を示唆する発見法であり、生物界の「なぜ」の問いに答えるために不可欠なものだという、デネットの主張を見てきた。けれどもここでいま一度、すでに検討した「系統的／発生的制約」に関するグールド＝ルウィントンの議論を思い起こす必要がある。たとえ適応主義が、方法論としては代替の効かない重要なものであったとしても、実際の自然の事実としては、当然ながら**あらゆる形質が適応であるわけではない**。なぜわれわれの指は五本であって六本でないのか、なぜわれわれの心臓は胸部左側にあって右側でないのかという点に関しては、おそらく適応的理由は存在しないであろう。そこで以下では本節の終わりまで、この「制約」というものの持つ意味について突っ込んで考えてみたい。

グールドはサンマルコ論文とは別の箇所で、この制約について次のように述べている。「遺伝的な形態や発生学的な道筋などの制約があらゆる変化を方向づけているので、たとえ選択が許容された進路に沿って運動を誘導するとしても、この道筋自体が進化的方向性の主要な決定要因となる」

(Gould 1982, p. 383)。その意味するところは、右のような適応度地形図（図）を用いれば理解しやすい。[22] 多くの（多かれ少なかれ軽率な）適応主義者は、当該の種が現在置かれている地点からその近傍の局所的ピークに至るまでの道筋は自由に選択可能——つまり無限に用意されている可能なルートの中から、自然選択は常に最短ルートを選ぶ——と素朴に考える。しかし実際には、**様々な目に見えない制約に拘束された種の進化は、一定のルートで敷かれた線路の上を進むしかない列車のように、迂遠な経路を選択せざるをえないことが多い。**

　ステレルニーとグリフィスは、これに関して以下のような論点を提供している（Sterelny and Griffiths 1999）。たとえば、グールドがしばしば論じているような、コウモリやクジラといった極めて異なる生活スタイルを持つ動物の間で見られる基本的な構造プラン上の類似性は、確かに適応主義に対する重大な挑戦となる。数億年にわたって、まったく異質な生活環境（すなわち淘汰圧）の下で、こうした類似性が保存されてきたという事実——いわゆる「**型の持続（persistence of type）**」——は、ドーキンスのような適応主義者が重視する複雑かつ精妙な適応の由来と同じくらい注目に値する——そして説明を要求する——現象である。そして、その説明には自然選択は役立たないのである、と。[23]

　さらにステレルニーとグリフィスは、そうした経験的問題と並んで、以下のような興味深い純理論的な問題も指摘している。それは、**実際に実現される見込みのある表現型空間——あるいはデザイン空間——は適応主義者が想定するよりはるかに狭いだろう**、というものである。デザイン空間（design space）とは、単に想像上のものも含めて、およそ考えうる限りのあらゆる可能な表現型を包

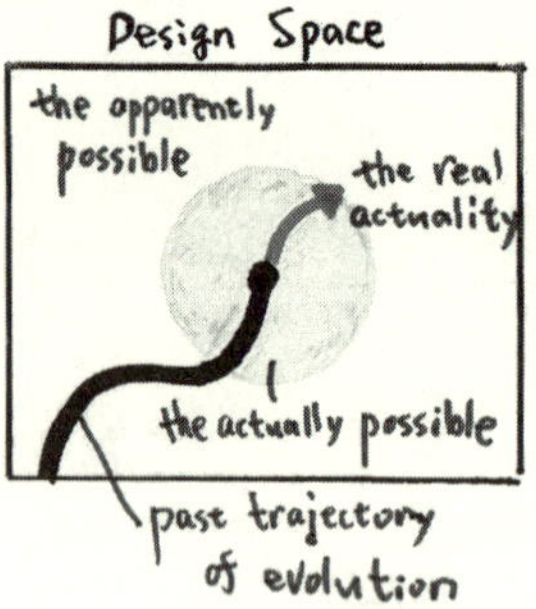

デザイン空間

含する仮想空間（もしくは可能世界）である（上図）。この空間は、「実際に可能なもの（the actually possible）」の領域と「単に見かけ上可能なもの（the apparently possible）」の領域とに分かれる。前者は、当該の表現型のこれまでの進化の軌跡（past trajectory）の延長線上で――微小突然変異の選択と保存によって――現在の地点から「手の届く」比較的限定された領域であり（網掛け部分）、後者はデザイン空間の大半を占める残りの部分である。そして現実の進化における次なるステップによって、この「現実に可能なもの」の領域の中からさらにある一つの可能性だけが選択され実現される（「真の現実性（the real actuality）」）。したがって、たとえば六本足の脊椎動物（あるいは空飛ぶブタ、マシンガンを装備したチョウ）といったものは、「単に見かけ上可能なもの」であったとしても「現実に可能なもの」ではなかった公算が高い。それらは、仮に適応度上有利であったとしても、構造設計学上はじめから不可能なものだろうからである。[24] もしそうであるとすれば、最適化モデル構築の際に検討すべき「表現型集合」の中にそうした空想上の表現型を含めて、たとえば余計な手足を持つことによるコストと利益をわざわざ計算するのは、無駄な営みだということになる。進化生物学にできるのはせいぜい、「現実に可能であった」生物の内のあるものが実際に存在していてあるものが存在していないのはなぜか、ということを説明することぐらいである。こうした洞察は、グールド＝ルウィントンのような構造主義者ばかりでなく、第１章で触れたカウフマンのような自己組織化論者によっても、折に触れて提起されてきたものである。

＊

さて、話を進めよう。内的制約の役割を強調する上記のようなグールドの議論に対して、デネットは、そうした制約の存在を適応主義に対する根本的なアンチテーゼを提起するものだと考える必要は必ずしもない、と主張する。いくら無批判で原理主義的なパングロス主義者といえども、あらゆる生物のあらゆる形質が、いかなる制約を受けることもなく、設計空間内の最善のオプションに最適化されている、などとは考えないだろう。適応主義者が主張しているのは、自然選択は、一定の系統的（歴史的）／発生的（構造的）制約の下で、利用可能な変異の中から最良のものを選ぶということであって、それ以上でも以下でもない。ダーウィンの自然選択説とは、すでに何らかの仕方で変異が与えられているという前提の下で、その中のどれが結果的に選択され維持されていくのかを説明する理論であって、そもそもいかなる仕方でそうした変異が供給されるのかという変異の源泉（突然変異や遺伝の仕組み）の問題はそのスコープの外にある。要するに**「ないものは選べない」**のである。これはダーウィニズムにとっては基本中の基本であろう。したがって、「内的制約そのものが進化的変化の方向性の主要な決定要因となる」というグールドの主張は、まっとうな適応主義者にとってはすでに「想定内」の命題である、と。

たとえば既述のウィリアムズは、一九六六年に『適応と自然選択』という有名な本を書いている。この本は、数式も定量的データも用いず、もっぱら概念的な分析のみに頼って自然選択によって適応が産みだされる条件について透徹した考察を展開し、英米圏の生物学者や生物学の哲学者に多大な影響を与えた。特に彼は、集団レベルの適応に訴える集団選択説（群淘汰説）を手厳しく批判し、そのいわば対案として、対立遺伝子を普遍的な選択の単位と見なす対立遺伝子選択説を打ちだしてドーキンス等に啓示を与えた。

ところでこの本の中でウィリアムズは、あくまで確信的な適応主義者として振る舞っている。つまり彼は、――上述した集団レベルの適応に関する懐疑にもかかわらず――自然選択以外の要因によって有用な機能を持った適応が産みだされるという可能性をはっきりと否定しているのである。つまり彼は、対立遺伝子の視点に立った「汎適応主義者（panadaptationist）」なのである。

しかしその彼でさえ、適応主義的仮説の濫用に対しては、極めて慎重な態度を貫いている。

進化的適応は、不必要に用いられるべきでない特殊で荷の重い（onerous）概念である。ある何らかの効果（effect）は、それが偶然ではなく設計による産物であることが明らかになるまでは、機能（function）と呼ばれるべきではない。[25] そしてその存在が認められたときでも、適応は、証拠によって要求される以上の高次の組織レベルに帰せられるべきでない。（Williams 1966, p. v）

そしてウィリアムズは、以下の三つの制約条件が成立しているときは、たとえ適応に訴えたくなる誘惑に駆られたとしても、それを差し控えるべきであるとする。

（1）低次レベルの基礎的な物理・化学法則を引きあいに出すことで事足りる場合。たとえば、トビウオが滑空後になぜ海面に戻ってくるのかはニュートンの重力の法則で十分に説明がつく。それゆえその説明のために、自然選択によって獲得された、それを実現するための特別な機構の存在を想定する必要はない。

（2）いま注目している効果のための選択がかつて実際に起こったと考えなくとも、すでに存在している適応の（その主要な機能とは異なる）副次的効果として、その説明がつく場合。キツネは大雪が降った後、その手脚を使って積もった雪を取り除き、いつも餌をくすねている鶏小屋に至る小道を再度開拓する。しかしだからといって、この手脚を、雪を掻き分けるための適応だと考える必要はない。あるいは上記との関連で、それを利用する人間の観点からは有用な効果が、それを保持している生物の適応度増大に貢献する固有の機能とはいえないという場合。ビールを発酵させることは必ずしもイースト菌の糖分解酵素の固有の機能ではなく、肥料として有用なグアノ（鳥糞石）の生産は必ずしも海鳥の消化器官の固有の機能ではなく、ガラガラヘビのガラガラ音は必ずしも人間に危険を察知させるための固有の機能ではない、等々。

（3）いま注目している効果が、単に発生プロセスの付随的産物に過ぎない場合。たとえば、なぜ動物の頭蓋は胴体の上に固着しているのかとか、なぜ手足は左右一対の組になっているのかという点に関しては、ことさらそれによってもたらされる適応度の利得について考える必要はない。

要するに、**それだけ適応とは軽々しく用いられるべきでない厄介で荷の重い概念だということを、適応主義者ウィリアムズも十分に自覚していた**ということである。

何を制約とみなすのか?

以上フォローしてきたデネットやグールドの議論から、以下のことがいえそうである。すなわち、**あるものを自然選択の働きを拘束する「制約」と見なすか、あるいはそれを自然選択が現実世界の中で働く際の所与の「前提条件」と見なすかという点には、ある程度の恣意性・規約性が残る。**嵐に遭遇してマストが折れてしまった帆船が応急処置を施して(たとえば水夫が寝るときに使う毛布をつなぎ合わせてその場しのぎの帆をつくり、それを風が一定の方向に吹いているときだけマストに掛けるというような措置を施しつつ)無残な姿で港に帰還したとしよう。この帆船が帰還したときの状態は、およそ「ベストコンディション」からはほど遠いものだと誰もが考えるだろう。けれども船員たちは、「嵐の中でマストが折れてしまった」という最悪ともいえる状況の中で、できる限りの手を尽くし、可能な範囲の中での最善の対処法を編みだして奇跡的に急場を凌いだのである。ならば、この帰還した帆船の状態は最適(optimal)だったと見なすこともできるのではないか、それともあくまでそれは最適には及ばない(less than optimal)ものと見なすべきだろうか? その答はひとえに、「嵐の中でマストが折れた」という状況を、所与の前提条件に含めるか含めないかにかかっている。ある一定の前提条件の下で最適性とはほど遠く見えたものも、前提条件をより広範に採用すると最適に見えてくることもあるのである。

けれども、もしかしたら船員たちは、「嵐の中でマストが折れてしまった」という事態の中で考えうる最善の対処をしたのでなく、逆にそうした事態に際して気が動転してしまい——あるいはそもそも船員としての訓練や知識が未熟で、緊急時に本来取るべき行動を取り損ねた結果——、事態を多少とも悪化させてしまったのかもしれない。もしそうだとしたら、確かにそれは、最適性にはほど遠かったというべきであろう。けれども、仮にそうであったとしても、この船員の未熟さそのものをあらためて前提条件に含めたとしたらどうだろうか？ そのとき、「あの嵐の中でマストが折れてしまい、しかも船員が経験不足だった」という条件にもかかわらず、彼らは「できる範囲で最善を尽くした」とはいえないだろうか（Dennett 1983）。

なんだかデネットの議論の紹介ばかりで恐縮だが、この制約の問題を考える際にとても含蓄深い喩え話を彼がしているので（Dennett 1995）、それを紹介することをお許しいただきたい。デネットはチェスを喩えに引いているのだが、ここでわれわれは、よりなじみの深い将棋に置き換えて話を進めることにしよう。ある将棋名人（上級者）が格下の素人（下級者）相手に将棋を指す場合を考えよう。通常こうした場合、名人は、対局が一方的でなくより伯仲したものとなるように、駒落ちという形のハンディキャップを負う。たとえば「香落ち」とか「角落ち」とか「二枚落ち」（飛車角落ち）といったたぐいである。しかし、それとは別に、次のような変則的なハンディキャップを考えることもできるだろう。すなわち上級者は、対局に先立って手渡された紙にあらかじめ書かれたルールに従って対局を進めるものとする。彼／彼女はその内容を一瞥して頭に入れたら、あとはこの紙を折りたたんで盤の下にしまっておく。対戦者にはその内容は知らされない。この紙には、たとえば次のようなハンデ（＝制約）が書かれていたりする。

王手をかけられて、それ以外の手で王将を守ることができないのでない限り、

(1) 同じ駒を二手連続で動かしてはならない

(2) 対局全体を通して三回までしか、歩兵によって相手の駒を取ってはならない

(3) 角行は、右斜め前方と左斜め後方を結ぶ直線上に沿って自由に動かせるが、左斜め前方と右斜め後方を結ぶ直線上に沿っては動かせない

さて、ここでこうしたハンデを負った上級者と対戦している下級者の置かれた状況に思いをめぐらせてみよう。彼は対戦相手が一定の制約の下でプレイしていることは知っているが、それは彼にとっては「隠れた制約」であり、それが具体的にどのようなものなのかはわからない。では彼はどのような戦法をとればいいのだろうか？　その答は、

(1) 最初は、あたかも対戦相手がいかなるハンデも負っていないかのように想定してプレイする。でなければ痛い目に遭う。（最適性仮説！）

(2) その後、状況証拠から相手の制約が少しずつ明らかになるにつれ、随時自分の戦略を修正していく。

というものとなるはずである。ただし状況証拠を集めるのはそう簡単ではない。たとえば、「相手の角は、左斜め前方には進めないだろう」という仮説をテストするために、場合によっては敢えて自分の持ち駒の一つを、リスクを覚悟で相手の角の左斜め前方に動かしてみるといったことが必要になるだろう。もしこのとき相手がその目の前にぶら下がった餌食に手出しをしなかったとしたら、先の仮説が正しいという蓋然性は高くなる。しかしそれでも、絶対的な真理性が確証されるわけではない。相手も何らかの思惑があって、取れる駒を敢えて取らないという可能性も否定できないからだ。

この喩え話において格下の対戦相手が置かれている状況は、発見法的な仮説の発案とそのテストとの往復運動によって――しかも仮説の真理性の絶対的な基準を持つことなく――自然の隠された真実に試行錯誤的に迫っていかざるを得ない適応主義者の置かれた境遇と、なんと酷似していることだろうか！　もちろん「将棋」と「進化」とでは話の細部が完全にパラレルであるわけではない。たとえば将棋の場合には、ハンデを負った上級者が、大事な局面で制約によって身動きが取れなくなることのないように、あらかじめ先を見越して制約による不自由を回避するような駒の進め方を心がける、ということも可能である。それに対して、自然選択のエージェント（デネットのいう「母なる自然」）は、――パチンコ台を落下する鉄球があちこちに打たれた釘にぶつかってその進路をめまぐるしく変化させるように――その都度行き当たりばったりに制約に遭遇し、必ずしも最適とは限らない仕方でその間隙を縫って進んでいくしかない。それにもかかわらず、この喩え話は、適応主義的推論の本質――とその本性上逃れられない仮説的な性格――について、多くの示唆を与えてくれる。

以上の議論のポイントを簡潔にまとめると、次のようになるだろう。すなわち、何が自然選択の最

適化作用に対する制約とみなされるべきかということは、

(1) 観察者自身のスタンスの取り方——できること（選択）に注目するか、できないこと（制約）に注目するか

(2) 現実に起こった進化史の詳細が観察者にとってどこまで接近可能か——本性上試行錯誤的な方法の持つ限界

といった二重の意味で認知的・主観的な要因に依存している。制約の存在をあまりに軽視し過ぎれば安易な適応主義——尤もらしい物語（just-so story）制作——に陥るが、逆に制約の存在をあまりに重視しすぎると融通の効かない宿命論に陥ることになる。

4 哲学的調停

三種の適応主義

ここまでグールド＝ルウィントンの適応主義批判と、それに対する主としてデネットによる適応主義擁護論を、かなり詳しく検討してきた。では私のような科学哲学者は、この論争をどのように評価することができるだろうか。こうした点で一つの参考になるのが、ピーター・ゴッドフリー＝スミスという生物学の哲学者によってなされた適応主義論争をめぐる論点の整理である。

彼は、「三種の適応主義」と題する論文の中で、それまでの適応主義をめぐる論争の中で互いに混同されて論じられてきた、三つの異なるタイプの適応主義を区分けしている（Godfrey Smith 2001）。それらは、

(1) 経験的適応主義（empirical adaptationism）
(2) 説明的適応主義（explanatory adaptationism）
(3) 方法論的適応主義（methodological adaptationism）

の三つである。

まず(1)の**経験的適応主義**であるが、これは自然選択の力は非常に強力であるので、たいていの進化プロセスは実質的に自然選択のみを考慮に入れれば説明がつく、と主張するものである。つまり、生物界で起こる形質進化においてはほとんど常に自然選択が主要な役割を演じており、遺伝的浮動や形質連鎖や歴史的偶然やスパンドレルなどの非選択的要因の関与は――アプリオリに否定することはできないものの――実質的に無視したとしても、構築されたモデルの説明力に大きな差は生じないであろう。これが「経験的」であるといわれるのは、この主張の真偽が、経験的・実証的な方法によって――つまり観察・実験・仮説形成・モデル構築などの組みあわせによって――原理的にはテスト可能なものとして考えられているからである。カント的な表現を用いれば、これは世界に関する「構成的（konstitutiv）」な主張である。それは世界に関して何らかの述定をするがゆえに、世界に関する事実

によって検証ないし反証可能な主張である。

それに対して(2)の**説明的適応主義**は、脊椎動物の眼やコウモリの反響定位のような、生物界における極めて適応的かつ精緻な構造（ドーキンスの言葉を使えば「見かけ上のデザイン（apparent design）」）の存在を――自然神学やインテリジェント・デザイン論のように知的な設計者を想定することなしに――説明するには、自然選択の形成力に訴える以外に道はない、と主張する立場である。ドーキンスやデネットがこの立場の代表格である。特にドーキンスにとっては、この見かけ上のデザイン――あるいは「適応的な複雑性（adaptive complexity）」――の存在をいかに説明するかということこそが進化生物学者が真に挑戦する価値のある「値千金」の問題であり、それに比べればそれ以外の問題は取るに足らない（Dawkins 1986）。注目に値するのは、この立場は、生物界のあらゆる進化プロセスにおいて常に自然選択が関与しているとは限らない、という点を認めるにやぶさかではないことである。たとえ自然選択の関与が他の要因と比べ頻度としてはむしろ稀なことであったとしても――あるいは、たとえ自然選択の働きがグールド＝ルウィントンの強調するように系統的・発生的に大きな制約を受けていて、むしろそうした制約の方こそが形質変化の主要な決定要因であったとしても――、「見かけ上のデザイン」の由来の説明という最重要の問題の解明に自然選択が不可欠なものである限り、それはいぜんとして進化生物学における中心的な位置を占めうる、というわけである。

翻って(3)の**方法論的適応主義**は、形質進化における自然選択の貢献度に関する経験的主張というよりも、むしろ科学者がどのような方針の下に進化的現象を研究していくべきかに関する発見法的指針である。すなわち、適応主義をデフォルトとして「生物の形質の大部分は適応形質である」という前提で研究を進めていった方が、それとは反対に「生物の形質のほとんどは機能を持たない偶然の産物である」という前提から研究を出発させるよりも、結果的に実りが多いものとなるだろうという、一種の「賭け」ないし「安全策」といえる。カントの表現を用いれば、これは自然界に関する「構成的原理」ではなく、自然を観察する観察者の態度に関する「統制的（regulativ）原理」だということになるだろう。あるいは同じことはデネットの表現を用いると「志向姿勢」ということになろう。

　ゴッドフリー＝スミスによれば、説明的適応主義は、「見かけ上のデザインの由来の説明が進化生物学の最重要の問題である」という哲学的な主張と、「この説明は自然選択によって与えられる」という経験的な主張との混淆物である。そしてまさしくその理由のゆえに、この立場は、**適応主義論争において最も評価が難しく最も議論の分かれる立場**となっている。ドーキンスやデネットのような論者にとっては、前者の哲学的主張は論証以前の自明の理だということになるのかもしれないが、これは必ずしもすべての生物学者に共有されている見解ではない。脊椎動物の眼やコウモリの反響定位システムの由来の説明の方が、たとえばＨＬＡ（ヒト白血球型抗原）における夥しい数の多型の存在の説明よりも、より興味深く重要なものだと考える進化生物学者もいる一方で、逆に、後者のような問題の解明により大きな意義を見いだしている生物学者や医学研究者もいる。そもそも、単なる研究者個人の興味や嗜好を離れて、ある学問分野にとってある問題が「客観的に」最重要だということはできるのだろうか？

　たとえば、こうした嗜好を共有しない典型的な生命科学者の一人として、ゴッドフリー＝スミスも挙げている木村資生がいる。彼の中立進化説は、分子レベルの進化における偶然性の関与を重視したものであり、したがってマクロな表現型レベルの適応的進化は――彼はその存在を否定はしないものの――はじめから木村の興味の中心とはなりえない。以下は木村の『分子進化の中立説』(1983)からの引用である。

多くの人々は私に、――直接的あるいは間接的に――次のように語った。中立的な遺伝子は定義によって適応にはかかわらないのだから、中立説は生物学的に重要でない、と。「進化的ノイズ」という言葉がしばしば、こうした主張を反映して、進化における中立的な対立遺伝子の役割を表現するのに用いられてきた。私は、これはあまりにも狭い了見だと考える。第一に、科学において重要なのは真理の発見である。それゆえ、中立説が科学的仮説として妥当なものであるならば、それに相応しい価値を認められねばならない。(Kimura 1983, p. 325)

要するに木村は、適応的進化を特別視してそれ以外の進化的変化を過小評価するというバイアスのかかった見方を戒めているのである。いずれにせよ、この説明的適応主義は、経験的主張と哲学的主張の混淆物であるがゆえに、その真偽に経験的な方法で決着をつけることは、先の経験的適応主義ほどには簡単ではない。

＊

さて、ここでこれら三種の適応主義の間の相互の関係を考えることはなかなかに興味深い。まず、**経験的適応主義と説明的適応主義の間の関係**についてだが、この二つはあくまで論理的に独立であり、一方を奉じながら他方を退けることは可能である。たとえば、ドーキンスは紛れもない説明的適応主義者であるが、経験的適応主義者ではない。彼の『盲目の時計職人』は、生物界における複雑かつ高度に適応的なデザインの存在が進化生物学の最も重要な問題であること、そしてそれはペイリーの意味での時計職人（＝神）を想定しなくても、ランダムな微小変異が外的な淘汰圧によって方向づけられつつ長時間かけて蓄積していくという累積的選択（cumulative selection）のメカニズム――すなわち「盲目の時計職人」――によって十分説明可能であることを、その中心的な主張としている。けれどもその際ドーキンスは、あらゆる形質の進化は適応的進化であると主張したいわけではない。彼は選択によらない形質進化の存在を認めるのにやぶさかではない。たとえば『盲目の時計職人』の第11章で彼は、ダーウィニズムに対する対抗理論と見なされているものについて、次のように述べている。

いま一度私は、それらが重要な対抗理論ではまったくないということを示そう。私はこれらの「対抗理論」――「中立説」や「突然変異説」等々――が、観察される進化的変化のある部分を説明できるかもしれないしできないかもしれないが、しかしそれらは適応的な進化的変化――すなわち目や耳や肘関節や音響測距（echo-ranging）装置のような、生存のために改良の施された装置を作りあげていく方向への変化――を説明することはできない、ということを（このことは極めて明白なことなのではあるが）示そうと思う。もちろん、進化的変化の多くの部分は非適応的なものかもしれない。そしてその場合、これらの対抗理論は、進化のある特定の部分においておそらく重要な役割を果たすのであろう。けれどもそうした部分は、進化における単なる退屈な部分なのであって、非生命と対比された生命に固有の何物かに関わる部分ではないのである。
(Dawkins 1986, p. 303)

この点を別の角度から考えてみよう。ドーキンスが上記のように、中立説に対して「それはダーウィニズムの対抗理論とはなりえない」という寛容な態度を取ることができるのは、実際のところ、ドーキンスの奉ずる説明的適応主義が中立説の主張と抵触しないからである。中立説の主張は、分子レベルにおける大部分の遺伝的変異は選択にかからない（有利でも不利でもない）、ランダムな突然変異と遺伝的浮動の結果であるというものである。したがってそれは、「あらゆる進化現象には（分子レベルであれ表現型レベルであれ）自然選択が重要な要因として関与している」という経験的適応主義の主張とは明らかに相容れない。従来なされてきた選択論者と中立論者との論争は、こうした次元における見解の対立であったのである。けれども、仮に九九％の分子進化が中立的なものであったとしても、残り一％の選択にかかる分子進化によって表現型レベルにおける見かけ上のデザインの形成が説明できるのであれば、ドーキンスとしては中立説に異を唱える積極的な理由は何もないことになるわけだ。

次に**経験的適応主義と方法論的適応主義との関係**についてであるが、それらもやはり相互に論理的に独立である。すなわち、経験的適応主義を奉じつつ方法論的適応主義を退けることも可能であれば、方法論的適応主義を奉じつつ経験的適応主義を退けることも可能である。G・C・ウィリアムズは、前者の範疇に属する。すでに論じたように、自然選択以外の要因によって有用な機能を持った適応が生みだされるという可能性をはっきりと否定している点で彼はまぎれもない適応主義者であるが、同時に彼の『適応と自然選択』では、どちらかといえば安易な適応仮説の乱発を戒め、どうしても非適応主義的な説明が見つからない場合の最後の手段としてのみ適応主義的説明に訴えるべきだ、というトーンで貫かれている。すなわち彼は、経験的適応主義者であっても、（進化現象の説明のデフォルトとして選択的説明を要求する）方法論的適応主義者ではない。

ちなみに、**グールドとルウィントンが批判のターゲットにしたのは、本来論理的に独立であるはずの経験的適応主義と方法論的適応主義との「悪しき結合」であったと解釈することができる。**適応主義に対する彼らの最大の不満は、それが生物界に関する経験的・実証的事実を語っているような素振りを見せながらも、その実反証不可能であること——すなわちある適応仮説が失敗しても、自然選択による最適化という前提そのものが疑われることなしにすぐさま別の適応仮説が案出されるか、同じ生物個体の異なる部位に位置する形質の最適化戦略との衝突に起因するトレード・オフに解決が求められるか、それでもうまくいかない場合には科学者がいまだその存在に気づいていない何らかの要因による因果的介入（隠れた変数）が引きあいに出されること——にあった。それゆえ、もし適応主義者が、（選択以外の他の要因を実質的に無視するという意味で）普遍主義的かつ排他的な経験的適応主義の主張が帰納的に導かれると標榜しながら、実際には方法論的適応主義の方針に基づき自然選択以外の要因に基づく説明の可能性をアプリオリに排除してしまっている——別の言い方をすれば、方法論的適応主義が偽装されて経験的適応主義としてまかり通っている——としたら、それは論点先取の誇りを免れないことになるだろう。その点で彼らの批判は傾聴に値するものだといえる。

けれども、経験的適応主義が常に、安易な方法論的適応主義の隠れ蓑となるわけではない。それどころか、**経験的適応主義を前提しない方法論的適応主義が、場合によっては生産的な研究の方向性を指示するということもありうる**のである。以下のようなケースを考えてみよう。先に方法論的適応主義は、「生物の形質の大部分は適応形質である」という前提で研究を遂行した方がより生産的だろうという一種の「賭け」だと述べた。けれども、たとえ結果的にこの賭けが外れて、目下研究の対象となっている形質が適応ではないということが経験的に明らかになったとしても、それで方法論的適応主義が「反証」されてしまうわけではない。なぜなら、仮にそのような事態に至ったとしても、それまでの営為が無に帰してしまうわけではなく、むしろ今後どのような方向で研究を進めていくべきかに関する新たな指針を得ることが期待できるかもしれないからである。たとえば、既述の最適化モデルにおいて、馬の足並み（gait）のデザインに関するある表現型変異が他の変異と比べて高い適応度をもたらすと理論的に予測できるにもかかわらず、現実にはそれが集団内で固定されていないとしよう。そのとき「有利な変異は自然選択によって固定される」という最適性仮説そのものを疑ってかかる前に、まずその変異が、馬の脚に関する他の何らかの特徴とトレード・オフの関係になっていないかどうか（例えばダッシュ時により瞬発力の出る足並みは、それだけ骨格に負担がかかるため骨折しやすいなど）、あるいは有利だと考えられた変異の適応度の算出の際に背景環境に関するあまりに単純化された前提を用いていなかったか（地面の硬軟、草地か岩場かといった条件の無視など）、あるいは当該の変異の遺伝率に関してあまりにも単純化された仮定（無性生殖による一〇〇%の遺伝率というような）を立てていないかどうか、あるいはそもそもそうした「最適な」表現型変異は遺伝子型レベルで現実に供給可能なものであったのか（想定された表現型セットに対応する遺伝子型変異がそもそも存在したのか）、等々といった可能性をあらためて検討し直す必要が出てくるだろう。その結果もし、以前の段階では認識されていなかった適応に対する何らかの制約が発見されたり、あるいは何らかの非現実的な――あるいは過度に単純化された――補助仮説が前提されていたことが明らかになったりしたとすれば、それらを考慮に入れてモデルを作り直した上であらためて最適性仮説を検証にかけることが可能となる。すなわち、**最適性仮説の下で導出された理論的予測と現実の経験的データを突きあわせ、その両者の間のずれを把握することによって、最適化モデルの上に課されている現実の（歴史的・発生的・構造的）諸制約が何であるかを知ることができ、より現実的で完成度の高いモデルを鍛え上げていくことができる**わけである。われわれは「一致ではなく、不一致から多くを学ぶ」（Sterelny and Griffiths 1999, p. 239）のである。換言すれば、仮に方法論的適応主義の下である形質を適応主義的に説明するという目論見がさしあたり失敗に終わったとしても――つまり、その限りで経験的適応主義が「反証」されたとしても――、いぜんとして方法論的適応主義を採用し続けることには意味がある、ということになる。

メイナード＝スミスはこうした意味での方法論的適応主義者である。彼が、最適化モデルがテストするのは、「自然は最適化する」という一般原理ではなくて、個々のモデルにおいて採用されている一連の補助仮説の妥当性であると主張していることはすでに見た。つまり彼は、最適性原理それ自体の検証／反証可能性を自ら進んで拒否しているのである。

リサーチプログラムとしての適応主義

ところで読者の中には、こうした議論を聞いて、ラカトシュの「リサーチプログラムの方法論」(Lakatos 1977)を彷彿とされる向きもあるだろう。実際生物学の哲学者の中には、**ラカトシュのアイデアを援用し適応主義を一種のリサーチプログラムと見なすことによって、その「反証不可能性」に関するグールド＝ルウィントンの批判を回避できる**という議論を提起している人々がいる(Maynard Smith 1978; Sober 1993; Sterelny and Griffiths 1999)。ここでまず、簡単にリサーチプログラムについて説明しておこう。ラカトシュのリサーチプログラムの方法論は、科学的変化の合理性をめぐるポパー派とクーンとの論争の産物として生まれた(Lakatos and Musgrave 1970)。ある意味でそれは、以下のようにポパーとクーンの理論の折衷の産物であると言えるが、結果としてラカトシュは、現実の科学の営みにより忠実な、洗練された方法論を提供することができた。彼は科学を記述する基本単位を、ポパーのように個々の命題ないし仮説にではなく、「リサーチプログラム」と呼ばれる組織的構造体(一つの研究伝統)の全体に求め、理論転換をリサーチプログラムの全面的な交代として記述することによって、師のポパーから離れてクーンの「パラダイム」論に歩み寄る。このリサーチプログラムは、プログラムの基本仮説からなる「堅い核(hard core)」と、それを保護する補助仮説群からなる「防御帯(protective belt)」とから構成されている。前者はクーンのパラダイムに相当するもので、プログラム全体がうまく機能している限りこの「堅い核」自体を反証したり修正したりしてはならないという方法論的規則——「否定的発見法」——によって守られている。それゆえ、もしプログラムに対する見かけの反証事例が発生した場合には、「防御帯」にアドホックな付加や修正を施すことによって処理される。しかし他方で彼は、あるリサーチプログラムが新たな現象の予測や説明に継続的に成功しているかどうか——すなわちそれが「前進的（progressive）」な状態にあるか「退行的（degenerative）」な状態にあるか——によってそのリサーチプログラムの生産性・豊饒性を客観的に評価できるとし、それによって異なるリサーチプログラムの優劣の合理的比較も可能になると考えた。この点でラカトシュは、科学の合理性を信じたポパーの立場を継承し、異なるパラダイムの間の「通約不可能性（incommensurability）」を唱えたクーンと一線を画したのである。

たとえば、有名な**アダムズとルヴェリエによる海王星発見のエピソード**を例にして説明してみよう。ニュートン力学の基本原理から算出された天王星の軌道に関する理論的予測と、現実の観察結果との間に不一致——摂動（perturbation）——が見いだされたとき、彼らは（それぞれ独立にではあるが）、それを直ちにニュートン原理という「固い核」に対する反証事例と見なすことはせずに、「太陽系は、すでに知られている惑星で完結している（未知の惑星はこれ以上存在しない）」という、それまで前提されていた補助仮説（「防御帯」）を修正することによって「堅い核」を温存する方向を選んだ。これは、科学の仮説は——ニュートン原理のような基礎的なものといえども——常に反証に対して開かれていなければならず、実際に反証事例に遭遇した場合には直ちに棄却されるべきだというポパーの反証主義の理念からすれば、科学の精神に悖るその場しのぎの応急処置だということになるだろう。けれども彼らは、ニュートン力学というリサーチプログラムがいまだ「前進的」な状態にあると信じ、あえてこうしたアドホックな救済策に訴えてでも当面の危機をやり過ごすことによって、結果的に海王星の発見という歴史的な快挙を成し遂げることができたのである。したがって重要なのは、当のリ

$$O \wedge F \wedge H \wedge P \wedge S \wedge R \rightarrow X$$

$$\neg X$$

$$\neg(O \wedge F \wedge H \wedge P \wedge S \wedge R)$$

$$\downarrow$$

$$\neg O \vee \neg F \vee \neg H \vee \neg P \vee \neg S \vee \neg R$$

O：最適性仮説　F：適応度指標　H：遺伝率の仮定
P：表現型集合　S：状態方程式　R：その他

リサーチプログラムとしての適応主義

サーチプログラムが「前進的」な状態にあるか「退行的」な状態にあるかを見定めることであり、もし前進的であると判断されれば、多少の変則事例に遭遇しても当のプログラムに固執することは非生産的な態度ではない。けれども問題は、あるリサーチプログラムが真に前進的であるか退行的であるかを見極めるのはそれほど容易ではないという点にある。長期的な視点に立ってはじめて——場合によっては歴史家の「後知恵」によってのみ——あるリサーチプログラムが全体として生産的であったかどうかが評価可能となる場合が往々にして存在するのである。そしてこの点にこそ、あるリサーチプログラムの生産性の評価をめぐる、同時代的な文脈における科学論争が勃発する余地があるわけである。

ではこのリサーチプログラム論は、適応主義の問題にどのように適用できるのだろうか。まず適応主義的方法論を採用している研究伝統全体を一つのリサーチプログラムと位置づけ、「自然は形質を最適化する」という最適性仮説（O）をその堅い核と見なすことにする。そして、適応度指標（F）、遺伝率の仮定（H）、表現型集合（P）、状態方程式（S）、その他の補助仮説群（R）からなる最適化モデルを立て、そこから生物の個々の形質に関する検証可能な適応仮説（X）が導出されるとする。さてこのとき、もし仮に仮説Xが経験的データによって反証されたとしても、それは直ちに堅い核である最適性仮説Oそのものの反証を意味するわけではない。前頁の図にあるように、このリサーチプログラム全体をO∧F∧H∧P∧S∧Rという連言として考えたとき、そこから導出された観察可能な命題Xが経験的に反証されたとしても（¬X）、そこから帰結するのはO単独の否定ではなくO∧F∧H∧P∧S∧Rという連言全体の否定であり、さらにそれは¬O∨¬F∨¬H∨¬P∨¬S∨¬Rという否定の選言と等価である。そしてこのことは、FかHかPかSかRのいずれかを修正することによってこうした事態に対処しうることを意味する。要するに、もしこの適応主義リサーチプログラムが全体として前進的・生産的な状態にあると判断されるならば、見かけの反証事例に遭遇しても、防御帯に対する何らかのアドホックな修正を施すことにより堅い核を温存することは、必ずしも科学の精神に悖る非生産的な態度ではないということである(26)。

　こうした態度は、上述したゴッドフリー＝スミスによる適応主義の分類に即してみれば、適応主義を経験的主張としてではなく、方法論的な研究指針として捉えることに相当する。けれどもここで重要なのは、この方法論的適応主義の主張は、すでに述べたように、ある特定の生物集団における具体的な形質の研究に際して適応主義的な方針が有効であるに違いないという一種の「賭け」に他ならないということである。あるリサーチプログラムが真に前進的・生産的なものであるかどうかを、そのリサーチプログラムの内部から、何らかの「決定的実験」のようなものによって確証することはできない。そうした確証は、そのリサーチプログラムによってもたらされた成功事例が長期にわたって蓄積していくことによって、いわば事後的にのみ判定可能な事柄なのである。

　ソーバーは、**骨相学の盛衰**を例に引いてこのあたりの事情について論じている（Sober 1993）。骨相学は、かつて一九世紀にはまともな科学的リサーチプログラムとして機能していた。その「堅い核」は、以下の三つの主要前提からなっていた。

(1) 特定の心理的性質は、脳の特定の部位に局在している。
(2) ある能力や心理的性質を豊富に持てば、それに対応する脳の部位が肥大化する。
(3) 頭蓋骨の凹凸は脳の輪郭を反映している。

そしてこれらの前提から、頭蓋骨の形状を測定すればその人の能力や心理的性質を言い当てることができる、ということが予測される。けれども結局骨相学者たちは、彼らのリサーチプログラムを生産的な研究伝統として軌道に乗せることに失敗した。たとえば彼らは、心理的性質の単位をどのレベルにとるべきかという一種の「粒度問題」についてコンセンサスに達することができなかった。たとえば、「恐怖心」一般が神経学的基礎を持つ性質なのか、それとも個々の対象に対する恐怖心（たとえば蛇への恐怖心や高所に対する恐怖心）それぞれが別個の性質と見なされるべきなのか。そして仮に「恐怖心」一般がその答であったとして、ではそれは脳のどこに局在化されているのか。こうした不一致を克服することができず、経験的・実際的な成果を挙げ損ねたために、結局骨相学のリサーチプログラムは次第に衰退化していき、現在では過去の誤った疑似科学の伝統に位置づけられることになってしまったのである。しかしそれでもやはり、骨相学は、一九世紀の同時代的な文脈の中では、れっきとした科学的なリサーチプログラムであったという事実には変わりはない。天動説が唯一の選択肢であった一五世紀以前の人々が「太陽が地球の周りを回っている」という（いまとなっては）誤った考えをいだいていたという廉で、彼らを非科学的だと非難することができないのと同様に、われわれは、現在の脳科学の観点からは誤っている上記の——少なくとも(2)と(3)の——基本前提を奉じていたからといって、一九世紀の骨相学者を非科学的だと論難することはできないのである。

したがってまた、現在進行中のリサーチプログラムが真に前進的なものであるか否かに関しては、その内部に属している研究者と外部に位置する研究者との間で論争が生じる余地が常に存在することになる。グールドやルウィントンのような適応主義批判者と、ドーキンスやメイナード＝スミスのような適応主義者との間の見解の相違は、こうした観点から理解することができるだろう。個々の形質に関する具体的な適応仮説を作りそれをテストするに先立って、適応主義というリサーチプログラムそれ自体が正しいかどうかをあらかじめ確定しておく必要があるわけではない——それどころか、そもそもそうしたことは多くの場合可能ではない——のである。

第3章……遺伝子の目から見た進化

1　説明的適応主義から利己的遺伝子説へ

前章の最後でわれわれは、適応主義には三種類あること、そして中でも「説明的適応主義」と呼ばれる立場が哲学的にも興味深く、同時に賛否の分かれるものであることを見た。ところでこの立場を奉じているドーキンスは、同時に遺伝子選択論者でもある。すなわち彼は、遺伝子（gene）――より正確には対立遺伝子（allele）――が自然選択の単位[1]であり、「遺伝子の目から進化を見ること（gene's eye view of evolution）」――これがいわゆる「利己的遺伝子」説に他ならない――こそが唯一正しい進化現象の記述法だという立場に立っている。ところで私の見るところ、これら二つは相互に独立な立場ではなく、むしろ緊密に連関しあったものである。まずそのあたりの事情を追ってみよう。

適応的な複雑性とは

説明的適応主義の基本的な主張をいま一度確認しておこう。それは、コウモリの反響定位とか脊椎動物の眼といった、生物の複雑かつ高度に適応的な形質の由来を説明しうるのは、自然選択をおいて他にないという主張であった。ただし、これは必ずしも生物の世界で起こる形質進化はすべて自然選択で説明されるべきだという主張（経験的適応主義）ではなく、あくまで進化生物学者の目を引くような「注目に値する」形質の由来の説明に関する主張であった。以下は、ドーキンスの「普遍的ダーウィニズム」（1983）という論文からの引用である。

私は、「あらゆる進化理論の主要な課題は、適応的な複雑性の説明、すなわちペイリーが造物主の証拠として用いたのと同じ一群の事実の説明にある」というメイナード＝スミス（1969）の考えに同意する。私のような人間は、新ペイリー主義者もしくは「変形されたペイリー主義者」と呼ばれてもいいだろう。われわれは、ペイリーとともに、適応的な複雑性は極めて特殊な種類の説明を要求するという点に同意する。その説明は、ペイリーが説いたような万物のデザイナーに訴えるか、もしくは自然選択のようなデザイナーと等価なものに訴えることとなるだろう。実際に、適応的な複雑性は、生命それ自体の存在を告げるおそらく最良のしるしといっていいだろう。

(Dawkins 1983, p. 404)

第2章でも述べたように、ドーキンスほどの徹底した無神論者で反宗教的な思想家が、よりによって、現代の米国で物議を醸しているインテリジェント・デザイン論とほぼ同趣旨の議論を一八世紀の英国で展開していた自然神学者ウィリアム・ペイリーと、共通の思想的基盤を見いだしているという点は、実に興味深い。

さて、**では「適応的な複雑性」とは何か？**「『適応的な複雑性』とは生物体が持っているような高度に適応的で複雑な形質のことである」というのでは循環的定義に陥ってしまい、「適応的な複雑性」の存在をもって「生命それ自体の存在を告げるおそらく最良のしるし」だということはできなくなる。この問題に対してドーキンスが、『盲目の時計職人』の中で、かなり哲学的な議論の領域に踏み込んで格闘している箇所があるので、それを紹介しておこう（Dawkins 1986, 第1章）。

まず彼は、「複雑性とはそもそも何か」という問いを立てる。そして、それに対して考えられる以下の三つの作業仮説を順に検討し、最終的に三番目のものを当座の目的のために採用するという方向で議論を進める。第一の候補となる作業仮説は、**内部構造が不均質で多くの異質な部分から構成されているものが複雑な対象である**、というものである。プディングはどこで切ってもその内部が均質であるので単純な対象である。それに対して自動車はエンジン、ハンドル、車輪その他多くの異質な部分からできているので複雑な対象である。しかしこの作業仮説では、生物体や人工物に見られるような注目に値する「興味深い」複雑性——適応的な複雑性——を特徴づけることはできない[2]。というのは、たとえばモンブランのような山も、自動車と同じく、その内部は様々な異なる種類の岩や石からできているので、上の基準からすれば複雑な対象だということになってしまうが、実際にはモンブランはいま問題にしているような「適応的な複雑性」を有しているとはいえないからである。

そこで次に彼が検討する第二の作業仮説は、**「複雑な対象とは、それを構成しているミクロな諸部分が単に偶然によって結合することによって、その全体が形成されたということが、およそありそうにないような対象のことである」**（*ibid.*, p. 7）というものである。ややこしい表現だが、どういうことか具体例を用いて説明してみよう。ボーイング747旅客機は高度な適応的複雑性を持った対象である。いま、この旅客機を組みあげるのに必要かつ十分な部品——エンジンや主翼や尾翼や垂直尾翼や様々な計器や座席の一個一個などなど——がどこかの広場に並べられていたとしよう。そこに突然竜巻の一吹きが吹いて、それらの部品がランダムに組みあわさって一つの構造体ができあがったとしよう（ありそうにないような話だがあくまで思考実験として）。このとき、組みあがった構造体が実際に空を飛ぶことのできるような旅客機となる確率は、限りなくゼロに近いといっていいだろう。というのも、これら何百何千という数の部品を互いに結合する場合の数は途方もなく大きなものとなるが——仮に千個の部品を一列に並べるとしたときの順列の数は $1000! = 1000 \times 999 \times 998 \times \cdots\cdots \times 2 \times 1$ となり天文学的である——、それらの中で、実際に飛ぶことのできる旅客機が組みあがる場合の数は、数えるほどしかないだろうからである。したがって、われわれが現に目にしているボーイング747が、竜巻のような盲目的な偶然によって組みあげられるということはほぼあり得ない。もしそれが起こったとすれば、それこそ奇跡である。

しかし残念ながら、この作業仮説もまだ満足のいくものではない。というのは、これでは再び、本当に説明を要しているような意味ある複雑性（旅客機や犬）と、それほど重要でない複雑性（モンブランや月）とを区別することができなくなるからである。モンブランも、それこそ何兆何京……もの数の岩や石や砂粒からできており、それらの間の可能な結合の仕方の天文学的な場合の数の中で、われわれが現に目にしているモンブランを形作っている結合様式は、たった一つにすぎないのである。もしそれらの天文学的な数の結合様式がすべて当確率であるとしたら、再び、いま目の前にあるモンブランが現実に存在しえているということは途方もない奇跡だということになるだろう。それは確率的には、ボーング747が存在していることと同じくらいに――あるいは（その構成要素の数が桁違いに大きいことに鑑みれば）それよりもはるかにずっと――ありそうもない（improbable）ことになってしまうのである。

ではあらためて、モンブランや月の持つ適応的でない複雑性と、旅客機や犬が持つ適応的な複雑性とを、どのように差異化すればよいのだろうか。ここでドーキンスは、次の三つめの作業仮説を提起する。それは、**「適応的でない複雑性」と「適応的な複雑性」との違いは、その対象を構成している要素のユニークな配置が単に事後的に追認される（dentified with hindsight）か、事前に指定される（specified in advance）かの違いである**、というものである。モンブランの場合、われわれが目にしている現在の唯一無二の配置は、それが本質的・内在的に「そうでなければならない」ものとして事前に指定されていたわけではない。現在われわれが目にしている配置は、たまたま歴史的・偶然的にそのように与えられたにすぎないものであり、仮にいまから一〇〇年前に（現実には起こらなかった）大噴火が起こって山の形状や岩石の布置が大きく変わっていたとしても、おそらくその後もわれわれはその山を「モンブラン」と呼び続けただろう。したがって、モンブランの構成要素が現在のような配置を取っていることの「ありそうもなさ（improbability）」は、単に事後的に追認されたものにすぎない。

それに対して、ボーイング７４７の構成要素の配置のユニークさは、単に事後的に追認されたものではない。それはまさに、飛行という機能の遂行のために「それ以外の仕方ではありえない」ような配置として、事前に詳細に指定された——すなわち設計（design）された——ものに他ならない。以上の議論を基にドーキンスは、暫定的に、注目に値する適応的複雑性の存在を以下のように特徴づける。「複雑な対象は、それがランダムな偶然だけで獲得されたという可能性が極めて低い、事前に指定可能な、ある何らかの性質を持っている」(*ibid.*, p. 9)。

では、「適応的な複雑性の本質は、その構成要素の配置の事前に指定（設計）されたユニークさにある」という、こうしたドーキンスの特徴づけははたして妥当なものであろうか？　先にも触れたように、これは**定義として見れば、明らかな循環的定義**であろう。というのも、人工物や生物体に見られる、高度に合目的的な機能を遂行していることがすでにわかっている諸特徴を「適応的な複雑性」の見本としつつ、それが単にありきたりの複雑性ではなく、適応的な複雑性であることの理由を、はじめから「事前の指定」ないしは「設計」という、それ自体適応性の産出との関連が示唆されるような概念を用いて説明しようとしているのだから。

ただし、**この議論を定義ではなくいわば帰納的な特徴づけとしてみるならば、これはなかなか有益な洞察に満ちたものだといえるかもしれない**。当該の「配置のユニークさ」が旅客機のように事前に指定されたものか、モンブランのように事後的に追認されたものに過ぎないかという基準は、見方を変えれば、それらの対象の複雑性の性質の相違を「反事実的条件法」によって説明しうるという可能性を示している。旅客機や生物体の場合、仮にその構成要素の配置が何らかの事情（たとえば組み立て作業上のミスや突然変異）によって事前に指定されたものとは異なる状態になったとすれば、それらはもはや「飛ぶこと」や「生きること」といった、それらがそれらであり続けるために必要な本質的機能を維持できなくなる。つまりそれらはもはや「飛行機」や「生命体」ではないのである。それに対して、モンブランや月の場合、その構成要素の配置が何らかの事情（たとえば噴火や小惑星の衝突）によって現在のものとは異なる状態になったとしても、ある許容された範囲内でなら（その噴火や衝突によって山や星全体が木っ端微塵に砕け散ってしまうようなことがなければ）、いぜんとしてそれらはモンブランや月であり続けられるのである。すなわち、適応的な複雑性とは（現実とは異なる）反事実的な条件の下でその本質が失われてしまうような複雑性のことであり、ありきたりな複雑性とはそうした条件の下でもその本質に何ら変更が生じないような複雑性のことである、ということになるだろう。

累積的選択の概念

さて話を進めよう。ここまでの議論では、ドーキンスは、「適応的な複雑性」を持つ対象として特に人工物と生物体とを区別していない。しかしここから彼は、いよいよ生物体特有の適応性の由来の説明に歩を進める。**鍵となるのは「累積的選択（cumulative selection）」の概念**である。『盲目の時計職人』の第3章の冒頭部で、彼がこの概念について非常に明快な説明を提供している箇所があるので、引用しておこう。

われわれは、生き物があまりにもありそうもない（improbable）もので、あまりにも見事に「デザイン」されているので、それが偶然によって出現するのは不可能だという点を見てきた。では、それはいかにして出現したのだろうか？　その答――すなわちダーウィンの回答――は、単純な始まり――偶然によって出現することが十分に可能なほど単純な原初的実体――からの、一歩一歩の漸進的な変形によって、というものである。段階的な進化のプロセスにおける各段階の変化は、その直前の到達段階から偶然によって起こることが可能なほど十分に単純である。しかし、一連のステップが蓄積されてできた全体は、その最終産物に見られる当初の出発点とは比べものにならない複雑さに鑑みるならば、偶然のプロセスとはまったく異なる何物かである。累積的なプロセスは、ランダム性とは異なった生き残りの原理によって導かれているからである。（*ibid.*, p. 43）

進化的変化の出発点は、それ自体が偶然によって生じうるような単純な実体である。しかしときどきこの実体に偶然による変化が生じ、一連の微小な変化のステップからなる系列が生まれる。このとき、もしこれらのステップが絶えず一定の淘汰圧にさらされており、しかも同時にこの系列のある時点までに獲得された構造の大方は（一〇〇％ではなくとも）保存されるということ――すなわち遺伝可能性（heritability）――を保証するメカニズム、が進化するならば、長い時間をかけて最終的に到達される構造体は、偶然の産物とはまったく異なったものとなる。むしろそれは、――単に事後的に追認さ

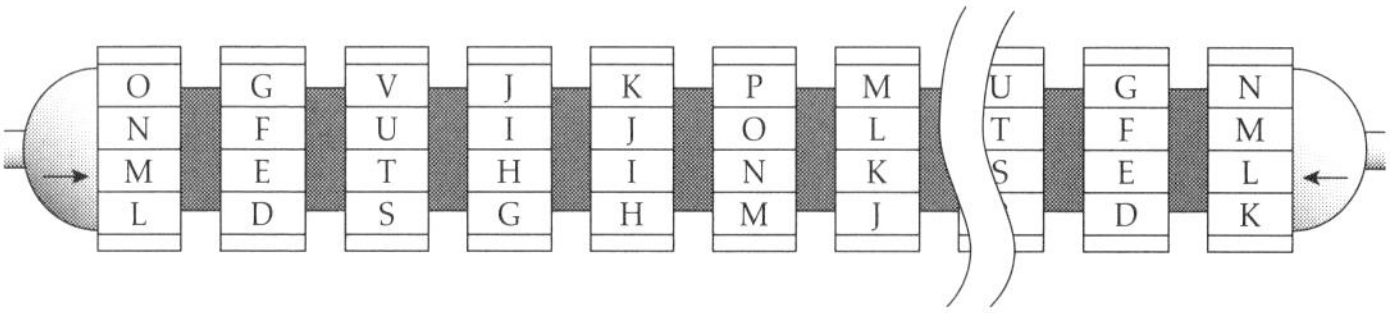

Sterelny and Griffiths 1996, p. 36 の図を元に作成

れるのでなく——事前に「デザインされた」といってもよいほどの、複雑な適応性・機能性を獲得することも可能である。

たとえば、**ダイヤル錠**を例として考えてみよう（*ibid.*; cf. Sober 1993）。いま仮に、二三個のダイヤルが一列に並んでおり、その各々に二六個のアルファベットの文字が刻印されているとしよう。これら各ダイヤルは他のダイヤルと独立に回転させることができる。そして各々の試行の結果、このダイヤル錠の前面に二三個の文字列が現れる（図）。

さて、ここでこの二三個のダイヤルを一斉にランダムに回したときに表示される可能な文字列の数を考えてみよう。各々のダイヤルには二六個の文字が刻まれているのだから、それは二六の二三乗という天文学的な値となる。したがって、もしこれらすべての可能な文字列が等確率で現れるとすれば、すべてのダイヤルをランダムに回転させたとき、たまたまある特定の文字列——たとえば'METHINKSITISLIKEAWEASEL'というもの(3)——が偶然出現する確率は、二六の二三乗分の一という、限りなくゼロに近いものとなる。「単独の」試行を何億、何兆、何京回繰り返したとしても、この特定の文字列が偶然「一挙に」出現する可能性は、いぜんほとんどゼロであろう。

さて、では状況設定を少し変えてみよう。今度は、二三個の文字のどれか一つでも、上記の'METHINKSITISLIKEAWEASEL'というターゲットの該当箇所に一致するものが現れた場合、その情報は「固定」され、その当該のダイヤルはそれ以上回転させることができなくなるとしてみよう。そして、このような状況の下で残りのまだ固定されてないダイヤルを一斉にランダムに回転させるという試行を延々と継続していくとしよう。このとき、このターゲット文字列の二三文字が最終的にすべて固定されるまでに必要な試行回数の期待値は、どれくらいであろうか。なんとそれは、わずか二六なのである！　ある一個のダイヤルがたまたまターゲットと一致する文字を出現させる確率は二六分の一なので、二六回試行を繰り返せばそのダイヤルは固定されるものと期待されるが、二三個のダイヤルの動きは互いに独立なので、たった二六回の試行で二三個すべてのダイヤルが固定される確率が一となるのである。これは、二六の二三乗と比べて、拍子抜けするほど小さな数である。

もちろん、このダイヤル錠の比喩と自然選択による進化とは、そのあらゆる細部において完全に一致するわけではない。たとえば、ダイヤル状の場合最終的に到達されるべきターゲットがあらかじめ固定されシステムに埋め込まれているが、自然選択による進化の場合は、当然そのような終着点が与えられているわけではない。それはそのときそのときの偶然に導かれて進んでいくだけである。ただし淘汰圧という「風」が吹いているので、ただあてもなく漂うのではなく、結果的に特定の方向に進路を取ったように見えるだけである。ダイヤル錠におけるターゲット文字列は、自然選択におけるこの淘汰圧を表現しようとするものではあるが、完全にパラレルなわけではない。「前適応（preadaptation）」という概念がある。これはかつては、母なる自然（あるいは神といってもよいが）が将来の環境の変化を見越してそれに適応した形質をあらかじめ準備しておくといった目的論的な意味あいで用いられていた。しかしそれはその後、単に前の段階で一定の機能を担っていた適応が、環境の変化にともない、次の段階で別の機能を担うべく転用されることとして――つまりグールドの「外適応（exaptation）」と同じ意味で――、機械論的な意味あいで用いられるようになった。ダイヤル状の比喩と自然選択による進化との間の微妙なニュアンスの相違は、この前適応を目的論的な意味あいで理解するか機械論的な意味あいで理解するかという問題と、パラレルであるといえるかもしれない。

いずれにせよ、このダイヤル錠の例の考察から引きだせる教訓は以下のようなものである。脊椎動物の眼のような複雑な適応が、単純で原初的な実体から、ランダムにおこる「たった一回の変形（single-step transformation）」で一挙に形成されるということは、まずありえない（確率的にはゼロではないが、その値は恐ろしく小さい）。けれども、**一定の淘汰圧がある程度長期間にわたって作用している環境の下で、偶然による変形が一定の条件を満たしたとき固定され蓄積されていくメカニズムさえ与えられておれば、そうした複雑な適応が「一歩一歩の漸進的な変化（gradual step-by-step transformation）」によって形成されることは十分に可能である。**

＊

ドーキンスによれば、以上のように考えることによって、いわゆる「**五％の視力の謎**」を解くことも可能となる。五％の視力の謎とはすなわち、われわれ脊椎動物の眼が現在の一〇〇％の機能を獲得するずっと以前の、まだ五％の機能しか獲得していなかった進化の途上で、それはいかなる適応性（生存闘争における競争力）を保持していたのだろうか、という疑問である。というのは、おそらく現在よりもはるかに解像度が低く、薄ぼんやりとしか対象を知覚できず、カラーによる色彩認知機能もなく、おそらく白黒かさもなければ単なる光の明暗くらいしか察知できず、ましてや三次元の立体的な外界認知能力など備えていなかったであろうその原初的な「眼」を保持し続けていることが、厳しい生存闘争を闘っていく上でさして有利に働くとは思われない、という適応主義に対する反論があるからである。自然選択による進化には、ツケは効かない。「今日はお金がないけど月末の給料日にまとめて払うよ」というわけにはいかないのである。すなわち、進化の中間段階の各時点各時点で、他の競合形質に対して、たとえわずかでも何らかの有利性を確保していなければ、その形質の進化はそこで止まってしまう。「現在はこの眼はほとんど使い物にならないけれど、いずれ将来完全な眼が完成したあかつきには途方もない利益が得られるから、それを信じて今日のところは淘汰するのを勘弁してよ」と母なる自然に頼んでも無駄なのである。したがって、「五%の視力」「まだ飛べなかった鳥の祖先の翼」「まだ中途半端にしか木の枝に似ていなかったナナフシの祖先の擬態」といったものがいかなる進化的有利性を保持していたのかという問いは、適応主義者にとっては極めて重大な問題を突きつけている。同時にこれは、創造論者がダーウィニズムを批判する際の定番の論法でもある。

けれども、それに対してドーキンスは、動揺する気配を見せない。彼は基本的に、「**ほとんど使い物にならない五%の視力でも、ないよりはましだ**」という方向で、この問題を処理しようとする。

五%の目しか持っていなかった太古の動物はそれを視覚以外の他の目的に使っていたのだという可能性もないことはないが、私には、五%の視力のためにそれを用いたのだということも少なくともそれと同じくらいにはありそうなことだと思われる。……あなたや私の視力の五％しか使えないような視力といえども、何も見えないのと比べれば十分持つに値するのだ。同様に、一％の視力でも全盲よりは有利なのであり、そして六％の視力は五％よりは良く、七％は六％よりは良く……、というように、以下漸進的で連続的な系列の途上において常にそういったことがいえるのである。（*ibid.*, p. 81）

ところで、こうした小進化の連続的な系列が「盲目の時計職人」によって――すなわちインテリジェント・デザイナーによる設計抜きに――導かれているといえるためには、各々の小変化は偶然によってランダムに起こるものでなければならない。そしてこうしたランダムな変化が途切れることのないひとつながりの系列を形成するためには、それはそこそこ頻繁に起こってくれなければならない。なぜならば、あまりにも頻度が低ければ、遺伝的浮動などの「進化的ノイズ」に掻き消されて――あるいは形質が進化するよりも先に淘汰圧自体が変化してしまって――、形質の進化が継続していかないからである。しかるに、それがそこそこの頻度で起こりうるためには、その変化は微小なものであるほど都合が良い。発生学的な観点からは、変化の相前後する状態の間のギャップが小さければ小さいほど、そのギャップを埋めることのできる突然変異が起こる可能性が高くなるからである。実際この点に関してドーキンスは、盲目状態から完全な眼を持つにいたる累積的進化の系列の途上における、互いに相前後する段階の間の差異が十分に小さいならば、「必要な突然変異はほぼ必ず起こる」（*ibid.*, p. 79）とまで言い切っている。

＊

以上が、ドーキンスの「累積的選択」の論理のあらましである[4]。要するに、適応的な複雑性の由来を説明する説明的適応主義はその論理的前提として――跳躍進化でなく――累積的選択（漸進的進化）のメカニズムを要請し、この累積的選択は遺伝子レベルにおける微少な突然変異の適度な頻度での発生によってはじめて可能なものとなる。したがって、**遺伝子レベルの微小変異こそが、注目に値するあらゆる適応的進化の基礎であり出発点**だということになる。これが、ドーキンス流の適応主義者が必然的に「遺伝子の目から見た進化観」――つまり、自然選択による進化はつまるところ遺伝子進化に他ならないという考え――を採用するに至る内的論理である。これは言い換えれば、**遺伝子こそが自然選択の単位である**ということでもある。つまり、対立遺伝子・遺伝子型・染色体・ゲノム・細胞・個体・集団・種といった様々なレベルの実体からなる生物界の階層構造の中で、真の意味で自然選択が作用する実体は最下層の対立遺伝子のみである、という主張である。

2　対立遺伝子選択説とその批判

前節で私は、ドーキンスが「注目に値する適応的な複雑性の説明には自然選択が不可欠だ」という説明的適応主義の立場から出発して「遺伝子の視点から進化を見る」対立遺伝子選択説（もしくは利己的遺伝子説）の主張に到達する思考経路をたどり直した。けれども、**「遺伝子の目から進化を見る」という表現には若干のあいまいさが残っている。**一つには、それが、「他にもいろいろな見方があるが遺伝子の視点から進化を見ると違った景色が見えますよ」という新たなパースペクティブの提案にとどまっているのか、それとも「いままで個体選択とか集団選択とか様々なレベルで進化が語られてきたが、究極的にはそれらはすべて誤りであり、対立遺伝子選択の立場こそが唯一正しいものである」という排他的かつ普遍的な主張を意図しているのか、という問題がある。さらには――これはドーキンスのみに関わる問題ではないが――、そもそもある実体が「自然選択の単位」であるという、従来その含意は了解済みという暗黙の前提のもとに多用されてきた表現自体が、必ずしも完全に明確であるわけではない、という問題がある。「自然選択においてBよりもAが有利であったためにAが保存されBが淘汰された」という言明は、厳密には何を意味するのだろうか？ 有利であったり不利であったりする実体と、保存されたり淘汰されたりする実体は、常に一致するのだろうか？ また、仮に遺伝子突然変異があらゆる適応的進化の起点であるとして、そのことが「すべての進化は対立遺伝子の利益のための進化である」ということの証明となるのだろうか？

「利己的遺伝子説」とか「遺伝子の目から見た進化」というフレーズは、ドーキンスの魅力的で巧みな語り口や議論運びも相俟って広く人口に膾炙するようになったが、それを口にしているすべての人々が――あるいはひょっとしたらドーキンス自身でさえも――ここに述べたような微妙な問題について必ずしも明晰な概念的理解に到達しているわけではない。本書の残りの部分で私が取り組むのは、まさしくこのような問題である。

あらためて対立遺伝子選択説とは

そこで、この問題をさらに詳しく検討していくために、ドーキンスや彼が依拠しているウィリアムズのいわゆる**「対立遺伝子選択説（genic selectionism）」**[5]**の論理**を、少しく別の角度から見てみよう。

自然選択とは結局のところ対立遺伝子間の生存闘争における対立遺伝子間の選択のことである、という対立遺伝子選択説の考え方は、進化を「遺伝子プールにおける対立遺伝子の頻度変化」として定義する、フィッシャー、ライト、ホールデンらによって二〇世紀の前半に打ち立てられた数理集団遺伝学の理論的枠組みに潜在的にはすでに内在していたものである。こうした考え方を顕在化させ、それを「遺伝子の目から進化を見る」一つの哲学的生命観として打ちだしたのがウィリアムズやドーキンスである。

自然選択による進化は個々の生物個体の世代時間を超えて長期的に継続していく現象である。それゆえドーキンスによれば、選択の単位の名に値する実体——すなわちそうした長期的な現象の受け皿となりうる実体——は、その複製を通じて一個の「系統（lineage）」を形成し、世代を超えてその情報（性質）が連綿と継承されていく「複製子」でなければならない（Dawkins 1976）[6]。そうした複製子どうしの競争において次第に優勢となっていくのは、長寿性（longevity）と多産性（fecundity）と複製の精確さ（copying fidelity）とを兼ね備えた複製子である。すなわち、長寿で壊れにくいことによって多くの複製の機会を持つことができ、ライバルの複製子を圧倒するほど多産であり、かつ複製エラーを最小限にとどめ祖先-子孫系列を形成するのに十分なほど精確にその情報（ないし性質）が複製されるような複製子である。しかるにこうした条件を厳密に満たしうるのは、対立遺伝子をおいて他にない。ゲノムや染色体や遺伝子型などは、(体細胞系列ではせいぜい一世代止まりであるが)生殖細胞系列においてさえ減数分裂のたびごとに分断される永続性を欠いた実体でしかないからである。

確かに、核酸からなる物理的実体としての対立遺伝子(数的同一性を備えたトークンとしての個々の対立遺伝子)それ自体は永続性を持たない。しかし対立遺伝子をそれが有している情報によって定義するならば――すなわち同じ情報を担った多数の対立遺伝子トークンによって共有された性質タイプとしてそれを定義するならば――、それはある一個の生物体の肉体が朽ちるとも複製の系列を通じて半永久的に後世へと継承されていく[7]。したがって、世代を超えた長期的なプロセスとしての進化の結果獲得される利得(すなわち適応形質)を担うことのできる実体は、対立遺伝子をおいて他にないことになる。とすれば、逆に見れば、選択によるあらゆる進化は究極のところ、対立遺伝子の有する何らかの有利/不利な性質のゆえに生じる、対立遺伝子を主体としたものと見なせることになる。これが、ドーキンスが**「能動的な生殖系列複製子(active germ-line replicator)」**の概念によって表現しようとしたことである(Dawkins 1982b)。「能動的」とは、複製子が自らの複製の見込みに影響を与えうる――すなわちそれが有している性質の優劣によってその選択進化の成否が決まる――ということであり、また複製子が「生殖系列」にあるということは、生物個体の死とともに朽ち果てる体細胞遺伝子――「行き止まり複製子(dead-end replicator)」――とは異なり、その情報が世代を超えて継承されていくための必要条件である。かくしてドーキンスにおいては、自然界におけるあらゆる選択過程は、究極的には対立遺伝子が持つ有利/不利な性質の選択に帰着するという、「対立遺伝子選択一元論」とでも呼ぶべき普遍主義的な主張が打ちだされてくるのである。

ボートクルーの比喩

対立遺伝子を選択の単位として見るドーキンスの立場が最も印象的に表現されているのは、おそらく『利己的な遺伝子』のなかで彼が**ボートクルーの選抜の場面**を喩えとして議論している箇所であろう。オックスフォード対ケンブリッジの大学対抗ボートレースに出場するクルーメンバーを、チームコーチが数多の部員の中から選抜するという場面を考えてみよう。ボートレースはバウ・整調手・コックスその他合計九人の共同作業であり、それぞれのポジションにそれを専門とする一群の候補者がいる。コーチはその中から、各ポジションにおいて最良の候補者を選抜してレギュラーメンバーを組まねばならない。そこでコーチは、次のような選抜方法を考案する。毎日、ランダムに編成した試験的なクルーを三組作り、それらを互いに競わせる。こうしたやり方を数週間続けると、レースに勝った強いクルーにはしばしば同一人物が入っていたということがわかってくる。これらの人物は優れた漕手として、レギュラー候補に登録される。他方で、常に弱いクルーに顔を見せている選手はレギュラー候補から外される。けれども、優秀であると折り紙つきの漕手が入っているクルーが、常に連戦連勝というわけではない。ボートレースはあくまで共同作業であるため、強い漕手がたまたま弱い漕手と一緒のクルーに入ってしまえばレースには勝てない。あるいは文句なく強いクルーであっても、たまたま運悪く逆風に見舞われて失速することもある。したがって、優秀な漕手がレースに勝つクルーに入っている可能性が高いというのは、あくまで平均としての話である。こうした比喩を基にして、彼は次のように続ける。

> 漕ぎ手に相当するのが遺伝子である。ボートのそれぞれの位置を争うライバルに相当するのが、一本の染色体上の同一の位置を占める可能性を持った対立遺伝子である。速く漕ぐことは、生存に成功する身体を作りあげることに相当する。風は外部の環境である。交代要員の予備軍は遺伝子プールである。ある一個の身体の生存に関しては、その中のすべての遺伝子は運命共同体である。良い遺伝子が悪い集団に入り、致死的な遺伝子と同じ身体に共存することもしばしばある。その場合、致死的遺伝子が当の身体を若年のうちに殺し、良い遺伝子は他の遺伝子もろとも滅ぼされることになる。けれども、あくまでこれは一個の身体での話であり、その同じ良い遺伝子の複製は致死的遺伝子を持たない他の身体の中で生きながらえる。良い遺伝子のコピーの中には、たまたま悪い遺伝子と同じ身体に同居していたために引きずり落とされるものも多い。あるいはまた、たとえばそれが入っている身体が雷に打たれてしまうといった、他の種類の不運によって滅びるものも多い。**しかし定義によって、運・不運はランダムに起こるものである。したがって、いつも負けの側にいる遺伝子は運が悪いのではない。それは駄目な遺伝子な**

オックスフォード対ケンブリッジ
ボートレース

のだ。（Dawkins 1976, pp. 38–39. 太字強調は筆者による）

すなわち、ある単一の対立遺伝子の適応度は、それが入っている個々の生物個体が示す、生存と繁殖における現実の成功度に常に反映されるわけではない（なぜなら現実には「良い遺伝子」が何らかの偶発的な事情で滅んでしまうこともあるから）。けれども、集団思考（population thinking）によって多数の生物個体を考えるなら、対立遺伝子の適応度はそれら個体の生存・繁殖成功度の平均値（期待値）として定義可能となる。換言すれば、**一個一個の「トークン」としての対立遺伝子ではなく、「タイプ」としての対立遺伝子を考慮に入れることによって、はじめて対立遺伝子の適応度について語りうる**というわけである。

このボートクルーの比喩はなかなか巧みに設定されている。確かに、個体の生存・繁殖成功度は諸々の遺伝子の「共同作業」のたまものであり、個々の対立遺伝子（漕手）は同じ個体の身体（クルー）に属する他の対立遺伝子（同じクルーの他の漕手）と協力（場合によっては反目）しあいながら、表現型発現に関与する（ボートを漕ぐ）ことによって、個体の適応度増大（レースに勝つこと）に貢献している。したがってその限りでは、ある特定の対立遺伝子の貢献が常に自然選択の「目に見える」わけではない。しかしドーキンスは、同時にここで、ある特定の遺伝子座において、ある対立遺伝子の別の対立遺伝子による置換（同じポジションを専門とする漕手間の交代）が起こったとき、そのことによって――それがいかに微小なものであろうとも――個体の生存・繁殖成功度（レースの戦績）に何らかの変化が生じるのであれば、その対立遺伝子を単独で取りだしてその優劣――つまりは適応度——について語ることは正当化されるだろう、という主張をしているのである。この主張は、後述する二〇世紀前半における遺伝的連鎖、多面発現、ポリジーン、エピスタシスといった諸現象の発見により、遺伝子と表現型との関係がかつてメンデルが想定したような単純な一対一対応ではないということが明らかになった後でも、基本的に維持可能なものである。対立遺伝子に適応的進化の因果的起点としての地位を認める彼のこうした考え方は、第1章でも述べたように、**「差異生産者としての遺伝子（genes as difference makers）」**と呼ばれているものである。ドーキンスが「自然選択の単位は遺伝子である」という言い方をするとき彼が念頭に置いているのは、こうした事情に他ならない。けれども本章の後半部では、事態はそれほど単純ではないという点を明らかにしていくことになる。

＊

“お手玉遊び”の遺伝学

さて、二〇世紀の中葉から徐々に広く受け入れられるようになったこうした遺伝子中心的な見方に対しては、比較的早い時期からすでにいくつかの有力な批判が提起されてきた。ここでは、「お手玉遊びの遺伝学」批判と「可視性の嫌疑」という、二つの代表的な批判を簡単に紹介し検討することにし、さらに節をあらためて、「ヘテロ接合体優位」という事例に基づいた、二〇世紀終盤に提起された批判を詳しく検討することにする。

エルンスト・マイアは一九五九年の論文“Where are we?”において、既述のフィッシャー、ライト、ホールデンによって打ち立てられた数理集団遺伝学に見られる遺伝子中心的な思考を、**「お手玉遊びの遺伝学《ビーンバッグ・ジェネティクス》」**と呼んで揶揄した（Mayr 1959）[8]。すなわち、あたかもお手玉を操るかのように「出たり入ったりする遺伝子」の概念を駆使して進化を論ずる当時の集団遺伝学の傾向を批判したわけである。遺伝子選択論者はしばしば、「形質Xが自然選択において有利となるのは、形質Xの基礎にある遺伝子Gが、他の競合する遺伝子よりも優れているからだ」というタイプの、形質間選択を遺伝子間選択に還元するタイプの言明を好む。マイアは特に、このような言明の背後に前提されている、メンデル流の素朴な遺伝子型＝表現型の一対一対応仮説――「形質Xのための遺伝子」という言い回し――を批判のターゲットとしたのである。

　この批判の背景事情として、二〇世紀初頭におけるトマス・モーガンによるショウジョウバエを用いた「染色体の遺伝学」の研究以降、同一の染色体に複数の遺伝子座が位置しているためにメンデルの独立の法則が成り立たないという遺伝的連鎖、ある一つの遺伝子が複数の形質の発現に関与する多面発現、逆に複数の遺伝子が一つの形質の発現に関与するポリジーン、そしてある遺伝子座における遺伝子の効果が他の遺伝子座における遺伝子の効果と非相加的に相互作用し合うエピスタシスといった現象が次々と発見され、素朴なメンデル流の遺伝子型–表現型の一対一対応仮説は、ごく例外的なケースを除きもはや成立しえないものという了解が一般的になったということがある。そして、それとともに「Xの遺伝子（gene for X）」という仕方で、ある特定の表現型Xをコードする遺伝子の存在を単純に前提することの非現実性も広く認識されるようになった。マイアは、こうした現実的状況認識に立って、**当時の集団遺伝学に見られたあまりにも単純化された遺伝子中心主義的思考を批判した**

わけである。

これに対して、後で詳しく取りあげるステレルニーとフィリップ・キッチャーは、上述したドーキンスの「差異生産者としての遺伝子」の概念をさらに精緻化した議論を用いて、以下のように反論を試みている（Sterelny and Kitcher 1988）。彼らによれば、「〜の遺伝子」という言い回しが意味を持つためには、遺伝子（G）と表現型（P）との間に一対一対応が成り立っているという前提は必要ではない。すなわち、もし当該の遺伝子座においてGをその対立遺伝子G^*で置換したことによって、Gがその発現に関与している表現型Pに——たとえそれがいかに微々たるものであろうと——いかほどかの差異を与えることができ、PをP^*に変化させることができたならば、このGをもってして「形質Pの遺伝子」と呼ぶことは正当化されるというわけである。

一般的な因果分析の語彙を用いて、論点を整理してみよう。ある結果Eが複数の原因C_1、C_2、……C_nによって引き起こされている（すなわち$C_1 \wedge C_2 \wedge \cdots \wedge C_n \rightarrow E$が成り立っている）としよう。このとき、ある特定の$C_i$（$1 \leqq i \leqq n$）がEの原因だという言明が許されるためには、必ずしもC_iが単独でEの生起の十分条件となっていなくとも、C_iがEの生起において何らかの重要かつ不可欠な役割を果たしていればよい。話者の興味や問題関心に応じて、他の諸原因を背景に後退させC_iの原因性のみに言及することは許容される。たとえば、うっかり落とした花瓶が割れてしまったという場合、「花瓶が割れた原因は、それを私が落としたことにある」という言明は、この因果関係の説明として十分に機能する。しかしこの場合でも、厳密に考えれば、重力という他の原因がもしなかったとしたら、落とした花瓶が割れることはなかったわけである。けれども通常こうした場合、重力の存在は当然の前提

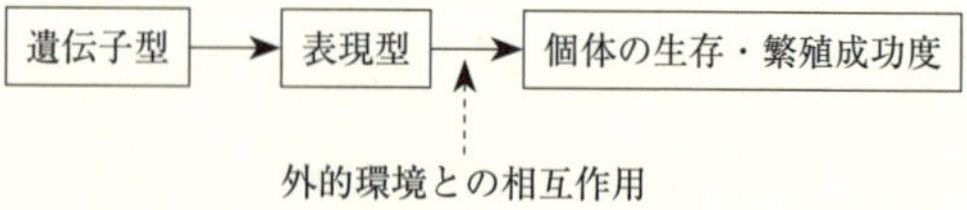

として棚上げし、いちいちその原因性について言及することはしない。言い換えれば、通常の因果関係の語りでは、ある要因が当該の結果を引き起こした原因として言及されうるためには、必ずしもそれ単独で十分な原因になっている必要はなく、単にその結果の生起に一定の寄与をしていればよいのである。ステレルニーとキッチャーが「形質Xの遺伝子」という言い回しが許容されると考えているのは、こうした弱い意味での原因性の理解に基づいてのことである。

可視性の嫌疑

「可視性の嫌疑（visibility charge）」とは、直接的に自然選択の「目に見える（visible）」ような実体こそが選択の単位の名に値するという批判である。ここで「目に見える」とは、外的環境によって課せられる淘汰圧とダイレクトに相互作用するという意味である。この論法を用いて遺伝子選択説を批判する論者たち（Mayr 1963; Gould 1980a）によれば、遺伝子（単一対立遺伝子のみならず遺伝子型まで含めて）はこの観点から見れば、表現型を媒介として間接的にしか外的環境と相互作用しないがゆえに、自然選択の単位とは見なせない。遺伝子型、表現型、個体の生存・繁殖成功度との間の因果連鎖を図示すれば上図のようになる。

ここで、遺伝子型の情報によって表現型が決定され、その表現型が環境と相互作用することによって個体の生存・繁殖成功度（すなわち適応度）が決定される。実線の矢印が因果関係を表している。この図からも読み取れるように、外的環境と直接に相互作用して個体の生存・繁殖成功度を決定するのは表現型であって遺伝子型ではない。遺伝子型は、最終的な結果に間接的な影響しか与えない。すなわち、遺伝子型は自然選択の「目には見えない」。したがって、自然選択の「単位」というものが、直接に外的環境からの淘汰圧が作用するような何物かを意味すべきであるなら、遺伝子型は自然選択の単位とは見なせない。ましてや単一の対立遺伝子はなおさらである。

マイアやグールドによって提起されたこの素朴な議論に対して、より洗練された確率論的な体裁を施すことによって論点を明確化したのが、ロバート・ブランドンによる「スクリーニング・オフ(screening-off 遮断)」の議論である(Brandon 1984)[9]。ブランドンによれば、上に示した図において、表現型レベルの情報によって遺伝子型レベルの情報が「スクリーニング・オフ」される。すなわち、一定の安定した環境の下でいったん表現型が固定されれば、それによってそれ以降の選択過程——そしてその結果としての生存・繁殖の成功/不成功——は一義的に、そして恒久的に決定される。その際、表現型の基礎にある遺伝子型に何かの事情で何らかの変更が生じたとしても、表現型が固定されている限り、それが最終的な個体の生存・繁殖成功度に影響を及ぼすことはない。したがって、遺伝子型(ましてや単一の対立遺伝子)が、生存闘争の繰り広げられている現場——一定の淘汰圧の下で、ライバル個体どうしが、自らの表現型形質の優劣によって「最適者生存」の篩《ふるい》にかけられている最前線——において、直接重要な役回りを演ずるわけではない。そして彼は、この議論に次のような確率論的な体裁を与えたのである。

$$Pr(O_n|G\&P) = Pr(O_n|P) \neq Pr(O_n|G)$$

ここで $Pr(O_n|G\&P)$ は、生物個体が、いま問題となっている遺伝子型Gと表現型Pを持っているという条件の下でnという数の子孫（O_n）を残す条件付き確率（期待値）を表している。同様に $Pr(O_n|P)$ は、生物個体が、Pを持っているという条件の下で O_n を残す条件付き確率を、そして $Pr(O_n|G)$ は、当の個体が、Gを持っているという条件の下で O_n を残す条件付き確率を示している。これによれば、個体の期待される子孫数は、その直接原因としての表現型の情報によって十全に決定される。**間接原因としての遺伝子情報は、それが表現型の発現に関与している限りにおいて間接的に最終結果に影響を与えうるが、いったん表現型の情報が固定されてしまえば、それはいかなる影響も及ぼさない冗長な（redundant）情報に過ぎない。**

このスクリーニング・オフのアイデアを、日常的な分かりやすい例を用いて説明してみよう。いま、A氏がダイヤルしたことによってB氏の電話が鳴り、B氏の電話が鳴ったことによってB氏が受話器を取りあげたとする。この因果連鎖は、上記の自然選択の例にならって、上のように図示できる。

A氏がダイヤルする
B氏の電話が鳴る
B氏が受話器を取る

この場合、B氏が実際に受話器を取りあげるか否かは、B氏の電話が鳴るかどうかという直接原因に完全に依存している。もし仮に、A氏がダイヤルしたにもかかわら

ず、回線のトラブルか何かでB氏の電話が鳴らなかったとしたら、B氏が受話器を取りあげることはなかっただろう。逆に、もし仮に何らかの誤作動によって、A氏がダイヤルしていないにもかかわらずB氏の電話が鳴ったとしたら、B氏は受話器を取っていただろう。したがって、間接原因における変化は必ずしも常に最終結果に反映されるわけではない。換言すれば、遺伝子選択説に対するこの可視性の嫌疑に基づく反論は、因果連鎖を考えるときには必ずしも推移律は成り立たない、という根拠に基づくものだということもできる。

ただし、これに対しても、上記のステレルニーとキッチャーは、以下のような反批判を試みている（Sterelny and Kitcher 1988）。そしてそれは私の見るところ、かなり説得力のあるものである。彼らによれば、表現型Pが固定されているという条件の下でいかに遺伝子型Gを変化させてもそれは期待される子孫数O_nには反映されないという事態が生じうるのは、とりもなおさず、Gの背景環境にすでに一定の「操作」が施されているからに他ならない。なんとなれば、もしG→P（自然選択に関する因果連鎖を示した二七二頁の図の左半分）がいやしくも成り立っているのなら、通常Gにおける変化はPにおける変化を引き起こさずにはおかないからである。それゆえ、この因果関係が一見破綻したように見えるのは、Gにおける変化をちょうど相殺するような操作が、あらかじめGの背景環境に施されていたということに他ならない。つまりこれが意味するのは、Gの因果性が無効となったということではなく、単に、Gの因果性を打ち消すような別の因果性（たとえばH）が同時に作用しているということに過ぎない。上述した電話の例を用いていえば、A氏がダイヤルしたにもかかわらずB氏の電話が鳴らないということが起こりうるためには、回線トラブルのような特殊なハプニングの存在を想定せざるをえない――それを「人為的な操作」と呼ぶか否かは別として――が、この回線トラブル自体がれっきとした別個の因果性の導入なのである。あるいは、喫煙が肺がんの発症を促進する因果的要因であることが事実であったとしても、喫煙者が同時に運動・食事などによって健康に気を配っていれば必ずしも肺がんを発症しない、ということと事情は似ている。

ステレルニーとキッチャーが挙げている次のような生物学的な事例を考えれば、さらに話が分かりやすい。オオシモフリエダシャク（*Biston betularia*）が、暗化の遺伝子（G）を持っているにもかかわらず、何らかの理由で体表が白いままだった（P）ため、工業煤煙で黒く汚染された木の表面で保護色効果が働かず、低い適応度しか持たなかった（O_n）という状況を想定してみよう。この場合、確かにスクリーニング・オフ論者が主張するように、Gが有する適応度を上げる効果が、Pが有する適応度を下げる効果によって完全に「遮断」されたため、最終的にこの蛾の適応度は低いものにとどまった、と解釈することができる。けれども――とステレルニーとキッチャーは論ずる――、Gを持っているにもかかわらずその情報が発現しないという状況が生じるためには、たとえば暗化の遺伝子の発現を抑止する薬品を幼虫にあらかじめ注射しておくといった人為的操作や、個体発生過程における何らかの機能不全といった、Gを打ち消す別個の因果性（H）の存在を想定せざるをえない。けれども、後に詳しく見るように、**「ある遺伝子が持つ生存・繁殖の成否に対する因果的効力は、その遺伝子の背景環境に相対的に決定される」という文脈依存的遺伝子選択説**を提唱しているステレルニー＝キッチャーの立場に立てば、こうした別個の因果性の導入は、それ自体が遺伝子Gの因果的効力の変更に他ならないのである。したがって遺伝子背景環境のこうした恣意的な変更は、遺伝子型Gがもともと有していた因果的効力の有無を考察する際には、不適切な操作である、云々。「原因」と「結果」として光を当てている当の要因だけでなく、その背景環境まで視野に入れて議論せねば因果性の十全な分析はできない、というこのステレルニー＝キッチャーの論点は極めて当を得たものであり、本章の以下の議論でも重要な役割を演じることになる。

3　ヘテロ接合体優位の事例に基づく対立遺伝子選択説批判

さて、ここから先は、前節で挙げた遺伝子選択説に対する三つの批判の中の最後のものである、**ヘテロ接合体優位の事例に基づく反例とそれをめぐる論争**を、少々詳しく検討していきたい。その理由は、この議論をめぐって遺伝子選択論者とその批判者の側とで交わされた応酬には、単に生物学的なモデルの妥当性という生物学的な問題にとどまらず、実在論と規約主義、一元論と多元論、因果性、統計的方法と集団思考、選択モデルの文脈依存性、等々、科学哲学的に実に興味深い問題が含まれているからである。第2章で適応主義の問題を扱ったときにも述べたが、こうした経験的・実証的レベルの研究だけでは決着のつかない概念的問題にこそ、科学哲学的考察の出番があるのである。

ヘテロ接合体優位とは

ヘテロ接合体優位（heterozygote superiority）とは、二つの対立遺伝子（たとえばAとS）を擁した遺伝子座において、ヘテロ接合体（AS）の適応度が、他の二つのホモ接合体（AAとSS）のいずれの適応度よりも高い、というケースを指す。超優性（overdominance）とも呼ばれる。ただしこの場合、この単一の遺伝子座のみにおける遺伝子型のみによって対応する表現型が決定されるという、「一遺伝子座、二対立遺伝子モデル」と呼ばれる比較的単純なモデルを前提している。具体例を挙げた方が話が分かりやすいと思われるので、これに該当するよく知られた例を用いて説明することにしよう。**鎌状赤血球貧血**（**sickle-cell anemia**）と呼ばれる遺伝病がある。これは、赤血球に含まれるヘモグロビンの産生に関与する遺伝子座で起こる点突然変異（一塩基置換）によって異常対立遺伝子が生まれ、それによってヘモグロビンのβ鎖のたった一か所のアミノ酸がグルタミン酸からバリンに置換されるというものである。こうしてできたヘモグロビンSと呼ばれる異常なヘモグロビンによって、赤血球は鎌状あるいは三日月型に変形し柔軟性を失い、毛細血管に詰まって貧血を起こす（図）。これは、サハラ以南のアフリカや地中海沿岸部で特に高い発症率を示す劣性遺伝病で、ホモ接合の患者はときに死に至る重度の貧血を発症するが、ヘテロ接合の患者も軽度の貧血を患う。

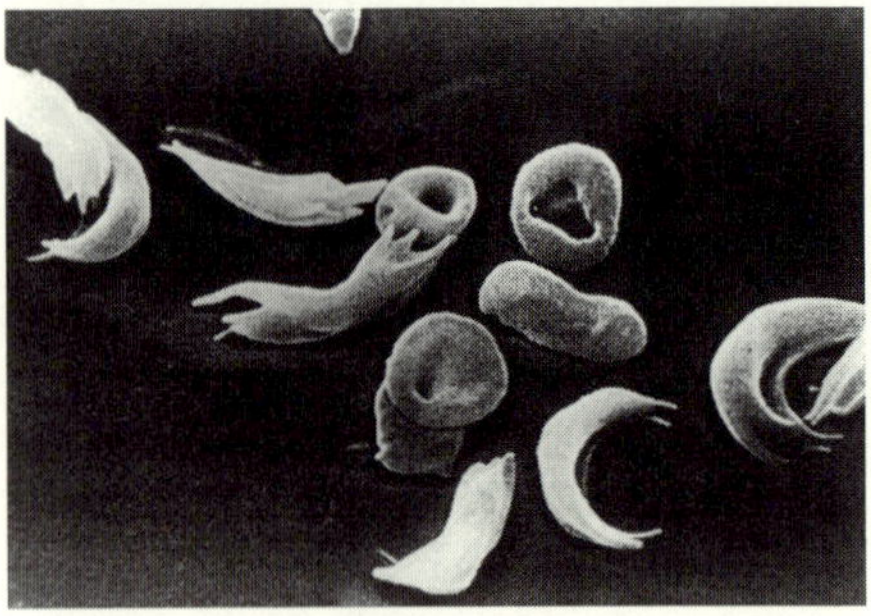

鎌状赤血球

Scanning electron micrograph (SEM) of
the sickled cells caused by Sickle-Cell Anemia.
© Omikron / Science Source

ところが、この鎌状赤血球は同時に、マラリア原虫による血液感染を阻止するという副次的な効果も持っている。というのは、鎌状赤血球は通常の赤血球よりも脆く、マラリア原虫が侵入すると溶血

（破裂）を起こしてその寄生を困難にするからである。その結果、集団の遺伝子プール中の鎌状ヘモグロビン異常遺伝子の頻度が上昇すると、その集団はマラリアに対する一定の耐性を進化させることになる。この病気が上記のようにサハラ以南のアフリカや地中海沿岸地域に多く見られるのは、これらかつてマラリアが流行していた――あるいは現在流行している――地域においては、この異常遺伝子が一定の適応価を保持していることに起因する。以上のことから、この鎌状ヘモグロビン遺伝子Sに関しては、一方でその貧血を誘発する有害な効果のゆえにそれを不利とするような淘汰圧が作用し、他方で（マラリア原虫が生息する地域においては）マラリアの感染を阻止するという有益な効果のゆえにそれを有利とするような淘汰圧が作用することになる。その結果、その二つの相互に独立な淘汰圧の一種の均衡点として、軽度の貧血を患うが同時にある程度のマラリア耐性を獲得するヘテロ接合の人間個体が、最も高い適応度を示すことになるのである。

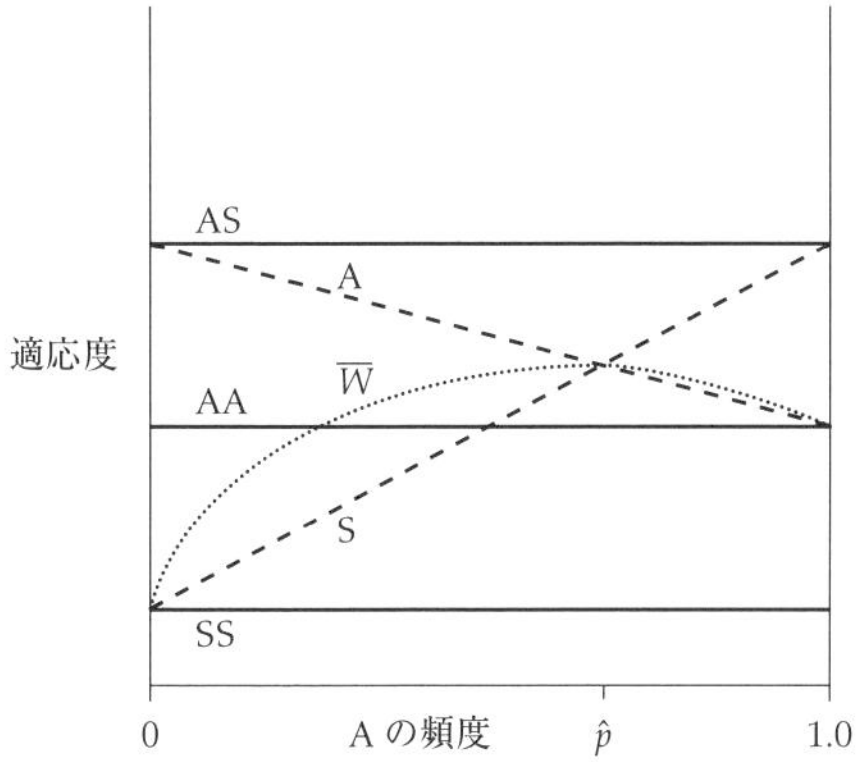

ヘテロ接合体優位

$\overline{W}$ は集団内の個体の適応度平均、$\hat{p}$ は集団が安定的均衡に達するときのAの頻度を表す。

上の図は、ソーバーの『選択の本性』（1984）という本に収められているダイアグラムに手を加えたものである（Sober 1984, p. 180）。これは、正常な対立遺伝子をA、異常対立遺伝子をSとし、マラリア原虫が生息している地域に居住している人間集団において、

Aの頻度（p）の関数として、三種の遺伝子型ならびに二種の対立遺伝子の適応度変化を記述したものである。遺伝子型の適応度に関しては、ヘテロのASが最も高くAS→AA→SSの方向に次第に減少していくが、そのいずれもpの値によらず一定値をとっている。ただしASの適応度が最大であるとはいえ、任意交配を仮定すればAS遺伝子型は次世代にASとAAとSSを二対一対一の割合で算出するので、必ずしも最適のASが固定されるわけではなく、遺伝的多型（genetic polymorphism）が維持される。対立遺伝子に関しては、p＝0のときはAの周囲はSだらけなので、AがSと接合して遺伝子型の中で適応度最大のヘテロASを形成する確率が1となるため、A自身の適応度も高いと想定される（便宜的に、このときのAの適応度をASの適応度と等しいものとする）。pの値が上昇するにつれ、Aの周囲における同じAの頻度が増えてくるので、AはA自身と接合して中間の適応度を持ったホモAAを形成する割合が高くなる。そしてp＝1において、Aが同じAと接合してAAを形成する確率が1となり、A自身の適応度も最低となる（便宜的にこのときのAの適応度をAAの適応度と等しいものとする）。したがってAの適応度は、自らの頻度pの単調減少関数となる。他方でSに関しては、p＝0のときSの周囲はSばかりなので、SがSと接合して遺伝子型の中で適応度最低のホモSSを形成する確率が1となり、したがってS自身の適応度も低いと想定される（便宜的にこのときのSの適応度をSSの適応度と等しいものとする）。pの値が上昇するにつれSがAと接合する割合も増え、p＝1となったとき、SがAと接合して遺伝子型の中で適応度最大のASを形成する確率が1となるため、S自身の適応度も最大となる（便宜的にこのときのSの適応度をASの適応度と等しいものとする）。したがってSの適応度は、Aの頻度pの単調増加関数となる。要するにこのことからわかるのは、**遺伝子型の適応度は**

pによらず一定であるが、対立遺伝子の適応度は頻度依存性を持つということである。

*

このケースをもう少し定量的に分析してみよう。まず、先のソーバーのダイアグラムに示されているように終始一定値を保つ遺伝子型AA、AS、SSの適応度を、それぞれw_1、w_2、w_3とおく（$w_2 > w_1 > w_3$）。そして対立遺伝子A、Sの頻度をそれぞれp、qとおく（ただし$p + q = 1$）。このとき、三つの遺伝子型AA、AS、SSの頻度はそれぞれp^2、$2pq$、q^2となる（$p^2 + 2pq + q^2 = (p + q)^2 = 1$となって正規化されている）。したがって、このシステム全体の集団適応度$\overline{W}$は次のように求められる。

$$\overline{W} = p^2w_1 + 2pqw_2 + q^2w_3$$

ちなみに先に述べた、二つの異なる淘汰圧が作用した結果到達される安定的均衡点は、この$\overline{W}$を最大化するようなAの頻度$p = \hat{p}$として、計算によって求めることができる[10]。

次に、遺伝子型適応度を所与の量として、そこから対立遺伝子AとSの適応度（W_AとW_Sとおく）を求めてみよう。いま、繁殖が行われた一世代後のAとSの頻度をそれぞれp'、q'とおくと（$p' + q' = 1$）、繁殖後のAA、AS、SSの頻度p'^2、$2p'q'$、q'^2と、繁殖前のそれらの頻度との関係は、次のようになる。

$$p'^2 = p^2w_1 \big/ \overline{W}$$

	A	S	AA	AS	SS
繁殖前の頻度	p	q	p^2	$2pq$	q^2
適応度	W_A	W_S	w_1	w_2	w_3
繁殖後の頻度	p'	q'	$\frac{p^2w_1}{\overline{W}}$	$\frac{2pqw_2}{\overline{W}}$	$\frac{q^2w_3}{\overline{W}}$

$$2p'q' = 2pqw_2/\overline{W}$$
$$q'^2 = q^2w_3/\overline{W}$$

つまりこれらは、繁殖前の頻度に各遺伝子型の適応度を乗じ、それを集団全体の適応度で正規化したものとなっている。上の表に、ここまでに得られた量を整理しておく（ただしこの時点では、W_A、W_S、p'、q'は未知数である点に注意）。

同様に、繁殖前後のA、Sの頻度の間にも、次のような関係が成り立っているはずである。

$$p' = p\,W_A/\overline{W}$$
$$q' = q\,W_S/\overline{W}$$

他方でp'とq'は、上の繁殖後の遺伝子型頻度の表式を用いて、次のように変形することができる。

$$p' = p'(p' + q') = p'^2 + p'q' = p^2w_1/\overline{W} + pqw_2/\overline{W} = p(pw_1 + qw_2)/\overline{W}$$
$$q' = q'(p' + q') = p'q' + q'^2 = pqw_2/\overline{W} + q^2w_3/\overline{W} = q(pw_2 + qw_3)/\overline{W}$$

これらを、すぐ上のp'とq'の表式と比較すれば、求めようとしている対立遺伝子適応度は、最終的に以下のようになる。(11)

$$W_A = pw_1 + qw_2$$
$$W_S = pw_2 + qw_3$$

ソーバー＝ルウィントンによる批判

さて、ソーバーとルウィントンは一九八二年に書かれた共著論文「人為的構築物、原因、対立遺伝子選択」において、以上のように議論の場を設定した上で、次のように対立遺伝子選択説を批判する（Sober and Lewontin 1982）。彼らによればこの場合、**選択過程を引き起こしている真の原因は遺伝子型どうしの間の適応度の差異であって、対立遺伝子の頻度変化は遺伝子型頻度変化の付随現象に過ぎない**。確かに上に見たように、対立遺伝子適応度を事後的に計算することは可能であるが、しかしその過程で遺伝子型適応度w_1、w_2、w_3を所与の量として利用せざるを得ない以上、真に自然選択の「目に見える」のは、遺伝子型適応度の差異であって対立遺伝子適応度のそれではない。遺伝子型こそが――既述のように「一遺伝子座、二対立遺伝子」モデルにおいては、これはそれらを所有している人間個体と等価であるが――マラリア原虫が生息する地域において、鎌状赤血球という形質の有利性／不利性に関して、直接環境と相互作用する実体（相互作用子）である。このことは、先のソーバーのダイアグラムにおいて、Aの頻度pが0から1まで変化する間、三つの遺伝子型適応度は一定値を保つが、二つの対立遺伝子適応度は増減するという事実からも読み取れる。ソーバーとルウィントンに言わせれば、「マラリア原虫の生息する環境」という明確にその輪郭が定められた——つまり淘汰圧が一義的に定義された——文脈においてその適応度を変動させるような実体は、環境との安定的な因果的相互作用を担う「自然選択の単位」の名には値しない。むしろ**対立遺伝子適応度は、数学的に導かれた単なる人為的構築物（artifact）にすぎない**[12]。それは、「進化とは、当該集団の遺伝子プールにおける対立遺伝子の頻度変化のことである」という集団遺伝学的な前提了解の下で、集団の状態の遷移を予測したり計算したりするには有用かもしれないが、この選択進化の過程の真の因果関係を記述するものではないのである。

いま一度、上で計算の結果求めた対立遺伝子適応度の表式——$W_A = pw_1 + qw_2$; $W_S = pw_2 + qw_3$——を注意深く眺めてみよう。すると、これらは遺伝子型適応度の重み付け平均であることがわかる。たとえば、$W_A = pw_1 + qw_2$ は、対立遺伝子Aがその部分として入っている二つの遺伝子型（ホモAAとヘテロAS）にわたって、その遺伝子型適応度を重み付け平均したものとなっている。そしてその場合の「重み」とは、それぞれの遺伝子型に当のAと一緒に入っているもう片方の対立遺伝子（AAの場合A、ASの場合S）が、この集団システムに出現する頻度（Aの場合p、Sの場合q）——すなわち、任意交配によって次世代の遺伝子型が再構築されるときに、当該のAがそれらとペアを組むことになる確率——を表している。ソーバーとルウィントンによれば、**この「平均化」という数学的操作こそが、真の因果関係を見失わせるものに他ならない**（彼らはこれを、**「平均化の誤謬（averaging fallacy）」**と呼ぶ。）というのは、AA個体とAS個体は全く別人であり、AA遺伝子型とAS遺伝子型は同じ身体の中に同居することはなく、この両者が直接因果的に相互作用しあうことはないにもかかわらず、この互いに異質な「文脈（context）」にまたがって単に数学的操作によって形式的な平均を取ってみたところで、結果として得られる値が実質的に何か有意味な物理的性質を担っているとは思われないからである。

トークン因果性／性質因果性と文脈依存性

さて、ソーバーはさらに、以上概観したようなルウィントンとの共著論文（1982）で打ちだした実在論的な立場を、（この後に検討する）メイナード＝スミスとの議論の応酬（1987）を踏まえ、『選択の本性』（1984）においてより精緻に展開している。ここではその中でも、「トークン因果性」と「性質因果性」という二つの異なる因果性の区別（Sober 1987, 1984）について、詳しく吟味することにする。後に詳細に検討することになるステレルニーとキッチャーのソーバー批判の妥当性を評価する際に、ソーバーのこの区別が極めて重要になってくるからである。

「トークン因果性」とは単一の対象に関する因果的主張であり、「性質因果性」とは集団に属する多数のメンバーに共有された性質に関する因果的主張である。たとえば、「たけしはヘビースモーカーだから肺がんになっちゃったんだよ」、すなわち「たけしの喫煙の習慣が、彼が肺がんになった原因である」という単称命題で記述される、たけしという単一の対象に関する因果的主張は、トークン因果性に関するものである。それに対して、一般論として「たばこをそんなに吸っていると肺がんになるよ」と語る場合、すなわち「あらゆる喫煙者にとって、喫煙の習慣は彼／彼女の肺がん発症率を高果的主張は、性質因果性に関するものである[13]。

ソーバーによれば、**トークン因果性の主張は文脈依存性と矛盾しないが、性質因果性の主張は文脈依存性とは相容れない。**同じヘビースモーカーでありながら、たけしは肺がんになったが、ひろしは――たとえば、たけしと異なり先天的に癌の罹患率を高める遺伝子(いわゆる「がん遺伝子」)を持っていなかった、などの理由で――肺がんの発症を免れた、ということは十分にありえる話である。同じ「喫煙」という習慣を共有していても、トークン(単一の対象)としてのその個人がたまたま持っている他の習慣や性質によって、最終的に「肺がんの発症」というアウトカムに至るか否かは変わりうるのである。けれども、タイプとして「喫煙」という習慣を共有した多数の個体からなる集団(たとえば日本人の中の喫煙者全体)を考え、そのメンバー上での統計的平均としてがんの発症率を考えた場合、こうした文脈依存性――喫煙以外の偶発的な要因によってもたらされるアウトカムの変動――は相殺されるはずである。日本人の喫煙者の中には、「がんの遺伝子」を先天的に持っている人もいれば持っていない人もいるだろうが、こうした喫煙の習慣以外の要因によるがん罹患率への影響は、理想的には平均化の手続きの過程で相殺されるからである[14]。したがって、いやしくも喫煙の習慣と肺がんの発症とのあいだに実際に因果関係が存在するならば、たとえば「日本人の喫煙者全体」と「日本人の非喫煙者全体」を比較した場合、前者の集団における肺がんの発症率は、後者の集団におけるそれよりも、必ず高くなっていなければならないことになる。

ソーバー vs. メイナード＝スミス

この「性質因果性」が持つ進化理論上の重要性については、すぐ後でまた立ち返ることにするが、ここではちょっと話を遡って、ソーバーがこのような区別を導入した背景事情を確認しておきたい。一九八七年に出版された *The Latest on the Best: Essays on Evolution and Optimality* と題されたジョン・デュプレの編になる論文集[15]において、この適応度の文脈依存性の問題に関してソーバーとメイナード＝スミスとが議論の応酬をしている。最初にメイナード＝スミスがソーバーとルウィントンに突きつけた疑問は次のようなものであった。たとえばオオシモフリエダシャクの工業暗化を例にとると、暗化した蛾の適応度が、産業煤煙により表面が黒く汚染された木に留まっているときには（保護色効果によって）高くなり、白っぽい地衣類によっていぜん表面が覆われている木に留まっているときには低くなるという説明法には、何ら問題はないはずである。けれどもこれは、ソーバー＝ルウィントンの観点からは、暗化した蛾の適応度がその背景環境という「文脈」の相違に応じて変動するという、適応度の文脈依存性の一例だということになるだろう（Sober and Lewontin 1982）。したがって、もしソーバー＝ルウィントンが主張するように、文脈依存的な適応度は真の因果関係を反映していないのだとすると、オオシモフリエダシャクの工業暗化のみならず、選択モデルに立脚したおよそいかなる形質進化の説明も不可能になってしまうだろう、と（Maynard Smith 1987）。

ソーバーが上述の「トークン因果性」と「性質因果性」の区別を最初に持ちだすのは、このメイナード＝スミスの素朴な疑問に対する応答においてである（Sober 1987）。彼は次のように切り返す。一匹の蛾の適応度は、それが置かれている環境に相対的に決まる。これは自明の理である。「文脈依存性」が問題だと言うとき、当然ながらそのような自明の理を問題としているわけではない。そうではなく、**一様に暗化した背景的物理環境を想定した場合においてさえ、暗化という性質の適応度が、文脈に応じて変動するとすれば――つまり暗化した蛾の適応度があるときは高く、他のときには低くなったとすれば――、もはや暗化という性質を一定の因果的効力を持った選択の単位と見なすことはできない**。ただしその場合でも、暗化という形質を持ったトークンとしてのある一匹の蛾の生存・繁殖成功度が、一様に汚染された背景環境に置かれている場合であっても、その個体に同時に共存する他の形質に応じて――あるいはまったくの偶然的な運・不運によって――高くなることもあれば低くなることもある、という意味での文脈依存性であれば、何ら問題とするにはあたらない。上記のたけしとひろしの例と同様、同程度に暗化した蛾AとBがいたとしても、Aは暗化の保護色効果によって無事生き存えることができたが、Bは同じ保護色効果を持っていたにもかかわらず、たまたま先天的に不妊であったため子孫が残せなかった、というようなことは十分に想定内の事態だからである。

それに対して、**暗化の形質をタイプとして捉え、同程度に暗化した多数の蛾の仮想的な集団（統計力学で言うところのアンサンブル）における個体適応度の平均として暗化の形質適応度を定義した場合には、そうした偶発的な事情に起因する文脈依存性はその平均化の過程で相殺される**はずである。したがって、その集団が一定の背景環境に置かれているならば、通常その形質適応度は安定的に一定値を示すはずである。それにもかかわらず、仮にもしそれがいぜん文脈依存性を示していたとしたら――すなわち、暗化した蛾のあるものは適応度が高く、他のものは適応度が低いというようなことが起こったとしたら――、そのときは暗化という形質だけを単独で取りだしてその優劣を論じることはもはや意味をなさなくなる、つまり暗化の形質を単独の選択の単位と見なすことはできなくなる。そしてこのとき、「暗化の形質は汚染された背景環境において、それを有した個体群の適応度に正の因果的貢献をする」という性質因果性の主張が無効となるのである[16]。

具体的にこうしたことが生じうる一つのケースとして、次のような状況を考えることができるかもしれない。たとえば、汚染度一定の背景環境において、「暗化」ではなく「触覚の長さ」に関して同程度の蛾の仮想集団を解き放つという状況を想定してみよう。このとき、この集団内の個体の個体適応度の平均として定義された「触覚の長さの形質適応度」は、大きく文脈依存性を示すことになるだろう。というのは、触覚の長さに関して一様なこの集団が、たまたま暗化した蛾を多く含んでいるかどうかという、目下の状況設定とは無関係な偶然的な事情によって、結果的にこの集団における平均適応度は高くもなるし低くもなるだろうから。したがってこの場合、当該の環境においては、触覚の長さの形質は、それを単独で取りだしてその適応価について論じうる選択の単位とはなっていないということになる[17]。あるいは別のケースとして、この後に詳述することになる「交絡因子」――すなわち、暗化の形質と生存・繁殖成功度の両項と相関を有した第三の因子――が存在している場合が挙げられる。

*

議論がかなり抽象的でわかりづらくなってきたと思われるので、少々別の角度から補足しておくと、いま論じている問題は、**そもそも「適応度」をどのように定義するか**という問題と密接に関連している。適応度は厳密には、集団の性質であって個体の性質ではない。ある形質Tがその保持者の適応度を増大させるという場合、Tを保持している各々の個体が常に、Tを欠いている個体よりも生存・繁殖成功度が高い、ということを意味しているわけではない。適応度上の有利性は、必ずしもある単独のトークン個体の現実の生存・繁殖成功度に反映されるわけではないからである。Tを持っているにもかかわらず、別のZという致死的な形質を持っていたがゆえに子を残す前に死んでしまう個体が存在することは、当然ありうることである。そうではなく、適応度の概念が意味を持つのは、Tを共有した多数の個体のアンサンブルGを仮想的に想定し、それと、Tを欠いた多数の個体のアンサンブルG^*を比較したときに、GのメンバーがG^*のメンバーよりも平均的に生存・繁殖成功度が高いと考えることによってである。すなわち、「適応度」の概念自体にすでに、ソーバーが論じているような性質（タイプ）因果性の考え方が入り込んでいるのである。

さもなければ、あの有名な（悪名高い）「トートロジー問題」によって、自然選択説の反証可能性は地に落ちてしまうことになりかねない。すなわち、「最も適応度の高い個体が生き残る」（survival of the fittest）という自然選択説のコアとなる言明は、もし生物個体の現実の生存・繁殖成功度を追跡調査する以外に適応度の高低を定義する方法がなかったとすれば、結局「生き残る個体は、生き残るべくして生き残るのだ（"Those who are to survive will survive."）――つまり、もともと生き残るのに有利な形質（それが具体的に何かは分からなくとも）を持っている個体が生き残るのである」と主張しているのと同じことになり、経験的内容を欠いたものとなる。この問題を回避するには、適応度を、ある特定の形質Tを共有した集団のメンバーの生存・繁殖成功度の「期待値」として、あくまで集団を参照することによって定義される性質――すなわち「タイプ」――として捉える他はない。(18)

因果関係・相関関係・交絡因子

さて、それでは、先程ペンディングにしてあった問題に立ち返ることにしよう。それは、自然選択による進化モデルの構築の際に特に重要となる、性質因果性と文脈依存性との関係についてである。先程、タイプとして捉えられた性質の適応度が、いぜんとして何らかの理由で文脈依存性を示していたとしたら、そのときもはや、その性質だけに注目してその因果的効力を論じることはできなくなる、すなわち文脈依存性の存在は性質因果性の主張を無効にするという点を、オオシモフリエダシャクの暗化の形質に即して論じた。ここではさらに、そうしたことが起こる一つの可能なメカニズムについて、再び喫煙と肺がんの関係を例に挙げて考えてみることにする。

まず確認しておきたいのは、仮に喫煙の習慣と肺がんの発症とのあいだに事実として因果関係があったとしても（おそらくそれは真実であろうが）、喫煙の習慣を持ったすべての日本人が肺がんに罹るわけではない、という点である。これは確率的因果性（probabilistic causation）のアイデアを用いて、トークン因果性ではなく性質因果性について議論する際には当然の出発点である。したがって、こうした場合、すでに上で導入したように、「たばこを吸っていると肺がんになるよ」という不特定多数の対象に対する非確率的因果性の主張を、「あらゆる日本人にとって、喫煙の習慣は彼／彼女の肺がん発症率を高める」という確率的因果性の形式へと変換して考える必要がある。[19] そして、この**確率的因果性の主張の正否を評価する通常の方法は、その前件（喫煙の習慣）と後件（肺がんの発症）とのあいだに、統計的に正の相関関係があるかどうかを調べるというもの**である。その手続きを概説すると、以下のようになる。
まず、すべての日本人を喫煙者のグループと非喫煙者のグループに分割する。そして各々のグループにおける肺がんの罹患率を調査する。そして、もし喫煙者のグループにおける罹患率が、非喫煙者のグループにおける罹患率よりも高かったとすれば――すなわち、不等式 $Pr(C|S) > Pr(C|{\sim}S)$ が成立していたとすれば[20]――、そのとき喫煙の習慣と肺がんの発症とのあいだには正の相関関係があるという結論が導かれる。

しかしながら、ここで注意しなければならないのは、統計的相関は対称的な関係であり、「AはBと相関している」という言明と「BはAと相関している」という言明とは全く等価であるのに対して[21]、因果関係は非対称的であるということである。一般的に、「AはBの原因である」という因果的主張を確立するためには、

(1) AはBに時間的に先行する
(2) AがBの生起をもたらしたのであって、その逆ではない

という、二つのことを示す必要があるのである。このことは、喫煙の習慣と肺がんの発症とのあいだの単なる相関関係の存在からは、前者が後者の原因であるという非対称的な因果関係の存在は帰結しないということを意味している。つまり**相関関係は因果関係の十分条件ではない**のである。

さらには――これがより重要なのだが――**相関関係は因果関係の必要条件でさえない**。いま、議論

のための仮定として、喫煙者は非喫煙者よりも自分の健康に気を配る傾向が強く、栄養バランスの良い食事や定期的な運動の維持により積極的であるとしてみよう。そして、そうした健康管理の取り組みは、実際に肺がんの発症を防止する効果があるとしよう。上の図がその辺の事情を示している。実線の矢印は因果関係を、点線は相関関係を表しており、また〝＋〟〝－〟の記号はそれぞれ正と負の影響力を示している。このとき、もし喫煙と健康管理（食事や運動）とのあいだに正の相関があるとすると、もともと喫煙と肺がんの間に事実として存在していた正の因果関係が、健康管理と肺がんとの間の負の因果関係によって覆い隠され、結果として喫煙と肺がんとの相関はゼロ、場合によってはマイナスとなる、ということも起こりうるわけである[22]。統計学の言葉を使えば、**喫煙と肺がんとのあいだの因果関係は、健康管理という、喫煙と肺がんの両項と相関を有した「交絡因子（confounding factor）」によって隠蔽されうる**のである[23]。

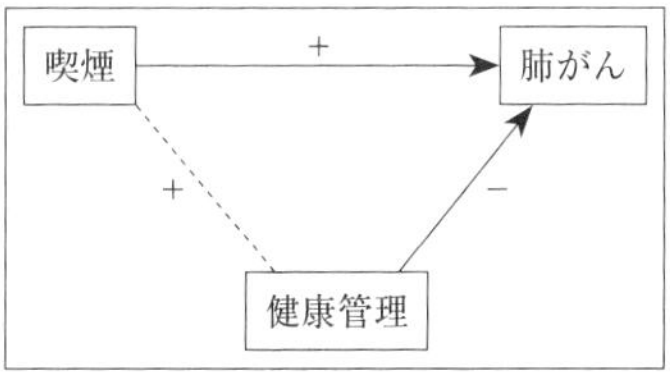

因果関係と相関関係

このような場合、もし喫煙と肺がんとの間に真の因果関係が存在するのかを知りたければ、まずこうした交絡因子を「コントロール」した上で、あらためて両者の間の相関を調べる必要が出てくる。すなわち理論的には、まずすべての日本人を、健康管理をするグループと健康管理をしないグループに分け、その上でその各々のグループにおいて――それをさらに喫煙者からなるサブグループと非喫煙者からなるサブグループに分割しその両者における肺がんの発症率を比較することによって――喫煙と肺がんとの相関の存在を調べる必要がある。そしてもし、この二つのグループのいずれにおいてもそれらの間に正の相関が見いだされたならば、「喫煙の習慣は肺がんの発症率を高める」という因果的主張が確立されたことになる。

ところが、話はここで終わらない。「健康管理」の他にも――ひょっとしたらいまだ気づかれてもいないような――交絡因子が存在するかもしれないからである。たとえば――これもあくまで議論のための仮定だが――、もしかしたら喫煙者は喫煙によるストレス軽減効果によって、非喫煙者よりも病気に対する耐性や抵抗力を高めているかもしれず、その結果喫煙者の中には喫煙の習慣によってむしろ肺がんの発症を免れている人々も存在するかもしれない（「病は気から」という諺もあるように……）。もしそうであるとすれば、われわれはさらに、日本人全体を二の三乗＝八個のサブグループに分割して――すなわち「喫煙者のグループ vs. 非喫煙者のグループ」「健康管理グループ vs. 健康非管理グループ」「喫煙でストレスが軽減されるグループ vs. 喫煙でストレスが軽減されないグループ」という三種の分割の組みあわせのパターンをすべて考慮して――同じ調査を繰り返す必要が出てくる。

こうした手続きは原理的には無限に続きうる。いま、喫煙の習慣と肺がんの発症との両方に相関を持つあらゆる交絡因子をX_i（$i=1, 2, \cdots, n$）で表すことにすると、われわれは理想的には、X_iを持つグループと持たないグループとの分割を重ねあわせることによって生じる2のn乗個のサブグループの各々について、その両者の間の相関の存在を調べねばならないことになる。かくして、因子Cと因子Eとの間の真正の因果関係の有無を判定するための基準を、次のように形式的に定式化することができるだろう。

多数の個体からなる集団において、それら個体の属性である性質Cと性質Eに関して、「Cの存在がEの生起の確率を高める正の因果的要因である」といえるのは、以下のとき、そしてそのときに限られる：

交絡因子X_i（$i = 1, 2, \ldots, n$）をコントロールすることによって得られる「背景的文脈」をH_iとする――すなわちH_iは、集団全体を、X_iを持つ個体のグループとX_iを持たない個体のグループに二分することによって得られるすべてのサブグループから構成されるものとする（$H_i = X_i \cup \neg X_i$）――とき、あらゆるH_iの組みあわせによって生じる2のn乗個の場合のすべてにおいて、CとEとのあいだに負ではない（そして少なくともその中の一つにおいては正の）相関関係が観察されるとき。すなわち、

$$Pr(E|C \& H_1 \& H_2 \& \ldots \& H_n) \geq Pr(E|\neg C \& H_1 \& H_2 \& \ldots \& H_n)$$

が成り立っているとき。

けれども、あらゆるH_iを探索することは現実的には不可能である。その点に鑑みて、ソーバーは、上記の基準を以下のようなより現実的なものへと緩和する。

原因となる因子は、結果が生起する確率を、少なくとも一つの背景的文脈において増大させねばならず、いかなる背景的文脈においてもそれを減少させてはならない。（Sober 1984, p. 294）

この緩和された基準は、次のことを意味している。トークン因果性の場合と異なり、性質因果性が問題となる局面においては、交絡因子の存在のゆえに、原因Cは、常に安定して結果Eを惹起するとは限らない。すなわち、交絡因子が存在しない文脈ではCがEを惹起させるが、交絡因子が存在する文脈においてはCの存在が逆にEの惹起を妨げる、ということが起こりうる。けれども、もしほんとうにCはEを惹起させる正の因果的効力を有しているといえるのなら、考え得る限りのあらゆる交絡因子を「コントロール」し終わった理想的な文脈を想定した場合には、たとえその中のすべてにおいて常にCがEを惹起させるとは限らないとしても、少なくともその中の一つにおいては実際にCがEを惹起させるとともに、いかなる文脈においてもCの存在ゆえにEの惹起が妨げられるというようなことはあってはならない。

因果一様性の原理

以上の認識を踏まえてソーバーは、『選択の本性』の中で、適応度の文脈依存性に関する次のような一般的な定式を提起する。

ある特定の遺伝子座におけるある所与の遺伝子のための選択が存在するということは、その遺伝子を所有していることが生存と繁殖における正の因果的要因となっているということである。このことはさらに、その対立遺伝子がいかなる文脈においても適応度を減じることがあってはならず、少なくとも一つの文脈において適応度を上げねばならない、ということを要求している。

(Sober 1984, p. 302)

つまりこういうことである。ある実体が、その有利(ないしは不利)な性質のゆえに選択の単位となっているといえるためには、その選択過程に関与しているあらゆる文脈(交絡因子がコントロールされた背景環境)において、その実体は一様に正(ないしは負)の因果的効力を保持していなければならない。別の言い方をすれば、当該の文脈においては、選択の原因となる性質は、それを保持しているがゆえに選択のターゲットとなる対象の適応度を、増大させることはあっても減少させることがあってはならない(ないしは、減少させることはあっても増大させることがあってはならない)。**この考え方こそが、後にステレルニーとキッチャー(1988)が「因果一様性の原理(principle of causal uniformity)」と名付け、全面的な批判のターゲットにしたものに他ならない。**そこで次節では、ステレルニーとキッチャーによるソーバー批判の論点をできる限り整理して提示しながら、私がこの論争を現時点でどのように評価しているかということも併せて述べていくことにする。

4 ドーキンス陣営からの反論

ステレルニーとキッチャーによる対立遺伝子選択説の擁護

生物学の哲学者ステレルニーとキッチャーは、「帰ってきた遺伝子(The Return of the Gene)」と題する——スターウォーズの「ジェダイの帰還(Return of the Jedi)」をもじった?——共著論文を一九八八年に『ジャーナル・オブ・フィロソフィー』誌に発表した（Sterelny and Kitcher 1988）。この論文の目的は、ドーキンス流の遺伝子選択説を、ここまで概観してきたようなマイア、グールド、ブランドン、ソーバー＝ルウィントンらによる批判から擁護することにある。特に彼らが力を入れたのは、**選択過程において生起している現実の因果的相互作用の記述を重視するソーバーやルウィントンの実在論的な主張に対して、道具主義的・規約主義的な立場からドーキンス主義擁護の論陣を張ることで**あった。結果としてこの論文は、近年の選択の単位問題（特に遺伝子選択をめぐる問題）の議論に一石を投じ、こうした問題を論じる際には落とすことのできない古典的論文としての地位を確保するに至った（ただしそのことは、彼らの見解の正しさが最終的に証明されたことを意味するわけではない）。マイアの「お手玉遊びの遺伝学」批判やマイア＝グールド＝ブランドンの「可視性の嫌疑」批判に対して、ステレルニーとキッチャーがこの論文でどのような反論を提供したかについては、すでにこれらの批判を紹介した箇所で簡潔に論じてあるので、ここでは彼らがソーバー＝ルウィントンの批判にどのように応戦しようとしたのか、そしてその戦略がどこまで妥当なものだったのかに焦点を絞ることにしたい。

彼らは冒頭、以下のような「遺伝子選択説宣言《マニフェスト》」とも呼びうる文章から本論文を始めている。

> われわれは、自然選択に関する二つの像を有している。伝統的な筋書きは個体の観点から語られる。所与のいかなる種類の生物においても、生存と繁殖におけるその潜在力を完全に発揮できるよりも多くの個体が生みだされる。これらの個体は同じ種に属するものだが、同一の個体では

ない。そしてそれらの間に見られる差異のあるものは、それらの生存と繁殖の見通しに差異をもたらし、その結果平均の上で、それらの現実の繁殖に差異をもたらす。生存と繁殖に関わる差異の中のあるものは、（少なくとも部分的には）遺伝可能である。その結果として、自然選択の下での進化が生じることになる。すなわちそれは、厄介な詳細を抜きにすれば、ある種に属する生物体の平均的な適応度が時間とともに増大することが期待されるようなプロセスである。

　他方でこれとは異なる筋書きが存在する。リチャード・ドーキンスは「選択の単位」は遺伝子であると主張している。彼が主張しようとしているのは、単に、選択は（ほとんど常に）遺伝子プールにおける特定の遺伝子の頻度の増加をもたらす、ということなのではない。これは議論の余地のない主張である。彼はそれに加えて、われわれは遺伝子を、それ自身の複製を残す能力に影響を及ぼす性質に関して差異を有した存在として見なさねばならない、と主張しているのである。各々の世代において、自らを複製する潜在力を完全に発揮できるよりも多くの遺伝子が生みだされる。それらの間に見られる差異のあるものは、それらが複製に成功する見通しに差異をもたらし、その結果次の世代に実際に出現するそれらの複製の数に差異をもたらす。このように、自然選択の下での進化とは、厄介な詳細を抜きにすれば、遺伝子プール内の遺伝子が持っている、自らの複製を残す平均的な能力が時とともに増大するプロセスのことに他ならない。（Sterelny and Kitcher 1988, pp. 339–340)

このように、ドーキンス流の対立遺伝子選択説と従来からある個体選択説とを、自然選択のプロセスを記述する際の好対照をなす視点として提示した上で、彼らはそれに続く議論において、前者の後者に対する優位性を強力に主張していくのである。その際に彼らが重視するのが、上の引用箇所にもすでに言及されている、以下の論点である。すなわちそれは、単に「選択は（ほとんど常に）遺伝子プールにおけるある遺伝子の頻度の増加という結果を生む」——すなわち、あらゆる選択過程の結果は当該の遺伝子プール内における対立遺伝子の頻度変化に反映されるがゆえに、遺伝子の視点から記述可能である——という「議論の余地のない」消極的な主張ではなく、**遺伝子の持つ「それ自身の複製を残す能力に影響を及ぼす特性」が、あらゆる選択過程を引き起こす能動的な因果的起点となっているというより積極的で野心的な主張**である。そして彼らはこの後者の主張を、この論文全体を通して全面的に展開していくのである。これは、彼ら自身明言しているように、ドーキンスの「**能動的な生殖系列複製子（active germ-line replicator）**」の概念を踏襲したものに他ならない。そして同時にそれは、ソーバー等による対立遺伝子選択説批判——すなわち、対立遺伝子の頻度変化は他のレベルで生じた選択過程の結果を反映しそれが記録される間接的な媒体に過ぎない、という批判——に対する真正面からの反論となっている。

＊

ちなみにドーキンスは、「複製子と乗り物」と題した論文において、「無際限に長い複製子の子孫系列の祖先となる可能性を持った複製子」を「生殖系列複製子」と呼び、体細胞に属する「行き止まり複製子（dead-end replicator）」から区別している。たとえば、肝臓の細胞中のＤＮＡは行き止まり複製子であるのに対し、受精卵の中にあるＤＮＡは生殖系列複製子である。他方で彼は、「それ自身が伝播される確率に何らかの因果的な影響力を及ぼす複製子」を「能動的な複製子」と呼び、それを、転写されず表現型として発現することのない「受動的な複製子」と区別する。そしてこの両概念が交差する部分にできる共通集合として、「能動的な生殖系列複製子」を定義している（Dawkins 1982b）。さらに、それに続いて彼は、真に選択の単位の名に値するのは能動的な生殖系列複製子であるという主張を展開する。

> だから能動的な生殖系列複製子こそが、以下に述べるような意味で、選択の単位なのだ。適応が何物かの「利益のため」にあるといわれるとき、この「何物か」とは何であろうか？　それは種なのだろうか、集団なのだろうか、個体なのだろうか？　それともそれ以外の何かであろうか？　私は、この「何物か」として適切なもの——その意味で「選択の単位」——は、能動的な生殖系列複製子であると主張したい。（*ibid.*, p. 47）

さらに彼は、次のように続ける。

> このことは、もちろん、遺伝子や他の複製子が文字通り自然選択の最前線に立つということを意味するわけではない。選択の直近の標的はそれらの表現型効果なのである。私は、「複製子の選択」という表現が、こうした点で誤解される余地があったことを知って、申し訳なく思う。もしかしたら、「複製子の選択」でなく「複製子の生き残り」という言い方をすることによって、こ

うした混乱を回避することができるかもしれない。(*ibid.*)

この最後の部分は、「可視性の嫌疑」による遺伝子選択説批判に対する、ドーキンス自らによる応答だと見ることができるだろう。

＊

さて、再びステレルニーとキッチャーの議論に話を戻すと、こうした主張を展開するために彼らが行っている議論のポイントは、以下の二点に集約される。

Ⅰ　頻度依存型適応度（frequency-dependent fitness）――一種の文脈依存性――の考え方は、タカハトゲーム理論に見られるようにすでに進化生物学の重要な理論的ツールとなっている。したがって、適応度の頻度依存性は偽物の因果性のしるしである――つまりその場合当該の実体は真の選択の単位ではない――という実在論者の主張は、妥当性を欠く。

Ⅱ　遺伝子選択説に対して突きつけられてきた批判の大部分は、適切に設定された「対立遺伝子環境」の概念を導入することによって、雲散霧消する。

適応度の頻度依存性と統計的方法

最初にⅠの論点についてであるが、ステレルニーとキッチャーは、「自らの頻度に応じてその適応度を変えるような実体は自然選択の単位とは呼べない」というソーバー＝ルウィントンの議論を、

「頻度依存型適応度」の概念はすでに進化生物学の標準的な概念ツールとなっており、その妥当性には何ら疑念の余地はないという論拠によって、一蹴する。例として彼らが挙げるのは、メイナード＝スミスが開発した利他性の進化のゲーム理論的分析である。利己主義者（タカ）と利他主義者（ハト）が混在する集団において、ある個体がある特定の戦略を採用するときの適応度（利得）は、その個体が相互作用する相手がタカであるかハトであるかに依存して決まる（上図参照）。このことはさらに、その個体の適応度が、それが属している集団構成――その個体が相互作用する可能性のある集団中の全メンバーに占めるタカとハトの頻度分布――に依存することを意味する。この個体が任意に相互作用するとき、その相手がタカである確率ないしハトである確率は、集団中におけるタカの頻度ないしハトの頻度に等しいからである。すなわちこの事例は、まさしくソーバー＝ルウィントンが論難する適応度の頻度依存性そのものであり、もし彼らの議論が正しいとすれば、この「タカハトゲーム」モデルにおいて個々の個体を選択の単位として扱うことはできないことになってしまう。しかし実際には、進化生物学の通常の説明では、このモデルは「頻度依存型個体選択」の視点から――つまり適応度の頻度依存性にもかかわらず個体を選択の単位と見なすことによって――記述される(24)。それと同様に、ヘテロ接合体優位のケースにおいても、対立遺伝子の適応度がそれ自身の頻度に依存しているからという理由だけで、対立遺伝子の選択が起こっていないと結論するのは誤りである。このように彼らは論じる。

		相手	
		タカ	ハト
自分	タカ	−25	50
	ハト	0	15

タカハトゲームにおける「利得行列」の一例

ステレルニーとキッチャーはさらに、彼らが「因果一様性の原理」と名付け

るところの上述したソーバーの中心的な主張を取り上げ、それと対峙していく。そのために彼らが採用する戦略は、この原理が進化理論構築上の標準的方法となっている統計的方法——あるいは集団思考（population thinking）——と相容れないということを示す、というものである。つまり進化論とは、ある形質の進化を説明しようとする際、その形質やそれが置かれている背景環境に見られる微少なバラツキは考慮の外に置き、その形質がそれと競合する対立形質と比較して全体として有利か不利かを問題とする、というタイプの思考である。シマウマの走行スピードの進化が問題となっているときには、「駿足とは具体的に時速何キロメートルから何キロメートルまでのことか」とか、「そこでシマウマをつけ狙っている天敵はライオンかチーターかハイエナか」とか、「シマウマが走る地表は土か、草地か、岩場か、砂地か」といったような些細な相違は原則として捨象される。要するに、進化論はミクロスコーピックというよりもマクロスコーピックな理論——あるいは第2章で用いた表現を使えば「現実の事象継起の説明」というよりも「大局的なプロセスの説明」——なのである。これは言い換えれば、統計力学において一個一個の分子の性質を問題とせず統計集団全体（アンサンブル）の平均的な性質を論ずるのと同様な意味で、進化理論も統計的な理論だということである。

彼らはこの点を、本章でもすでに何度か登場したオオシモフリエダシャクの工業暗化の例を挙げて論じている。英国北西部に位置するチェシャー州の森では、当初は白っぽい地衣類に覆われた木々の表面は全般的に白かったのだが、産業革命期に排出された石炭による産業煤煙によって汚染され木々の表面が黒っぽくなると、その保護色効果によって、黒く暗化した蛾に有利となるような自然選択が働いた。その結果、それまで多数派であった白い蛾に代わって暗化した蛾が進化しその頻度を増大さ

オオシモフリエダシャクの「工業暗化」の選択モデル

せた。これが工業暗化による蛾の体色の進化に関する通常の教科書的な説明である。ここでもしソーバーの因果一様性の原理を採用するとすれば、暗化の形質をこの場合の「選択の単位」と見なすことができるためには、チェシャーの森全域にわたって、暗化の形質が、この蛾の生存・繁殖成功度に対して一様に正の（負でない）因果的効力を発揮していなければならない、ということになる。**けれども——とステレルニーとキッチャーは論じる——、現実のチェシャーの森が、そのようにどこもかしこも一様に汚染されているということはありえない。**実際にはむしろ、その森の内部において、汚染の程度がかなり深刻な箇所から、比較的汚染の程度が低く表面が白っぽい木々がいぜんとして多く残っている箇所まで、汚染の進行度にもグラデーションが見られるはずである。そして、後者のようなほとんど汚染されていない箇所では、暗化した形質は蛾の生存にとってむしろ不利となるはずである[25]。そうした現実の環境の非一様性にもかかわらず、あくまでソーバーの因果一様性の原理に忠実に選択モデルを構築しようとするならば、そのときわれわれは、チェシャーの森全体をその汚染度の進行度に応じていくつかの小区域に分割し（各小区域の内部では汚染度は一様に等しいと仮定する）、その各々の区域に対して、異なる選択モデルを立て直す必要がある。そしてその中でも汚染度の高い区域にのみ限定して、「暗化の形質が蛾の生存にとって有利に作用する」という結論を導かねばならないことになる。

けれども容易に推察されるように、こうした「分割方針」に基づく一様性の確保には終わりがない。というのは、一本の木の表面においてさえ、表側の面は汚染されているがその裏面に回るとほとんど白いままであるというようなことが観察されるであろうから。その場合、より現実に即したリアルなモデルを構築するためには、その木の表面と裏面とで、異なる選択モデルを立てなければならないことになる。さらには、個々の蛾のいわば「ライフヒストリー」といったものまで持ちださなければならなくなるかもしれない。同程度に暗化した蛾であっても、その過去の「経験値」の差によって、あるものは天敵である鳥の襲撃をかわすスキルに長けているが他のものはそうではないといった個体差が存在するだろうし、またそれらの蛾が保持している暗化以外の生得的形質の優劣（天敵の襲撃を察知してとっさに飛び立つ反射神経や飛翔力の強弱など）によっても、蛾の生存力には差が出てくるだろうからである。明らかにこうした「分割方針」は、統計的方法あるいは集団思考を用いて、選択される対象やそれが置かれている背景環境に見られる些細な相違や特異性を捨象する進化生物学の通常の実践とは相容れない。したがってソーバーの因果一様性の原理は非現実的である。

以上の批判的考察から、彼らは次のように結論づける。この工業暗化のケースをより現実的で適切な仕方で扱うためには、ソーバーが論難する適応度の文脈依存性に、進化理論構築上の正当な地位を認めねばならない。すなわち、同程度に暗化した蛾であっても、それが置かれている文脈（背景環境）に応じて、その適応度は異なってくるのである。たとえばある暗化した一匹の蛾の適応度は、チェシャーの森の汚染されている区域においては高くなり、比較的汚染されていない区域においては低くなる。これは至極当然の事実である。にもかかわらず、ソーバーの原理はこうした自明の事実でさえ正当に扱えないのである、と。

ソーバーの「因果一様性の原理」を擁護する

私は、このステレルニーとキッチャーが提起した批判は、自然選択による形質進化のモデル構築の原理と方法を考える上で極めて重要な論点を含んでおり、精査に値するものだと考える。そこでまず、彼らによるソーバーの因果一様性原理批判が妥当なものであるかどうかについて、ここで検討を加えることにする。**結論からいえば私は、因果一様性の原理批判に関する限り、ステレルニーとキッチャーはソーバーの立場を精確に捉え切れていない、そして結果として彼らの議論はソーバー批判としては的外れなものとなっていると考える。**その点はまさしく、私が先にくどいぐらいに詳しく紹介した、ソーバーによる「トークン因果性」と「性質因果性」の区別に関わってくる。ステレルニーとキッチャーは、少なくともこの共著論文の中では、ソーバーによるこの区別をまったく念頭に置いていない[26]。すでに詳述したように、ある一匹の蛾の個体適応度が、その蛾が置かれている背景環境に依存して変動するという自明の事実であれば、それはすでにソーバーも認めていることである。それとは別に、ソーバーが真に主張しようとしたことは、暗化の形質に関して同等の適応度を持った仮想集団（アンサンプル）を考え、それを汚染度に関して一様な背景環境の下で解き放つという状況を想定した場合に、もし本当に暗化の形質がこの環境において選択にかかる「単位」であるといえるのなら、この集団中の個体の適応度が、暗化とは無関係な（暗化の形質との相関度ゼロの）他の偶発的な事情によって変動するということはありえない、という認識であった。体色以外のどのような形質を当該の蛾が有しているのかとか、汚染度以外のどのような特徴を当該の環境が有しているのかといったことに由来する選択上の影響は、すべてこの統計的な手続きの過程で相殺されるはずだからである。

したがって、統計的方法（集団思考）はソーバーの議論と相容れないどころか、むしろ議論の前提としてすでにそこに組み込まれているのである。「性質因果性」の概念そのものが、すでに集団思考以外の何物でもない。ステレルニーとキッチャーが挙げるような、同じ森の中での区域による汚染度の違いとか、同一の木の表面と裏面における汚染度の違いとか、個々の蛾のライフヒストリーの中での経験値の違いといった偶発性による適応度への影響は、この仮想的な概念的操作の過程ですでに排除されているのである。ソーバーが、「汚染された森において暗化の形質は一様に正の因果的効力を保持している」と言うとき、そこにいたるまでの思考のステップは次のようなものであろう。

(1) まず、産業煤煙によって汚染された森の汚染度を（その区域差は捨象して）その全域にわたっていったん思考の上で平準化し、その平均的な汚染度を想定する。

(2) 次に、暗化の程度がMである多数の蛾のアンサンブルを想定し、それらの蛾がその平準化された森の中を自由に飛び回っていると想定したときの、そのメンバーの平均個体適応度をF

とする。同様に、暗化の程度がM′で平均適応度がF′であるような別のアンサンブルを想定する。

(3) このとき、もしM>M′であるなら、F>F′である。

より一般的に表現するならば、ソーバーが件の因果一様性の原理で表現しようとしたことは、もしある形質が単独で、自然選択における正の（あるいは負の）因果的要因と見なされるべきであるならば、その形質を保持している個体がそれを保持しているといういまさにその理由のゆえにその適応度を減少させる（あるいは増大させる）というような事態は、いかなる偶発的な状況においても生じてはならない、という点に尽きる。それに対して、ステレルニーとキッチャーがここで主張していることは、煎じ詰めれば、ある形質を保持していることが個体の適応度に及ぼす効果は、その個体がどのような環境に置かれているかに依存して決まる――黒い蛾は黒い環境においては有利となるが、白い環境においては不利となる――という、至極当たり前の認識に他ならない。これは先に見た、メイナード＝スミスがソーバー＝ルウィントンに突き付けた素朴な疑問と何ら変わらない。しかしこうした「自明の理」は、ソーバーの議論の枠組みにおいても当然はじめから前提されているものなのである。

ここで論じたことを別の観点から表現すれば、次のようにもいえるだろう。すなわち、ステレルニーとキッチャーは統計的方法の欠如ゆえにソーバーを論難しているのだが、むしろ逆に、文脈依存型適応度に正当な地位を与えようとするステレルニーとキッチャーの側にこそ、なぜ目下のオオシモフリエダシャクの工業暗化のケースでは、統計的方法の名の下に、個々の個体の些細な特異性や背景環境の微小な揺らぎに由来する適応度の文脈依存性を捨象することが許されるのかという挙証責任が課せられる、と。平たくいえば、一本の木の表裏における汚染度の違いとか、一匹の蛾のライフヒストリーの相違といった「文脈」の相違からくる適応度の文脈依存性を考慮に入れねばならなくなるのは彼らの方ではないか、ということである。すなわち、統計的方法もしくは集団思考と相容れないのは、厳密にいえば、因果一様性の概念よりもむしろ文脈依存的適応度の概念の方なのである。

あらゆる選択モデルは「文脈依存的」かつ「平均化の産物」

ここまでは、ステレルニーとキッチャーの批判からソーバーを擁護した。けれども、**適応度の文脈依存性に関する議論においては、ソーバーの側にも一貫性を欠くところがある。**それを以下で指摘していくことにする。それは、次の二点からなる。

(1) 上でソーバーの因果一様性の原理をステレルニーとキッチャーの批判から擁護したときに論じたように、ソーバーの議論の枠組み自体の中にすでに統計的方法——同一形質を担った多数の個体のアンサンブルを考え、その統計的平均として形質を論じるという視点——は埋め込まれている。とするならば、前節で論じた、ソーバーとルウィントンが導入した「平均化の誤謬」の基準は、それをソーバーの議論自身に当てはめたとき、自己矛盾を来たす。

(2) あらゆる選択モデルは多かれ少なかれ「文脈依存的」である。すなわち、ある一定の背景環境で、ある特定の形質の適応度を問題とした時点で、すでにその適応度は文脈依存的である。

したがって、「文脈依存的な適応度は真正の因果性を反映しない」という原則を貫徹すれば、ソーバー自身のものも含めて、およそいかなる自然選択による形質進化の説明も不可能だということになる。

以下、順に見ていこう。まず論点(1)についてだが、前節で見たようにソーバーとルウィントンは、鎌状赤血球貧血の事例において、ある対立遺伝子（たとえばA）が部分として入っている二つの遺伝子型（AAとAS）を、その相同対立遺伝子（AとS）の頻度で重み付けした上で平均化することによって、当該の対立遺伝子の適応度を求めるという手法を、「平均化の誤謬」と呼んで批判していた。つまり、AA個体とAS個体は全く別個の人間であり、それらの中に入っているAA遺伝子型とAS遺伝子型は因果的に相互に隔離されているにもかかわらず、数学的操作としてそれらの平均値を求めたところで、得られた数値（対立遺伝子Aの適応度）に経験的な意味を持たせることはできない、というわけである[27]。

けれども、この論法を徹底するならば、形質の適応度を「性質因果性」として捉え、「因果一様性の原理」によって背景環境や選択される対象に見出される偶発的で微小な変異を捨象し平準化するというソーバーの方法自体が、自己矛盾の危機に瀕することになる。というのは、先に論じたように、彼が因果一様性の原理に訴える際、すでにそうした平均化の処理が施されているからである。

先のオオシモフリエダシャクの工業暗化の例に則して、この辺の事情を説明してみよう。チェシャーの森全体を汚染度の異なる――しかしその内部においては汚染度が均一だと想定しうる――複数の区域E_i（$i=1, 2, \ldots$）に分割し、その各々の内部において、ある一定の暗化度を有した蛾が出現する頻度とその適応度をそれぞれp_i、W_iとすれば、この暗化の形質のチェシャーの森全域における適応度は$\overline{W}=\sum p_i W_i$と計算される。これが実質的に、ソーバーが因果一様性の原理の下で「性質因果性」として求めた暗化の形質の適応度である。ところが同時に、これは重み付け平均に他ならない。そして、ここで平均化されている異なる区域E_iに生息している個々の蛾が、実際に互いに因果的相互作用を及ぼしあっているという保証はまったくない。そもそも――これはステレルニーとキッチャーも正しく指摘していることであるが――、自然選択による進化のあらゆるモデルは、考察している対象間に見られる重要でない変異に関する平均化の産物であり、それを禁じてしまったら、「大局的なプロセスの説明」（第2章）としての選択モデルの構築自体が不可能になってしまうだろう。**それゆえ「平均化の誤謬」が真に誤謬であるならば、ソーバー自身もそれを犯していることになる。**逆にもし、われわれがそう解釈したように、性質因果性の概念や因果一様性の原理自体は正当なものだと考えるならば、平均化の誤謬の概念に基づくソーバーの議論は却下されねばならない。

次に、論点(2)についてだが、再び工業暗化を例に取りあげれば、「暗化した蛾の適応度が高くなる」という言明が進化論的に意味を持つのは、背景環境が産業煤煙で汚染されており、なおかつ蛾の捕食者となる鳥がそこに存在しているという特定の条件を満たした文脈においてのみである。そういった条件を一切取り払ってしまったいわば「世界全体」において、暗化の形質の優劣について論じることは意味をなさない。ということは、暗化という特定の形質の有利／不利に基づいたオオシモフリエダシャクの選択モデルを立てるということ自体が、すでに一定の「文脈依存性」に依拠した営みであることになる。この点は、工業暗化の例に限らず、自然選択によるあらゆる進化モデルを考える際にいえることである。したがって、「適応度が文脈依存性を示すとき、それは真正の因果性を反映していない」というソーバー（とルウィントン）の基準も、やはり却下されねばならないことになる。

要するに、いかなる選択モデルもそれが成り立つ文脈（背景環境）をある程度限定してはじめて意味を持つものであると同時に、いったん限定されたその文脈の内部では、統計的方法に基づき背景環境と選択される対象に見出される微細な変動をすべて平均化（捨象）することによって、はじめてそれは理論的に取り扱い可能なものとなるのである。

*

先に挙げた、鎌状赤血球貧血の事例に基づいて上述の点を述べ直すと、次のようになる。「ヘモグロビンの形成に与る遺伝子座において、ヘテロの遺伝子型ASを持った個体が最も有利となる」という言明が有意味となるためには、われわれはあらかじめ、「マラリア原虫が生息している環境」に議論の土俵を限定するという意味での文脈依存性を導入しておかねばならない。もしこうした文脈の限定を取り払って、いかなる限定もない「世界全体」を議論の土俵に選んだ場合には、軽い貧血を患うヘテロAS個体よりも、完全に正常なヘモグロビンを形成するホモAA個体の方が適応度は高くなり、その結果ヘテロ接合体優位は成立しなくなる。

他方において、「マラリア原虫が生息する環境」という文脈で選択モデルを立てる場合であっても、もしわれわれがよりミクロな視点で細かく状況を区分けしていくならば、ソーバーとルウィントンが一様だとみなす文脈の中にさえ、因果的には互いに無関係な様々な下位文脈（subcontext）を見いだすることができるだろう。たとえば、「マラリア原虫が生息するアフリカのサハラ以南の地域」と文脈を限定しても、その中には多くのハマダラ蚊が生息する沼地や河川の近辺も含まれていれば、ハマダラ蚊の飛来の頻度の比較的少ない乾燥地帯も含まれているだろう。あるいは、同じヘテロ接合の遺伝子型を持った人の中でも、ある者は（免疫や予防薬の内服によって）マラリアに対する耐性を獲得しており、他の者は逆に非常に脆弱であるということもあるだろう。あるいはひょっとしたら、ある者はより多くの蚊を誘き寄せるような体臭を放つが、他の者はそうでない、といったような事情もあるかもしれない。こうした文脈の異同は、モデル構築者が求める「粒度」の違い（マクロかミクロか）によって、進化論的に重要になる場合もあれば、無視できる場合もある。[28] したがって、もしソーバーとルウィントンが、こうしたミクロな文脈の相違を捨象して、「マラリア原虫が生息する環境においてはヘテロ接合の個体が最適となる」といういきめの粗い (coarse-grained) モデルを立て、そこにおいて求められた一様な遺伝子型適応度を用いて議論することを選んだならば、その時点ですでに彼らは、「平均化」の操作によって、そうした文脈の相違を平準化したことになるのである。

そしてもしそうであるなら、鎌状赤血球貧血の事例を対立遺伝子の視点から記述する対立遺伝子選択モデルに対して、そこで用いられる対立遺伝子適応度は文脈（頻度）依存的であり、単に平均化という数学的操作によって得られた経験的内容を伴わない値に過ぎないがゆえに、それは真正の因果性を反映していないと論難することは、妥当性を欠いていると結論せざるをえないのである。

「対立遺伝子環境」の概念

では次に、ステレルニーとキッチャーがソーバーに対して提起した二つ目の批判の論点（Ⅱ）である、「対立遺伝子環境（allelic environment）」の概念について検討することにしよう。彼らによれば、**対立遺伝子選択説を一貫して維持するためには、そもそもそこで問題となる「環境」の概念からして、「対立遺伝子にとっての環境」というそれに見合ったものへと定義し直す必要がある**。先の鎌状赤血球貧血の事例において、ソーバーとルウィントンは、「マラリア原虫が生息する環境」において一定の安定的な適応度を示すのは遺伝子型（すなわち個体）であって対立遺伝子ではないと主張していた。けれどもステレルニーとキッチャーに言わせれば、それはそもそも、この環境の概念が遺伝子型に定位して設定されたものであり、対立遺伝子に見合った仕方で定義されたものではないことによる。ある特定の対立遺伝子（例えばA）にとっての環境とは、その外部すべてであり、そこには相同染色体の対応する遺伝子座におけるもう一方の対立遺伝子がAであるかSであるかということも含まれる。すなわち、ある対立遺伝子にとって、「もう一方の対立遺伝子がAである環境」と「もう一方の対立遺伝子がSである環境」とは、異なる環境として見なさねばならないのである。

彼らは言う。「対立遺伝子は、お互いの環境の一部を形成する。そして、対立遺伝子Aのコピーが現前している環境においては、対立遺伝子Sの典型的な形質（すなわち、異常なヘモグロビンの産生を導くという形質）が、次の世代にその対立遺伝子のコピーが残される可能性に対して、通常正の効果を及ぼすことになるのである」（Sterelny and Kitcher 1988, p. 345）。そして彼らは、具体的に、以下のような仕方で対立遺伝子にとっての環境を導入する。まず同一の遺伝子座において対立遺伝子Sの隣に入るあらゆる対立遺伝子のコピーから成る集合――換言すれば、相同対立遺伝子がSであるような対立遺伝子にとっての環境――をP_1とし、対立遺伝子Aの隣に入るあらゆる対立遺伝子のコピーから成る集合――相同対立遺伝子がAであるような対立遺伝子にとっての環境――をP_2とする。そのとき、対立遺伝子Aであるという性質（もしくは正常なヘモグロビンの産生を導くという性質）は、P_1において次世代のコピーの形成に正の効果を及ぼす。そしてその同じ性質が、P_2においてはその効果を反転させる。「このような仕方で集団を分割することによって、われわれはソーバーの〔因果一様性の〕基準を満たすような仕方で、ドーキンス流の再記述を手にすることができるのである」（ibid., p. 347;〔 〕内は筆者による補足）。

ではソーバーの記述法ではどこがいけないのか？ 彼らによれば、「ソーバーのアプローチは、ドーキンス的な視点を誤った仕方で定式化している。強調されねばならないのは、対立遺伝子が有する性質が及ぼす効果であって、生物個体が有する対立遺伝子についての性質（たとえば、対立遺伝子Aを有しているという性質）ではないのである。そして〔次世代のコピー数の〕計算は、対立遺伝子のコピーの観点からなされねばならないのである」（ibid., p. 346;〔 〕内は筆者による補足）。

すなわち、「マラリア原虫が生息する環境」というのは、あくまで遺伝子型（すなわち個体）の観点から定義された環境である。なぜならば、「マラリア原虫が生息する環境」とはヘテロの遺伝子型AS適応度が最大となるような環境のことであり、「マラリア原虫が生息しない環境」とは（貧血をもたらさない）ホモの遺伝子型AAが最適となるような環境のことであるからである。しかし対立遺伝子の視点から見れば、これらのいずれの環境も、ことさら有利であるわけでも不利であるわけでもない。

そのような仕方で二つの環境を「分割」することは、遺伝子型（あるいは個体）の観点からは有意味であっても、対立遺伝子の観点からは意味をなさない。要するに、**集団・環境・適応度・次世代のコピー、その他選択モデルに必要なあらゆる概念を一貫して対立遺伝子の視点から提供するのでない限り、真の意味での対立遺伝子選択モデルを構築することはできない**、というわけである。リンカーンのゲティスバーグ演説をもじっていえば、「対立遺伝子の、対立遺伝子による、対立遺伝子のための選択モデル」を構築せねばならない、ということになろう。この考え方は、先に紹介したドーキンスの「能動的な生殖系列複製子」の概念を具体化したものである点に注意されたい。

＊

問題となっている論点をより明確化するために、基本的にステレルニーやキッチャーと同じ対立遺伝子選択説の陣営に立つケネス・ウォーターズの議論（Waters 1991）を援用しながら、ステレルニー＝キッチャーの議論と、先に紹介したソーバー＝ルウィントンの議論とを突き合わせてみよう。すでに見たようにソーバーとルウィントンは、三つの遺伝子型（AA、AS、SS）の適応度 w_1、w_2、w_3 を用いて対立遺伝子A、Sの適応度をそれぞれ、

$$W_A = pw_1 + qw_2,\quad W_S = pw_2 + qw_3$$

と算出し、これらの対立遺伝子適応度は文脈依存的である——すなわちそれらはA、Sの出現頻度p、qに応じて変動する——という理由で、それが真の因果性を反映したものではないと結論した。しか

し、ステレルニーとキッチャー、そしてウォーターズの観点からは、これは「対立遺伝子にとっての環境」というものを捉え損なっていることになる。というのは、それは対立遺伝子にとっての二つの異質な環境を一からげにした物言いであるからである。先に述べたように、対立遺伝子にとっての環境とは、相同染色体上の対応する遺伝子座における対立遺伝子も含んだ、その遺伝子の外部の環境すべてであり、ある対立遺伝子にとって、相同染色体上のもう一方の対立遺伝子がAである環境とSである環境はまったく別物である。そこでいま、相同染色体上の隣接する対立遺伝子がAである環境(上記のステレルニーとキッチャーの表記によるところのP_2)におけるAの文脈非依存的な適応度をW_A^A、隣接する対立遺伝子がSである環境(ステレルニーとキッチャーの表記によるところのP_1)におけるAの文脈非依存的な適応度をW_A^Sと表記することにすれば、Aにとっての全環境はこの二つによって網羅される。したがって、これら二つの対立遺伝子環境にまたがるAの平均適応度$\overline{W}_A$は、

$$\overline{W}_A = p\,W_A^A + q\,W_A^S$$ (ここでp、qはAが各々の環境に遭遇する頻度)

で与えられることになる。これは上記の、ソーバーとルウィントンによって与えられた表式 $W_A = pw_1 + qw_2$ と実質的に同じものを、遺伝子型適応度からの二次的・事後的導出としてではなく、一貫して対立遺伝子の視点から求めたものに他ならない。この場合W_A^Aとw_1、W_A^Sとw_2は、たまたま同じ値をとっているかもしれないが、「しかしそれらの数値の解釈は同じでない。一方はある単一の遺伝子がその遺伝子環境の中で成功する可能性を表し、他方はある遺伝子対がより限定された環境において成

功する可能性を表している」(Waters 1991, p. 560)。いずれにせよ、ウォーターズによれば、この対立遺伝子適応度こそが対立遺伝子にとっての派生的ではなく原初的な量であるとみなされねばならないのである。

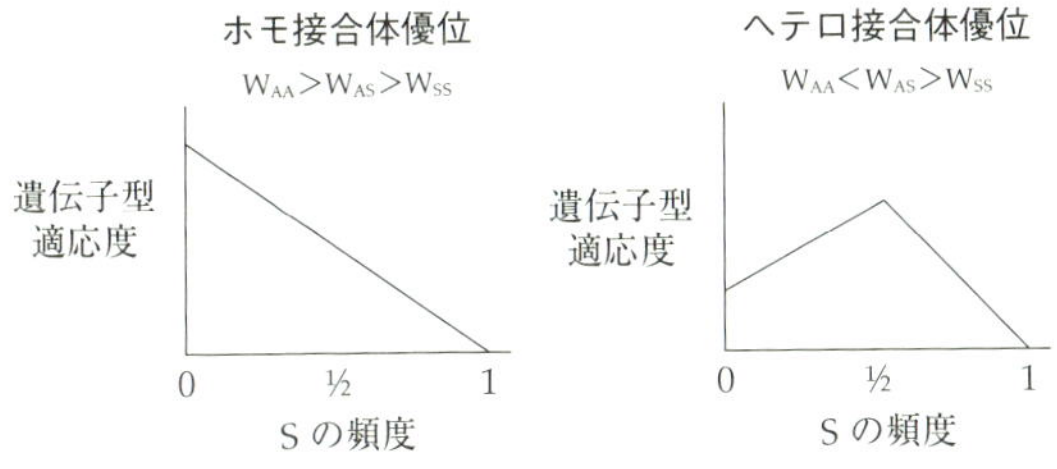

対立遺伝子頻度の関数として見た
遺伝子型適応度
Okasha 2006, 164 頁の図を改変

*

以上見てきた、ステレルニーとキッチャー、そしてウォーターズによる「対立遺伝子環境」の概念の提唱は、正鵠を射たものだと私は考える。先に、ソーバーの議論には「文脈依存性」基準の恣意的な適用が見られるという点を指摘したが、この対立遺伝子環境をめぐる問題においても、再びその点が顕わになったといえるだろう。

彼は、自らの選択モデルを構築するにあたって、何の限定もない「世界全体」から、二倍体遺伝子型の適応度が一定となる――すなわちその「因果一様性」が保証される――「マラリア原虫の生息する環境」へと、暗黙裡に文脈を限定しているからである。そしてこのように多かれ少なかれ恣意的に限定された環境において、対立遺伝子選択モデルは「因果一様性」を欠くとして批判されていたことになる。けれども、いったん「マラリア原虫の生息する環境」という文脈的限定を外せば、ソーバーがそこにおいて一貫して最適性を維持すると当然のごとく想定していたヘテロ接合体は、もはやその優位性を保持しえなくなる。マラリア原虫が存在しない通常の環境においては、鎌状赤血球による貧血に悩まされる心配のまったくないホモ（AA）の接合体が最優位となるからである。そしてこのときさらにいえるのは、こうした環境においては、既出のソーバーの「因果一様性の原理」の観点からさえ、異常対立遺伝子Sは「一様に負の因果的効力を保持している」ということである。というのは、こうした環境に生息する人間集団の遺伝子プールにおけるSの頻度が0から1に上昇するにつれ、その集団適応度（集団中の個体の平均適応度）は、単調減少的に低下していくからである。それに対して、「マラリア原虫の生息する環境」においてはSの頻度が0から1に上昇する過程で、いったん上昇した集団適応度があるところから下降に転ずる――すなわちそこで、因果的効力を反転させる――のである。このあたりの事情は、前頁に掲げた、サミール・オカーシャの『進化と選択のレベル』に載っている図を多少改変したものからも、読み取ることができるだろう（Okasha 2006, p. 164）[29]。

風が吹けば桶屋が儲かる？――選択モデルと因果性

ただしここで、一つ指摘しておかねばならない点がある。それは、**このように新たに設定された「対立遺伝子環境」を用いて、対立遺伝子の視点からヘテロ接合体優位の整合的なモデルを構築することが可能であるとしても、そのことは、そのように構築されたモデルが当該の選択過程の背後にありそれを惹起している因果性を正しく反映しているか否かという問題とはまた別である**、ということである。すなわちそれは、「何がこのヘテロ接合体の進化の現象を引き起こしている原因なのか」「この選択のプロセスにおいて、実際にその有利性／不利性のゆえに自然選択のターゲットとなっている実体は何なのか」といった問題である。別の言い方をすると、それは、なぜ相同染色体における同一の遺伝子座に入っている対立遺伝子がSであるような対立遺伝子環境において、対立遺伝子AはSよりも有利になるのかという点に答えるための因果的説明を、対立遺伝子の視点から首尾一貫して提供できるか否かということに他ならない。この場合、「そういう環境においてAがSよりも有利になるのは、Aはヘテロ接合体ASの形成に寄与し、Sはホモ接合体SSの形成に寄与するが、ASの方がSSよりも適応度が高いからである」というのでは答になっていない。なぜならその場合、単一対立遺伝子の頻度依存型適応度の由来を説明するために、本来対立遺伝子選択モデルでは入手しえない、そして二倍体遺伝子型選択モデルによってはじめて入手しうる情報――すなわち二倍体遺伝子型適応度――を、暗黙裡に利用しているからである。

したがって、ここでいま一度確認しておくべきことは、たとえソーバーとルウィントンが「対立遺伝子にとっての環境」を正当に考慮し損なっているというステレルニーとキッチャー、そしてウォーターズの主張を認めたとしても、そのように導入された対立遺伝子環境における対立遺伝子選択モデルが、実在する真正の因果関係を捉えた原初的・自立的モデルといえるのか、それとも上位レベルにおける因果的相互作用の結果を単に数学的に翻訳した――その限りにおいて派生的・寄生的な――ものにすぎないのかという問題がいぜんとして残る、という点である。以下では、引き続きヘテロ接合体優位の事例に依拠しながら、自然選択のモデルは自然界の実在的な因果機構を忠実に反映する必要があるのか否かという、――従来物理科学をベースとして論じられてきた科学実在論の問題の生物学版とも言える――優れて科学哲学的な問題領域に踏み込んでいきたい。

［突然変異］→［異常対立遺伝子の発生］→［異常ヘモグロビンの産生］

→［変形した赤血球の形成］→［貧血の症状］
→［マラリア原虫の感染阻止］→［ヘテロ接合体の進化］

こうした観点から問題を見ていく際にまず私が注意したいのは、**ある現象がその後の進化的変化の起点（initiator）となっているということと、それがその進化的変化の担い手（bearer）だということは、別問題だ**ということである。すなわち仮に、ランダムに起こる突然変異によって自然選択が作用するための変異が供給されることで、はじめてその後の進化的変化が可能となるという意味で、突然変異があらゆる進化的変化の因果的起点であるといえたとしても、そのことから、その進化的変化を構成する諸段階のすべてにおいて、異なる対立遺伝子間の適応度の差異が変化を引き起こす原動力となっているという帰結は、導かれないのである。

この点を、再びヘテロ接合体優位の例に則して詳しく見てみよう。確かに、ヘモグロビンの産生に関わる遺伝子座に起こる突然変異によって、異常なヘモグロビンを産生する異常な対立遺伝子が生まれたというのは事実である。そしてさらに、この異常なヘモグロビンによって鎌状（三日月形）に変形した赤血球が生まれたのも事実である。以下同様に、この変形した赤血球が一方において貧血の症状を引き起こし、他方においてマラリア原虫が生息する地域においてマラリア原虫の感染を阻止するということ、そしてその両者が相俟った結果として当該の地域では鎌状赤血球対立遺伝子に関してヘテロの遺伝子型が最適となる、というのも事実である。したがって、これらすべての因果連鎖の起点は対立遺伝子レベルの突然変異にあると主張することは正しいだろう。そしてもし因果連鎖に推移律を認めるならば、最終的にヘテロ接合体の進化をもたらした間接的な原因（もしくは遠因）は、出発点にある対立遺伝子突然変異である、と主張することも不可能ではないかもしれない。読者はお気づきだと思うが、この発想は、ドーキンスの「差異生産者としての遺伝子」の考え方を具現化したものになっている（右頁の図参照）。

＊

しかしながらいったんこうした語り口を認めると、極端な場合われわれは、**「風が吹けば桶屋が儲かる」的な怪しげな因果的主張をも認めざるを得ないことになるだろう。**論点を明確にするために、この日本人なら誰でも知っている――「捕らぬ狸の皮算用」とも相通ずるところがなくもない、当てにならない因果的推論の愚かさを説く――ことわざの論理構造を、少し詳しく分析してみよう。このことわざの背景には、次のような因果連鎖が想定されている。

「風が吹く」→「埃が舞いあがる」→「（埃が目に入って）盲人が増える」→「（盲人が生業とする）三味線弾きが増える」→「（三味線の製造に使う）多くの猫が殺される」→「鼠が繁栄する」→「木製の風呂桶が鼠に齧られる」→「桶屋に注文が殺到する」→「桶屋が儲かる」

ではなぜ、この因果的推論は当てにならないのだろうか？　その大きな理由の一つは、上記の因果の鎖の一本一本において、その鎖を維持するために不可欠な役割を果たしてはいるが、それ自体の生起は大なり小なり偶発的であるような、複数の「寄与因子（contributing factor）」による寄与が過小評価されているという点にある。上の因果連鎖の図式において角括弧に入れられた各事象は、次の事象が生起するための「十分条件」とはなっていない。それは、次の事象の生起に因果的に寄与している様々な要因の中から、いうなれば、観察者の問題関心に従って大なり小なり意図的（恣意的）に選び出された要因に過ぎないのである。

たとえば、最初に出てくる因果連鎖、

［風が吹く］→［埃が舞いあがる］

を例に取りあげてみよう。ここで、［埃が舞いあがる］ためには、［風が吹く］だけでは十分ではない。［（人々が行き交う）通りに埃が積もっていた］こととか、［（雨が降っておらず）埃が乾燥していた］ことか、そもそも［埃は風に舞いあがるほど軽い物体である］ことといった他の要因——これらが「寄与因子」である——の同時的な寄与があったればこそ、［風が吹く］ことによって［埃が舞いあがる］という結果が引きだされたのである。[30] これら様々な寄与因子——［風が吹く］ことも含めて——の各々が、多かれ少なかれ「原因」と呼ばれうる資格を有しているのであり、実際にその中のどれに光を当て、どれを背景に退かせるかというのは、ひとえに話者の問題関心に懸かっている。したがって、「風が吹けば桶屋が儲かる」という、いわば薄皮一枚でつながったような特定の事象の系列だけを意図的に取りだして、それをあたかも普遍的な因果的主張として提示するとしたら、そうした主張は——まったく無意味だとはいえないが——極めて希薄な意義しか持っていないといわざるをえないわけである。[31] こうした意味で、これら寄与因子のどれもが直近の結果の生起に対して一定の因果的貢献をしているのであり、したがって文脈や話者の関心に応じて、その「原因」と呼ばれる資格を有しているといえる。［埃が舞いあがる］ことの原因として、（［通りに埃が積もっていた］ことでなく）［風が吹く］ことに焦点を当て、他の要因を「寄与因子」として一括りにしているのは、自然ではなくわれわれなのである。

＊

さて、ヘテロ接合体の進化の事例に話を戻すことにすると、事情は上のことわざの場合と同じである。先に掲げておいたこの事例に関する因果連鎖の図式において、その起点に位置する［突然変異］が終点に位置する［ヘテロ接合体の進化］を引き起こす（cause）ことができるためには、この図には直接描かれていない様々な寄与因子の同時発生が実際には不可欠な役割を果たしている。それはたとえば、［変形した赤血球を有した人間個体の集団が、たまたまマラリア原虫の生息する環境に居住していること］であったり、［異常対立遺伝子Sをホモ接合SSで持つ個体は重度の貧血のためほぼ致死的であること（換言すれば、マラリア原虫生息地におけるヒトの遺伝子プールにおいて、Sの頻度が高すぎれば逆に不利となること）］であったりする。これら寄与因子の同時発生によって、見かけ上因果連鎖の推移性が担保されているわけである。したがって文脈によっては、「当該の集団がマラリア多発地域に居住していたことが、彼らの間でヘテロ接合体が進化した原因である」とか「Sをホモ接合で持つ個体が致死的であることが、当該の地でヘテロ接合体が進化した原因である」といった言明も、十分に有意味となりうるのである。

ここであらためて、ドーキンスの「能動的な生殖系列複製子」の概念を思い起こしてみよう。ステレルニーとキッチャーはそれを、「選択は（ほとんど常に）遺伝子プールにおけるある遺伝子の頻度の増加という結果を生む」という議論の余地のない消極的なテーゼとしてではなく、「われわれは遺伝子を、それ自身の複製を残す能力に影響を及ぼす特性に関して、差異を有した存在として見なさねばならない」というより積極的で野心的なテーゼとして解釈した。さらに彼らは、このテーゼ――つまりは「能動的生殖系列複製子」の概念――こそが、ドーキンスが「選択の単位は遺伝子である」と主張するときの根拠であると述べている。けれども上で論じたように、この野心的なテーゼであっても、それを「ある対立遺伝子を別の対立遺伝子に置換したときに表現型に何らかの差異が現れ、それによって対立遺伝子の適応度自身がある程度増減する」――すなわち、あらゆる選択過程において対立遺伝子の因果的効力を大なり小なり認める――という穏当な意味で捉えるのであれば、いぜんとして受け入れ可能である。けれどもそのことと、それを「あらゆる選択過程において、対立遺伝子こそが真の選択の単位である」――すなわち、因果連鎖の終点にいたる途上の個々の鎖において一定の役割を果たしている数多の寄与因子の中で、常に対立遺伝子の因果性が最も重要なものである――というより野心的な意味で捉えることとの間には大きな懸隔があり、私はそれは正当化されないと考える。

このことは、**ドーキンスの「差異生産者としての遺伝子」の概念は受け入れ可能だとしても、「能動的な生殖系列複製子」の概念を論拠に普遍的な対立遺伝子選択説を主張する彼の議論は受け入れられない、と言い換えてもいい。**

「一元論的対立遺伝子選択説」「多元論的対立遺伝子選択説」「階層的一元論」

それでは、ステレルニーとキッチャーは、選択モデルと因果性の関係というこの優れて哲学的な問題に対してどのようなスタンスをとっているのだろうか。結論からいえば、彼らの立場は極めてリベラルである。すなわち彼らは、必ずしも対立遺伝子選択モデルこそが因果性を正しく反映しうる唯一のものだと主張しようとするわけではなく、むしろ同一の選択過程を記述する互いに等価な複数のモデルの存在を積極的に認める。

具体的には彼らは、自然選択の単位の問題に関して採りうる哲学的立場を、次の三種類に分類している。

(1) 一元論的対立遺伝子選択説（monist genic selectionism）
(2) 多元論的対立遺伝子選択説（pluralist genic selectionism）
(3) 階層的一元論（hierarchical monism）

(1)は、一九六六年の『適応と自然選択』におけるウィリアムズや一九七六年の『利己的な遺伝子』におけるドーキンスが採用していた、「あらゆる選択過程は対立遺伝子のための選択であり対立遺伝子の視点からのみ正しく記述しうる」という、これまで見てきたような普遍主義的で排他的な主張である。そして彼らは正当にも、この頑強な立場はもはや維持しえないものと考えている。

それに対して(2)は、ドーキンスが一九八二年の『延長された表現型』の時点で採用し始めたより柔軟な対立遺伝子選択説であり、彼ら自身それを妥当なものと考えている。[32] それによれば、自然界の選択過程を記述する唯一正しいモデルが存在するわけではない。たとえばクモの巣は、ドーキンスの考えに従って、それをクモに作らせることによって自らの適応度を増大させるべくプログラムされた遺伝子にとっての「延長された表現型」――すなわちクモという生物個体（遺伝子にとっての「乗り物」）の体の外部に発揮された当該遺伝子の表現型効果――と捉えることも可能であるが、そのことは個体選択の観点から、クモの巣を構築するクモの行動に焦点を当て、それをクモという個体に備わっている行動形質の産物と見る従来の見方を排除するものではない。同一の選択過程を記述する複数の視点（対立遺伝子、遺伝子型、個体、集団、等々）が存在するのであり、そのどれを選ぶかは、いわば観察者の選択ないしは規約の問題である。

ただしステレルニーとキッチャーによれば、そうした様々なモデルの中でも、対立遺伝子モデルには、他にはない特別な強みがある。それは、それ以外のモデルはケース・バイ・ケースで構築可能であったりなかったりするが（たとえば上述したヘテロ接合体優位のケースやクモの巣のケースでは、対立遺伝子や個体の視点でのモデルは構築可能だが、集団選択モデルは構築可能でない）、**対立遺伝子選択モデルだけはいついかなるときにも構築可能である**ということである。

それに対して、彼らが断固として斥けるのが、ソーバー等の実在論者によって奉じられている「階層的一元論」である。これは、ある特定の選択過程において現実に生起している因果的相互作用をいかに記述するかは単なる規約の問題なのではなく、上記の様々な視点の中で、現実にそこで生起している因果的相互作用を適切に捉えることのできる視点が常にただ一つ存在する、という立場である。

ただしこの場合、この「唯一適切な視点」は、考察の対象となる選択過程が異なればそのつど異なったものになりうる。

かくしてステレルニーとキッチャーは、自然選択は何らかの唯一の「選択の標的（target of selection）」の上に作用するという一元論的かつ実在論的な見方を斥け、異なる視点の等価性を主張する点において、自らを道具主義者あるいは規約主義者であるとさえ公言して憚らない。さらには、彼らの共著論文に反論するためにソーバーが書いた論文「多元論の貧困――ステレルニーとキッチャーへの応答」（Sober 1990）に対して、ステレルニーとキッチャーに新たにウォータースを執筆陣に加えて書かれた再反論論文「ソーバーの一元論の偽りの豊かさ」（Sterelny et al. 1990）においては、「われわれは、真の選択の単位について問うことは、混乱した形而上学の演習問題だと信ずる」（*ibid.*, p. 159）、「しかしながら、ときに科学者や哲学者は、擬似問題を論じあう。進化のプロセスについての多くの、同等に適切な表現の可能性がいったん認識されたならば、哲学者と生物学者は、真の選択の単位についてあれこれ理屈をこねるよりも、もっと重要な課題に自らの注意を向けることができるようになる」（*ibid.*, p. 161）とまで述べられている。

しかしながら、「多元論的対立遺伝子選択説」という表現には奇妙な響きが付随している。すなわち、「多元論的一元論」という表現は明らかに形容矛盾であるが、「多元論的対立遺伝子選択説」にも、それと似たきわどさが付きまとう。もしそれがいやしくも「対立遺伝子選択説」であるのなら、そこには多かれ少なかれ、対立遺伝子こそが真の選択の単位だという一元論的・普遍主義的なニュアンスがともなっているはずであろう。またそれがいやしくも「多元論」であるのなら、そこには多かれ少なかれ、あらゆる視点は単なる記述の道具として対等であるという多元論的・相対主義的なニュアンスがともなっているはずであろう。したがってこの立場は、「対立遺伝子選択説」という概念の持つ普遍主義的過激性を「多元論」という概念の持つ相対主義的穏当性で緩和しつつも、同時に後者の持つ曖昧さを前者の持つ明確さで補強しようとする、ある意味で「いいとこ取り」の折衷的態度であるといえないこともない。

またその点はさておくとしても、**この立場があくまで「対立遺伝子選択説」の一環であることの論拠として彼らが用いている「対立遺伝子選択モデルだけはいついかなるときにも構築可能」という主張が、単なる「帳簿的な（bookkeeping）」記述可能性の次元でなされるものなのか、それとも実在論的な説明原理として意図されているのか、という問題がいぜんとして残る。**何度も言うように、彼らは「選択は（ほとんど常に）遺伝子プールにおけるある遺伝子の頻度の増加という結果を生む」という「議論の余地のない」消極的な主張と、遺伝子の持つ「それ自身の複製を残す能力に影響を及ぼす特性」があらゆる選択過程を引き起こす因果的起点となっているというより積極的な主張とを区別する。このいずれの意味で彼らが対立遺伝子モデルの普遍的提供可能性を主張しているのかは、彼らの文言からは必ずしも明確でない。もし前者の意味で考えるとすると、その主張は、「進化とは、考察の対象となっている集団の遺伝子プールにおける対立遺伝子の頻度変化のことである」という集団遺伝学的な進化の定義から論理的に帰結する、大なり小なりトリヴィアルな主張であるといえる。というのは、ある世代で起こった選択過程の結果は、それが生物個体を相互作用子とするものであれ、生物集団を相互作用子とするものであれ、遺伝子型を相互作用子とするものであれ（場合によっては種を相互作用子とするものであれ)、最終的には複製子である対立遺伝子――「発生上のボトルネック」としての半数体配偶子の段階において、減数分裂によって分離された遺伝子型の断片――の頻度変化として次世代に伝達されるということは、対立遺伝子選択論者でなくとも誰もが認める事実であろうから[33]。これが「帳簿的な意味(bookkeeping sense)での対立遺伝子選択説」と呼ばれているものに他ならない。それに対して、もしそれが「自然界のあらゆる選択過程は、単一の対立遺伝子が有する適応価を伴う性質と、環境との因果的相互作用の結果として起こる」という「因果的・実在論的な意味での対立遺伝子選択説」のことを意味しているのだとすると、そうした普遍主義的な主張がはたして維持可能かどうかはすでに上で述べたように疑問の余地がある。おそらく、そうした意味で対立遺伝子自身が相互作用子として振る舞い、自らの「利益」のために選択過程の因果的起点となるといえるのは、ごく少数の例外的なケースに限られるだろう[34]。

いずれにせよ、ステレルニーとキッチャーは、この一九八八年の同一の論文の中で、一方ではドーキンスの「能動的な生殖系列複製子」の概念に基づいてあらゆる選択過程における対立遺伝子の原因性(causation)を唱え、他方で「多元論的対立遺伝子選択説」の概念を提唱して一見穏当な相対主義・規約主義に退却するという、いわば「ダブルスタンダード」を使い分けているという印象を禁じえない。ただし、残念ながら彼らの共著論文では、こうした科学哲学的・認識論的な――あるいはそう呼びたければ「形而上学的」と呼んでもよいが――問題についての、それ以上突っ込んだ議論は見いだせない。そこでこの問題についての議論を終える前に、比較的近年(二〇〇五年)、アメリカの *Philosophy of Science* 誌上で、この問題をめぐってエリザベート・ロイドとケネス・ウォーターズとの間で再燃された論争を拠りどころとしつつ、こうした科学哲学的な側面について最後に考察しておきたい。

対立遺伝子選択モデルは自立的か、寄生的か

ロイドは、「なぜ遺伝子は帰ってこないのか」（Why the Gene will not Return）という論文を、二〇〇五年に *Philosophy of Science* 誌上に発表した（Lloyd 2005）。これは見て取れるように、ステレルニーとキッチャーによる「帰ってきた遺伝子」（The Return of the Gene）への明確な対抗を意図したものである。この中で彼女は、**ステレルニーとキッチャーが提供したヘテロ接合体優位の事例の対立遺伝子選択モデルは、先にソーバーとルウィントンによって提供されていた二倍体遺伝子型選択モデルに「寄生した（parasitic）」、「派生的な（derivative）」ものに過ぎない**、と論じた。なんとなれば、ステレルニーとキッチャーが対立遺伝子選択モデルの構築のためにわざわざ導入した「対立遺伝子環境」の下で対立遺伝子適応度を決定する際に、二倍体遺伝子型選択モデルにおいてあらかじめ与えられている遺伝子型適応度に関する情報を、借用せざるを得ないからである。すなわち、対立遺伝子環境P_1において対立遺伝子Aが有利であるといえるのは、上位レベルにおける遺伝子型と環境との相互作用において登場する三つの遺伝子型（AA、AS、SS）の中で最適であることがすでに分かっているヘテロ接合体ASの適応度w_2を、P_1における対立遺伝子Aの適応度と同一視することによってである。同様に、対立遺伝子環境P_2において対立遺伝子Aが不利となるということがいえるのは、同じく上位レベルにおける遺伝子型と環境との相互作用において登場する三つの遺伝子型の中でその適応度がASよ

りは劣ることがすでに分かっているホモ接合体AAの適応度w_1を、P_2における対立遺伝子Aの適応度と同一視することによってである。

先にステレルニー＝キッチャー＝ウォーターズによって導入された「対立遺伝子環境」の概念について紹介したところで、ウォーターズが、ソーバー＝ルウィントンによって文脈依存的だと見なされた対立遺伝子Aの適応度$W_A = pw_1 + qw_2$は、正当に定義された対立遺伝子環境における対立遺伝子Aの文脈非依存的な適応度W_A^A、W_A^Sを用いれば、$\bar{W}_A = p\,W_A^A + q\,W_A^S$と書き改められるとしている点を見た。そしてその際彼は、この対立遺伝子適応度W_A^A、W_A^Sが、たまたま遺伝子型AAとASの適応度w_1、w_2と同一の値をとっていたとしても、「それらの数値の解釈は同じではない」と主張していた。

しかしロイドに言わせれば、ここでウォーターズがしていることは、Aをもう一方の対立遺伝子にいただく対立遺伝子環境（P_2）におけるAの適応度をW_A^Aとして——そしてSをもう一方の対立遺伝子にいただく対立遺伝子環境（P_1）におけるAの適応度をW_A^Sとして——「命名し直した（rename）」だけであって、その導出法を対立遺伝子選択モデルの枠組みの内部で具体的に提示したわけではなく、またそうした適応価がよって来たる背景の因果連関を明らかにしたわけでさえない。仮にステレルニー＝キッチャー＝ウォーターズが、彼らの目的は認識論的な次元で多元的モデルの構築可能性を示すことにあるのだから、対立遺伝子の適応度の具体的な測定法まで示す義務はないと弁明しようとしたとしても、それは通用しない。なぜなら、彼らは一倍体遺伝子型モデルと対等の——それどころか遺伝子型モデルが構築できないケースにおいても「いつでも構築可能」という意味で、それより優れた——対立遺伝子選択モデルを提唱しているのだからである。

＊

では、これに対してウォータースはどのように応答しているだろうか。彼はまず、ステレルニーとキッチャーの共著論文（Sterelny and Kitcher 1988）で唱道されていた、そしてそこにウォータース自身も混じって書かれたソーバー再批判論文（Sterelny et al. 1990）において彼自身もそれにコミットしていた「多元論的対立遺伝子選択説」という、大なり小なり形容矛盾を含んだ立場を撤回する――あるいはそれは彼自身の本来の主意ではなかったと弁明している。彼が一貫して唱道してきたのは「多元論」の方であって、「対立遺伝子選択説」ではない。一見彼が対立遺伝子選択説を奉じているように見えるときでも、実は彼は、多元論の擁護という本来の目的のために階層的一元論者を論駁する必要から、一種の方便として、その同じ選択過程を対立遺伝子の視点から記述することも同等に可能だという「対抗論法」を提起していたにすぎない、と（Waters 2005）。

その上で彼は、上述したロイドの批判にこう答える。すなわち、**確かに対立遺伝子選択モデルが「より上位のレベルの」情報を必要としているということは事実だが、その点は二倍体遺伝子型モデルといえども同じである**、と。対立遺伝子選択モデルは対立遺伝子とその外部との境界に（選択される対象とその背景環境との）線を引き、二倍体遺伝子型モデルは遺伝子型とその外部との境界に線を引く。したがって、鎌状赤血球貧血の事例をモデル化する際に必要な情報――たとえば、変異遺伝子によってどのように変形したヘモグロビン分子が合成されるかとか、マラリアやそれを媒介するハマダラ蚊の分布状況とか、マラリア原虫生息地域周辺に住む人間の生活状況（衛生や栄養）などに関する情報――の入手が、二倍体遺伝子型モデルの専売特許であるというのは間違いである。むしろ真相は、どちらのモデルも、それを構築するために自らの境界を越え出て、そうした様々なレベルで得られる情報を利用しているのである。

> 多元論者の見解は、存在する二つの適切なモデルの内、一方は対立遺伝子とそれに直に接した（adjacent）環境との間の因果的相互作用についての情報のみを含み、他方は二倍体遺伝子型とそれに直に接した環境との間の因果的相互作用についての情報のみを含む、というものではない。多元論者の見解は、いずれのモデルの適用も、複雑な生物学的状況における「任意のレベルの」情報に依存している、というものである。二倍体モデルは対立遺伝子より上位の情報を所有し、対立遺伝子モデルは二倍体遺伝子型よりも下位の情報を所有する、というぐあいにはなっていない。……これらのモデルは同一の因果関係を異なったやり方で表現しているのである。（Waters 2005, p. 321）

けれども、確かにウォーターズの述べるように対立遺伝子モデルで参照される情報は、対立遺伝子に直接隣接した環境において与えられるものに限定される必要はないかもしれないが、**もし対立遺伝子選択論者が「対立遺伝子が所有する性質の優劣のゆえに対立遺伝子が選択されている」と本気で主張したいのであれば、対立遺伝子を選択する因果的な作用は、やはりそれに直接隣接した環境から加えられるものと見なさねばならないだろう。**対立遺伝子選択論者の説明で最後まで釈然としないのは、対立遺伝子選択モデルにおいてはいったい何がこの因果的な作用を担っているのかという点に他ならない。先に示した、オカーシャの本（Okasha 2006）から転載した図に示されているように、マラリア原虫が生息している環境において、鎌状赤血球を作る異常対立遺伝子Sは、その頻度が0から1まで上昇していく途上でその因果的効力を反転させる。けれども、対立遺伝子因果性の視点だけからは、この反転の理由は説明できない。「Sの頻度が低いときは有利なペアASが形成されやすく、Sの頻度が高くなると不利なペアSSが形成されやすいからだ」というのでは答になっていない。なぜならば、いま問題となっているのは「そもそもなぜASは有利でSSは不利なのか」ということなのであり、対立遺伝子に直接作用する因果性の観点だけからこの両者の相違を説明するのは私には不可能だと思われる。

*

ところで、ウォーターズがその多元論的立場を貫徹させるために採用する認識論的な戦略は、批判的検討に値する興味深いものである。彼は、ステレルニーとキッチャーが拍子抜けするほどあっさりと受け入れた規約主義や道具主義の立場からはあくまで距離を置き、最後まで「実在論」の旗を掲げ続けようとする。すなわち彼は、ソーバーに倣って、あるモデルの「帳簿的な意味での」成功と「因果的な意味での」成功との区別を受け入れる。その上で彼の唱道する多元論を、――それがほとんどトリヴィアルに真となってしまう前者の意味ではなく――あくまで後者の実在論的な意味で打ちだしていこうとする。けれども、その際同時に彼は、**あるモデルが「実在する因果性を正しく表象する」といえるための基準を緩めることを提案する**。これが彼の一九九一年の論文「選択の力に関する緩和された実在論（Tempered Realism about the Force of Selection）」の骨子となるアイデアである（Waters

1991）。そこにおいて彼は、ヘテロ接合体優位を引き起こす選択の力とそれが働くレベルに関しては、二つの異なる——しかも同等に正当な——モデル（二倍体遺伝子型選択モデルと対立遺伝子選択モデル）を構築することが可能であるが、だからといってわれわれは、直ちに規約主義・道具主義に走らねばならないというわけではないと述べる。というのは、「選択の力に関する諸々の主張の真偽は、それらの主張がその下で表現されているところの理論的な枠組みに相対的にしか決せられないということを認めることによって、われわれはそうした主張に関する実在論を救うことができる」（*ibid.*, p. 564）からである。要するに、モデルの実在性を、所与の枠組みを超越した絶対的な意味でのモデルの真理性と捉える形而上学的な観点は放棄せねばならないが、しかしその場合であっても、プラグマティックな観点からは、いぜんとして複数のモデル間の優劣について語ることは可能である、というわけである。さらにウォーターズは、こうしたプラグマティックな観点からは、対立遺伝子選択モデルがいくつかの点で遺伝子型選択モデルよりも劣っている点を認めるに吝かでない、とさえ述べている。それはたとえば、「対立遺伝子環境」という直感に反する概念を導入しなければならない点や、因果連鎖の詳細を見えにくくする点、そして「結局何がどういう理由で適応しているのか」という問題を未決のままにするといった点に現れており、確かにそれらは現場の生物学者にとっては好ましくないことであろう、と。けれども——と彼は続ける——、そうした欠点はプラグマティックな観点からのものに過ぎず、「それらは、対立遺伝子モデルが意味論的に高次モデルの派生物であることを示しているわけでも、対立遺伝子モデルが因果プロセスを間違って捉えていることを示しているわけでも、対立遺伝子モデルが選択の真に正しい標的（the true targets）を同定し損なっていることを示しているわけでもない」(*ibid.*, p. 325)。

さて、以上のようなウォーターズの立論をわれわれはどう評価すべきだろうか。確かにそれは、「何でもあり(anything goes)」的な規約主義・道具主義に安易に流されることなく同時に多元論を掲げる――すなわち、科学理論はあくまで自然の実在を表象するものであるべきだという、多くの生物学者がいだいている大なり小なり健全な感覚を共有しながらも、多元論という「平等主義的な(egalitarian)」路線を堅持しようとする――誠実な取り組みであると評価することもできる。けれども**そうした彼の「良き動機」はそれとして、純粋に論理的な観点から評価するならば、それは整合性を欠いた「二面作戦」だと見なさざるをえない**。つまり彼は、一方で「多元論」を確立するために、このヘテロ接合体優位の事例に基づいた帰納的・ボトムアップ的な議論を構築しつつ、他方で同時に「実在論」の旗を堅持するために、あるモデルが実在的とみなされるためのルールを変更するという演繹的・トップダウン的な議論構築を行っているのである。より詳細に分析するならば、彼の立論は以下の四つの主張の連言から構成されているものと見なすことができる。

(1) 対立遺伝子選択モデルが遺伝子型選択モデルと等価である――その意味で多元論が正しい――という主張を、誰も異論を挟む余地のない「帳簿的な」意味においてではなく、より実質的な「因果的・実在論的な」意味において提起する。

(2) 各々のモデルの妥当性(それが実在を正しく反映する程度)は、そこにおいてそれが構築される理論的な枠組みに相対的にのみ決せられるという点を認め――これは一種の「枠組み相対主義（framework relativism）」と呼べるだろう――、そうした枠組みを超越した究極的な実在についての問いを放棄することによって、「実在論を緩和する」ことを提案する。

(3) しかし、そのように緩和された実在論に「規約主義」「道具主義」というレッテルが貼られることは、あくまで拒否する。

(4) 他方でプラグマティックな観点からは、われわれは必ずしも平等主義・相対主義にとどまることなく、異なるモデル間の実際上の優劣を比較しうると主張する。

私には、首尾一貫性を損なうことなくこの四つの主張を同時に掲げることが可能であるとは思えない。とりわけ、(1)と(2)の連言の可能性に関して私は懐疑的である。それは、まさしく上に述べたように、一方で多元論的モデルの実在性を確保しようとし、他方でそのために当の「実在」というものの定義を変更するという二面作戦に他ならず、論点先取の誹りを免れないものだと思われる。ウォーターズは、われわれがどのような理論的枠組みを採用していようとも、所与の選択過程を記述するための唯一適切な単位というものが存在し、それが何であるかはケースバイケースで決まるという階層的一元論の主張を、根拠のない「形而上学的」主張として拒否する。けれども、所与の選択過程を記述する複数のレベルが常に存在し、しかもその中の一つは常に必ず対立遺伝子のものであるというウォーターズの多元論の主張も、それと同程度に「形而上学的」であるとはいえないだろうか？　彼自身の個人的な嗜好という点を度外視したとき、それでもなぜわれわれは多元論を奉じ続けなければならないのかという点に関する、説得的かつ整合的な論拠が示されていないからである。

5　本章のまとめと補遺

本章の考察から何がわかったか

さて、ここまでの考察によって到達した論点をいま一度整理しておこう。本章第2節の冒頭部で私は、次のような問題提起をしておいた。すなわち、ドーキンス流の「遺伝子の目から見た進化」の概念は、「進化の現象を遺伝子の視点から記述することによって新たな視界が開ける」という一つのパースペクティブの提案として理解すべきか、それとも「対立遺伝子選択の視点こそが進化現象の唯一正しい記述法である」という一元論的で排他的な主張として受け取るべきか、と。また同時に私はそこで、そもそもある実体が「自然選択の単位」であると述べることは――すなわち「自然選択においてBよりもAが有利であったためにAが保存されBが淘汰された」という言明は――厳密には何を意味するのだろうか、という問いも投げかけておいた。本章の最後に、これらの問いに対する回答を与えておきたい。

ただそれに先立って、本章で「ヘテロ接合体優位」という特殊ケースをめぐる問題を延々と論じてきた点に関して一言弁明しておきたい。一見この問題は、ある特定の事例についてそれを遺伝子型の視点から記述するか対立遺伝子の視点から記述するかという、きわめてローカルで些末な問題に見えるかもしれない。しかもそれは、同じ遺伝子選択論者の陣営の内部における「遺伝子型派」と「対立遺伝子派」との論争という、一種の「内輪揉め」の様相を呈したものと思われるかもしれない。けれども、ウィリアムズとドーキンスは実質的に、ほとんどすべての選択過程は対立遺伝子のための選択であるという普遍主義的なテーゼを打ちだしているのであるから、ヘテロ接合体優位の事例は、このテーゼが真に普遍妥当性を持つものであるのかどうかを測る試金石として、単なるローカルな一事例というにとどまらない意義を担っているのである。

以上の点を踏まえた上で、あらためて私が到達した結論をまとめておくと、まずステレルニーとキッチャーが整理した「一元論的対立遺伝子選択説」「多元論的対立遺伝子選択説」「階層的一元論」という三つの立場の内、「一元論的対立遺伝子選択説」は早々と選択肢から外された。さらに「多元論的対立遺伝子選択説」に関しては、それを「帳簿的な意味」で捉えるか「因果的な意味」で捉えるかという二通りの解釈の可能性がある点を見た。その上で私は、前者の意味で捉えた場合それは完全に受容可能ではあるが同時に内容空虚なものとなること、しかし後者の意味で捉えた場合その普遍主義的体裁が問題を含むものであることを論じた。結果として私は、――安易に規約主義に走ることなく選択モデルの実在性をある程度保証しようとするなら――残された「階層的一元論」のみが維持可能な立場であるという結論に至ったのである。

*

ドーキンスは、本章の冒頭でも紹介した「普遍的ダーウィニズム」と題する論文の中で、遺伝子の目から見た進化の記述は単なる帳簿的な記録にすぎないというグールドの批判（Gould 1983）に答えて、次のように述べている。

グールドは（本書の中で）、複製子の眼で進化を見ることを、単なる「帳簿づけ」に終始するものにすぎないと見くびっている。これは一見うまい喩えであるように見える。進化に付随する遺伝子の変化を、帳簿上の金銭の出入り――外界で進行している表現型にかかわる真に興味深い出来事を単に経理担当者の眼差しで記録したもの――と見なすのはたやすい。しかしながら、より深い考察をめぐらすならば、真実はほとんど正反対であることがわかる。（ラマルク主義者ではない）ダーウィニストにとって、因果の矢は遺伝子型から表現型へと向かうのであってその逆ではない、ということは本質的に重要である。遺伝子頻度の変化は、表現型変化の帳簿上における受動的な記録なのではない。むしろ表現型の進化が起こるのは、遺伝子頻度の変化が表現型の変化を能動的に引き起こす（cause）からなのであり、またその引き起こしの程度によって前者の進化の程度も決まるのである。深刻な誤解が生まれるのは、この一方向的な流れ（Dawkins 1982a, 第6章）の重要性を理解し損ねることと、それを頑なで妥協を許さぬ（undeviating）「遺伝的決定論」（Dawkins 1982a, 第2章）と過剰解釈することによってなのである。（Dawkins 1983, p. 421; ただしこの引用文中の出典の記載はドーキンス自らによるものである）

本章で論じてきたことから明らかなように、ドーキンスはここで、二つの異なる因果性を混同している。一方は遺伝子型が表現型を構築する（発現させる）という際の因果性であり、他方は表現型と環境との相互作用によって遺伝子頻度に変化がもたらされるという際の因果性である。前者は、まさしく彼が強調するように、ラマルク主義ならぬダーウィニズム（あるいはヴァイスマニズム、あるいは分子生物学のセントラルドグマ）のエッセンスである。それに対して後者は、いったん構築された表現型に事後的に淘汰圧が作用することによってもたらされる、前者とは独立の因果性である。しかるにドーキンスは、前者の自明性[35]を論拠に、後者をそれと同一視して――あるいは単純に無視して――いるのである。けれども、個体発生において遺伝子型が表現型を形成する主要要因であるということを認めたとしても、それのみを論拠に、その後のあらゆる選択過程を駆動する原因性は遺伝子レベルの変異にあるのだと強弁するのは、先に挙げた「風が吹けば桶屋が儲かる」と同じたぐいの、（論理的に不可能というわけではないが）意味の希薄な主張だといわざるをえないだろう。

さらに、以下のような考察をめぐらすこともできる。「遺伝子型が先か、表現型が先か」というのは、ある種「鶏と卵」の問題に似ているところがある。確かに、（有性生物の）ある世代のある一個体を考えれば、受精卵に含まれていた遺伝子型情報がその後の表現型の発現を「一方向的に」規定するといえるかもしれない。けれども、ある世代から次の世代への交代時における集団レベルでの遺伝子頻度の変化は、前の世代において各個体の表現型に作用した因果性の結果である。つまり、ドーキンスが「表現型の変化を能動的に引き起こす」と述べるところの遺伝子頻度の変化それ自体が、前の世代の表現型変化によって引き起こされたものであると見なすこともできるのである。こうした長期的な視点で見るならば、環境との相互作用（後者の因果性）を度外視した表現型形成（前者の因果性）の文脈においてすら、因果の矢が常に「遺伝子型→表現型」の向きに作用するというのはそれほど自明なことではないといえるだろう。

＊

ではあらためて、「遺伝子の目から見た進化」もしくは「選択の単位は遺伝子である」という表現で厳密には何が意味されているのか、という問いに立ち返ろう。ここまでの議論から言えるのは次のことである。すなわち、「遺伝子の目から見た進化観」は確かに説明的適応主義の論理的前提として要請されるのだが、その際必要となるのは「帳簿的な」弱い意味での遺伝子選択説であり、「因果的・実在論的な」強い意味での遺伝子選択説の要請は不必要であるどころか正当化されない、ということである。きわめて高度な「適応的複雑性」は自然選択以外の何物によっても形成不可能であるというドーキンスの説明的適応主義に仮に同意するとしても、われわれはそうした主張と、能動的な生殖系列複製子たる利己的対立遺伝子があらゆる選択進化の主体となるという主張とは、概念的に切り離して《ディカップリング》考える必要があるのである。遺伝子の眼から見た進化観、もしくは利己的遺伝子説は、このような穏当な意味で再解釈されねばならない。「生物界のあらゆる選択過程は、その最終産物としての表現型の適応価に能動的な影響を及ぼしうる諸々の対立遺伝子の、互いに競合する生存戦略の優劣に関する選択に帰せられる」という進化の描像《ピクチャー》は、確かに極めて啓発的でユニークなものである。しかし同時にそれは、額面通りに受け取られた場合、そのユニークさのゆえに人を惑わしかねないミスリーディングな描像でもあるのだ。

「選択の単位」の用語法をめぐる混乱

「選択の単位とはそもそも何か」という点に関して、もう一つ別の角度からの分析を提供しておこう。先に紹介したロイドは、ウォーターズとの論争に先立つ二〇〇一年に、自然選択の単位をめぐってそれ以前に闘わされた論争を包括的に調査し、なぜこの論争がこれほどまでに紛糾し、いまだ解決の目途が立っていないように見えるのかという分析を施している（Lloyd 2001）。**彼女が到達した結論は、それは論争の当事者たちの各々が異なる意味で「選択の単位」という語を用い、その結果不必要な混乱が生じているからだ**というものであった。すなわちロイドによれば、これまで論者たちによってこの語に与えられてきた意味は、彼らが以下の四つの問いのどれに答えようとしているかに応じて、四つの異なるカテゴリーに分類される。

(1) 何が相互作用子となっているかという問い（Interactor Question）
(2) 何が複製子となっているかという問い（Replicator Question）
(3) 何が進化の受益者となっているかという問い（Beneficiary Question）
(4) 何が適応の担い手なのかという問い（Manifestor-of-Adaptation Question）

(1)は、その時々の選択過程において実際に環境と直接的に相互作用している実体は何なのか――つまり自然選択の力が直接作用する形質は何なのか――という問いである。シマウマの集団には、足の速さに関する変異が存在する。しかし同時に、縞の本数に関する変異も存在する。そのときこの問いは、ではサバンナにおいて実際に生存闘争を闘っているシマウマにとって生き残りのために重要なのは足の速さなのか、それとも縞の本数なのか、といった形で立てられる。

(2)は、ＤＮＡ上のどの部分が実際に複製される単位なのか、という問いである。これは厳密にいえば、「選択の単位」というよりはむしろ「複製の単位」「遺伝の単位」と呼ぶべきものである。核内DNAが複製され次世代に継承される物質であるとしたとき、ではDNA上のどれだけの範囲を、厳密な意味での複製の単位（遺伝子）と見なすべきかという——主としてドーキンスがこだわってきた（Dawkins 1976）——問題である。メンデルの独立の法則によって異なる染色体は独立に配偶子に分配されるため、減数分裂においてゲノム全体の同一性は保たれない。さらに「交叉（crossing-over）」が起これば染色体でさえ途中で分断されるし、それは同時に、同一の染色体上の遺伝子領域（シストロン）もまた分断されうることを意味している。だとすると、ある遺伝子が交叉によって分断される確率はそれが染色体上に占める長さに反比例すると予想されるので、「遺伝の単位は短ければ短いほど何世代にもわたって長生きする」（*ibid.*, 邦訳五五頁）ということになる。そこでもし、それを置換したときに何らかの変化が表現型に現れればそれを遺伝子と見なしてかまわないという「差異生産者としての遺伝子」概念を採用したとすると、極端な場合、単一の「利己的ヌクレオチド」を最も短い遺伝子として選択の単位に認定する——すなわち生物界の生存闘争を四つの塩基A、G、C、T間の競争に還元する——ということまで本気で考えねばならないことになるかもしれない、しかしそれはあまりにも法外な想定であろう、等々。こういった問題である。

(3)は自然選択による進化を、世代を超えた長期的な視点で見た場合、その真の受益者となる実体は何なのかという、ウィリアムズやドーキンスが投げかけた問いである。本章ですでに述べたように、進化は個々の生物個体の世代時間を超えて継続していく長期的な現象である。したがって、選択の単位と呼ぶに値する実体もそうした長期的な現象の受け皿となるに十分なほどの長寿性を備えたものでなければならない、といった問題意識がそこにある。そしてウィリアムズやドーキンスが、厳密な意味でそうした基準を満たすのは結局のところ対立遺伝子をおいて他にない、という結論を導いていることもすでに見た。

(4)は、自然選択によってある適応形質が進化した場合、その担い手となっている実体（あるいはそれが帰属する対象）は何なのか、——すなわち選択される形質を所有しているのは生物個体か、集団か、遺伝子か——といった問題である。サバンナのシマウマの群れにおいて「駿足」という形質が進化した場合、それは個々のシマウマの属性なのか、シマウマの群れ全体の属性なのか、それともそれをコードしている遺伝子の属性なのか、といった次元でなされた議論のことである。

さて、**ソーバーらが選択の単位を(1)の「相互作用子」の意味で捉えているのは明らかである。**ソーバーの観点からは、実際に環境との相互作用を担っている実体が何であるかに関わりなく、その結果は最終的には集団内の対立遺伝子の頻度変化に反映されるわけだから、対立遺伝子の視点からの普遍的記述可能性は、選択の単位の問題とは無関係な自明のトートロジーである。それに対して、「あらゆる選択過程は対立遺伝子の利益のために起こる」というより強い意味での対立遺伝子選択説が成り立つためには、他の原因によって生じた選択過程に「ただ乗り（free ride/hitchhike）」してある特定の対立遺伝子の頻度が増加するというのではなく、その対立遺伝子自身の適応価のゆえにそれ自身が「相互作用子」となり、その結果として遺伝子プールにおけるその頻度が増加する、ということが起こっているのでなければならない。つまり、単なる当該の「対立遺伝子の選択（selection *of* the allele）」ではなく、「対立遺伝子のための選択 selection *for* the allele」が起こっていなければならないのである。[36]

他方でドーキンスやステレルニー＝キッチャーが特に重視するのは、(3)の長期的な意味での進化の受益者の観点である。上述したように、彼らに共有されているのは、個体や表現型や遺伝子型は多かれ少なかれ短命の存在でしかないが、対立遺伝子だけは減数分裂や個体の死を乗り越えて半永久的にその複製系列を持続させうるポテンシャルを備えている――したがって対立遺伝子こそが自然選択の単位の名に値する――という認識である。こうした観点が前面に登場してくれば、一個体の世代内におけるそのときどきの選択過程において実際に何が相互作用子として環境からの淘汰圧の「矢面」に立つのかという観点は、おのずから背景に退いてしまうことになるだろう。かくして彼らは、既述のように、相互作用子的な意味における真の選択の単位が何であるかと問うのは「混乱した形而上学の演習問題」だとさえ述べて、規約主義的な立場から多元論を唱えるにいたるわけである。

選択の単位問題の認識論

最後に、これまで検討してきた対立遺伝子選択説をめぐる問題の認識論的な側面について一言述べて、本章（ならびに本書）を終えることにする。概してソーバーやルウィントンやロイドのような実在論者は、自然界における選択による進化のプロセスはわれわれ人間の存在とは独立に生起しているものであり、それゆえそれをどのようにモデル化するかという科学者の側の都合とは独立に、そこには何らかの因果的相互作用が進行しているはずであり、それをあたう限り適切に記述することこそが科学理論の目標であるという認識を基本的に共有している。それに対して、ステレルニーやキッチャーやウォーターズのような多元論者は、自然界に実在する真の因果メカニズムは何かというのは人知を越えた形而上学的問いであり、科学はそうした問いにかかずらうことなく、むしろその目的を、われわれ人間の自然理解に資する有用なモデルの構築に限定するべきであるというプラグマティックな態度を共有している。特にステレルニーとキッチャーは、所与の現象を説明しうる整合的なモデルが構築できさえすれば、それが自然の「真の実在」を反映していようがいまいが科学者の任務は果たされるという、規約主義的・道具主義的な立場にコミットしている。

　したがって、本章でここまで扱ってきた自然選択の単位をめぐる論争は、科学という活動のあるべき姿について異なる陣営がいだいている信念の相違に部分的には根ざすものであり、その意味でいわゆる「パラダイム論争」の性格を帯びたものであるといえる。しかし同時にそれは、従来の科学哲学において物理学をモデルとして論じられることの多かった科学実在論の問題の生物学版という側面をも併せ持っている。したがってまたわれわれは、この手のたぐいの問題は何らかの「決定的実験」や観察によって実証的に決着を見ることのできるような一筋縄のものではないということを、念頭に置いておくにしくはないであろう。

註

第1章

（1）暗黒時代からルネサンスへというサイクルがヨーロッパにおいて二度繰り返されたというハミルトンの見解の真偽についても、筆者はここでは判断を差し控えることにする。

（2）ちなみにこの論文の前半部分は、プライス方程式を用いて、比較的均質な集団内においては、（個体選択ではなく）集団選択のメカニズムによって利他的形質が広まりうることを数学的に示したもので、近年の新たな集団選択理論の先駆けとなる記念碑的なものである。しかし、論理的で緻密な議論が展開されている前半部と打って変わって、後半部分では、「種内に元々存在していた遺伝的分散が、地域集団間に分配される――すなわち、集団間変異が集団内変異をはるかに凌駕する――ことによって、利他的形質が進化しうる地盤となるような均質な地域集団が形成される」という前半部で得られたプライス方程式からの数学的帰結を基にして、「遺伝的組成が互いに異なる人間集団の間には反目や殺戮や戦争が絶えることはない」という趣旨の主張が、かなり散漫でとりとめのない思弁的考察によって綴られている。ハミルトンの論文集 *Narrow Roads of Gene Land*――ちなみにこれは、彼の敬愛する松尾芭蕉の『奥の細道』にちなんで命名されたタイトルである――では、集録された各既刊論文の前に、その論文執筆をめぐる内輪の経緯や個人的な感慨をエッセイ風の文章で綴った序論が添えられていてそれはそれで非常に興味深いのだが、件の論文に添えられた序論では、この論文が人類学者シャーウッド・ウォシュバーン（Sherwood Washburn）をひどく怒らせてしまったことが、若干の当惑とともに語られている。ウォシュバーンは、人間進化の研究に霊長類の生態観察を導入したという点において、人間社会生物学的な研究のパイオニアといってもいい存在であったのだが、その彼をしても、このハミルトンの後半部の論考は「還元主義的で、人種差別的で、馬鹿げている」(Hamilton 1975, p. 317 より引用)と映ってしまったのである。それまでウォシュバーンを敬愛し、自らの論文の枕に彼の文章を引用までしてウォシュバーンを喜ばせようとしたハミルトンは、このことによってひどく落胆することになる。そして彼は、その序論の中でこの件について次のように自問している。「同業者の非難の奔流に抗し学問分野のフロンティアを推し進めようと苦闘した人々は、ときに、ほんとうは自分たちは皆がそう思うような異端者でも無法者でもないのだということを、彼ら自身に、そして他の人々に、信じさせる必要があるのだろうか? そして彼らはこの必要を、彼ら自身が進んできた道をさらに先まで進もうとする者たちに対する必要以上の攻撃性によって満たそうとするのだろうか?」(Hamilton 1975, p. 317)、と。それでもハミルトンは、そのすぐ後で、次のように開き直ってもいる。「事情はともあれ、私の論文が実際に人種差別的で馬鹿げたものであるかどうかは、読者の判断に委ねたい。私がここで言っておきたいのは、あの件以降も私は自分の意見をほとんど変えていないということ、そしてとりわけウォシュバーンが最も腹立たしい一節として挙げた箇所についての私の意見はまったく変わっていないということである」(Hamilton 1975, p. 317)、と。

(3)ちなみに、ドーキンスはE・O・ウィルソンのことを「たぐいまれなる体系構築家」と評して敬意を払っている(Baggini and Stangroom 2003, 邦訳、一〇四頁)。

(4)近親交配はそれによって産まれた子に様々な先天異常をもたらすという経験的事実は以前から知られていたが、近交弱勢という形でそのメカニズムが集団遺伝学的に解明されたのは前世紀においてのことである。

(5)教育とかタブーとか禁止とか制裁といった文化的メカニズムも、至近要因の一種だと考えられる。

(6)こうした傾向は特に、一九八一年にE・O・ウィルソンがラムズデンとの共著『遺伝子・心・文化——共進化のプロセス』の中で打ちだした「遺伝子=文化共進化説」において、「文化素(culturgen)」という一種の原子論的な概念を用いて還元主義的に「文化」を定義する際に顕著に見られるものである。が、ここではこの理論の詳しい分析には立ち入らない。

(7)この点は、たとえばチェスや将棋の名人とＩＢＭ製コンピュータとの対戦を想定すれば、理解しやすい。コンピュータの処理能力や対戦プログラムの格段の進歩により、近年ではコンピュータが名人を打ち負かすまでにもなっている。けれども、いくら「コンピュータ棋士」が強くなったとしても、その「思考法」と生身の名人の思考法との間には大きな隔たりがある。ただし、名人の「モジュール化された」思考法は、訓練によって形成されたものであって生得的なものではないという点に、進化心理学のモジュール説との相違がある。近年の進化心理学においては、初期のパイオニアたちが考えたようにモジュールを生得的なものと考える必要は必ずしもないという方向に議論が軌道修正されているようであるが（たとえば Barrett and Kurzban 2006）、心的モジュールが自然選択の産物であるという適応主義にこそ彼らの議論の新鮮味とインパクトがあった点に鑑みれば、私にはこうした軌道修正は「二兎を追う」がごとき、逆にその独自性を見失わせるものに思われる。

(8)染色体上で個々の遺伝子（gene）が占める部位を遺伝子座（locus; 複数形は loci）という（たとえば、目の色をになう遺伝子の遺伝子座など）。各遺伝子座を占めうる、代替可能な複数の遺伝子を対立遺伝子（allele）という（たとえば、赤目の対立遺伝子や黒目の対立遺伝子など）。

(9)たとえばすぐ後に出てくるV^Gに関して言えば、$V_G = (G_i - \overline{G})^2/N \ (i = 1, 2, \cdots, N)$である（ここで$G_i$は個々人の遺伝子型、$\overline{G}$は遺伝子型の平均値、Nは集団の構成員の数を表わす）。

(10)統合失調症に関する以上の説明は、ウィルソン（1978）の叙述を基に筆者が若干補完したものだが、現在（二〇一三年）の時点でなされている医学的な説明に照らしあわせても、極めて当を得たものであるように思われる。たとえば厚生労働省のホームページでは、統合失調症の発症における「素因と環境」の相対寄与について、以下のように記されている。「双生児や養子について調査をすると、発症に素因と環境がどの程度関係しているかを知ることができます。たとえば、一卵性双生児は遺伝的には同じ素因をもっているはずですが、二人とも統合失調症を発症するのは約五〇％とされていますので、遺伝の影響はあるものの、遺伝だけで決まるわけではないことがわかります。様々な研究結果を総合すると、統合失調症の原因には素因と環境の両方が関係しており、素因の影響が約三分の二、環境の影響が約三分の一とされています。素因の影響がずいぶん大きいと感じるかもしれませんが、この値は高血圧や糖尿病に近いものですので、頻度の多い慢性的な病気に共通する値のようです」（厚生労働省ＨＰ［http://www.mhlw.go.jp/kokoro/speciality/detail_into.html］、二〇一三年一〇月一〇日時点のもの）。「遺伝的決定論者」ウィルソンの立場が、必ずしも通常そのレッテルによって理解される額面通りのものではないということの、一つの証左であろう。

（11）「複製子」については第3章註（6）を参照。

（12）『ザ・フィロソファーズ・マガジン』という一般読者層向けに英国で発刊されている哲学雑誌がある。そこでは毎号、各分野の第一線で活躍している「哲学者」のインタビュー記事が掲載されているのだが、一九九八年の第6号でそこにドーキンスが登場している。「遺伝子と決定論」と題されたそのインタビュー記事の中で彼は、自分がこれまで受けてきた遺伝的決定論者の誹りに対して、以下のように抗弁している。「仮に誰かが、例えば攻撃性の遺伝子とか宗教心の遺伝子を発見したという声明を出したとしても、それは変更不可能な決定論という意味での決定論的な力の存在のことを意味しているわけではありません。そのことは、食品に含まれているある特定の化学物質が何らかの効能を有しているということを発見する場合と同じことです。例えば、赤トウガラシを食する人はそうでない人よりも攻撃的になるということをあなたが発見するかもしれません。この例そのものを裏づける証拠があるわけではありませんが、まあそれに似たようなことを発見することはあるでしょう。しかし、この発見も決定論とは何のかかわりもありません。それは、他のあらゆる成分が有している効能の上に付加される統計的効果のひとつにすぎないのです。遺伝子に関しても同じようなことだと考えられます。それは、複雑な因果連鎖の網状構造の形成に統計的に寄与しているだけなのです。そして、自然選択が起こるためにはそれで十分なのです」。そして彼は、「ある特定の形質のための遺伝子」という言い回しは、「一種の便法」にすぎないと断った上で、以下のように続けている。「それが意味しているのは、その遺伝子をその対立遺伝子に置き換えたとすると、それに応じた変化が表現型に現れるということなのです。遺伝子は、表現型の多様性を生み出す要因のひとつであり、生物集団における変異を生み出す要因のひとつです。より厳密に言えば、ある遺伝子をその対立遺伝子と比較したときに、それらの遺伝子が多様性の産出にどれくらい寄与しているかということがはじめて見えてくるのです」（Dawkins 1998, 邦訳六八－七〇頁）。すなわち、「ある特定の表現型のための遺伝子」という表現によってドーキンスが語ろうとしているのは、遺伝子が表現型効果を全面的に決定するという意味における因果性のことではなく、むしろ因果関係ネットワークにおけるその統計的効果のことであるにすぎないのである。

（13）こうした論者に、たとえばGoldberg（1973）がいる（Sterelny and Griffiths 1999, p. 16 の記述に基づく）。

（14）遺伝と環境との相互作用の機序に関しては、安藤寿康著『遺伝子の不都合な真実』の特に第4章において、ここでの私の概略的で定性的な議論よりもはるかに精緻な分析が施されている。たとえば安藤が行った、ふたごを用いた英語教育法の実験では、以下のような結果が得られている。

（1）同一のDNAを共有する一卵性双生児のきょうだいの一方に文法中心の教え方をし、他方に会話中心の教え方をしたところ、（当然予想されるように）両者の間に文法力・会話力における有意の差が観察された。

（2）けれども、一卵性双生児と二卵性双生児を比べると、その教え方の相違にかかわらず、常に一卵性双生児においてきょうだい間の成績の類似性が有意に高かった。

本書の言葉を用いて述べれば、（1）は「遺伝的決定論」への反例、（2）は「環境決定論」への反例ということになるだろう。ところが、それに続いて彼は次のように語っている。

しかしそれだけではなかったのです。文法を正しく運用する能力は、遺伝的に言語性知能の高い一卵性のペアでは文法中心の学び方をした方が成績が良かった場合が多かったのに対して、言語性知能の遺伝的に低いペアでは、成績が似なかったり、逆に会話中心の学び方をした方が成績が良い場合が多かったのです。これは異なる遺伝的素質が、異なる環境に対して、異なった学習の結果を導いた好例と言えるでしょう。これを『遺伝・環境間交互作用』とよびます」（安藤 2012, 148–9頁）。

これはまさしく、私が「遺伝子と環境との相乗的な相互作用」と呼ぶものに他ならない。

(15) 先に（広義の）遺伝率の概念を導入した際に、「遺伝子と環境との相互作用をとりあえず無視すれば、表現型分散V_Pは、遺伝子型分散V_Gと環境分散V_Eとの和として表される」と述べた。けれどもここで見てきたように、遺伝子と環境との相乗的な相互作用が無視できないとすれば、こうした第一近似は正当化されないことになる。したがってその際、さらに精緻な分析が必要となる。そこでまず、遺伝子と環境との相乗的相互作用に起因する表現型分散をV_{GXE}とする。さらに、遺伝子と環境とのランダム（偶然）でない相関関係が存在する場合を考慮し、それをCOV(G, E)で表すことにする（「遺伝子–環境共分散」と呼ぶ）。これは、ある遺伝子型を持った個体がある特定の環境を意図的に（あるいは無意識的に）選択する傾向がある――もしくは結果的にある特定の環境に置かれる確率が高くなる――という場合に相当する。たとえば、知的能力がより高い子供はそうでない子供と比べて、より知的な刺激に溢れた――したがってさらなる知性の発達を促進するような――環境を自ら選ぶという事実があったとすれば、そのとき子供たちの知的能力における開き（分散）は、そうした事実が存在しなかったときよりも大きくなるだろう（Sesardic 1993）。あるいは、家庭内での親の子供への接し方と子供の情緒安定性や学業成績との関係に関して「子ども自身がもともと遺伝的に落ち着きがなさすぎたとすると、親にとっても子育てがしにくく、結果的に親から拒絶されたり乱暴に扱われたりして、さらに問題が大きくな」（安藤 2012, 一四三頁）り、子供の学業成績も低下するという事実があったとすれば、それもこの範疇に入るだろう。要するに「遺伝子–環境共分散」が示すのは、遺伝子がある特殊な環境を引き寄せる呼び水となるということである。

さて、これらの要因を考慮に入れれば、表現型分散はあらためて次のように記述できる。

$$V_P = V_G + V_E + V_{GXE} + COV(G, E)$$

ところがこれで話が終わるわけではない。厳密性のためには、遺伝子型分散V_Gをも以下のように三つの異なる成分に分割する必要が生じる。第一に、異なる対立遺伝子の効果の単純な足しあわせで表現型効果が決まる部分（相加的分散V_A）。第二に、――メンデルのエンドウ豆における黄色の対立遺伝子と緑色の対立遺伝子との関係のように、「足しあわせ」で黄緑色になるのではなく――優性の法則によって一方の対立遺伝子の効果が他方を圧倒するような場合に見られる分散（優性分散V_D）。第三に、異なる遺伝子座の間の相互作用に起因する分散（エピスタシス分散V_{EP}）である。その結果、$V_G = V_A + V_D + V_{EP}$が得られる。

そこで以上の点をすべて考慮に入れ、あらためて表現型分散V_Pを表記し直せば、

$$V_P = V_A + V_D + V_{EP} + V_E + V_{GXE} + COV(G, E) \quad \cdots\cdots (\#)$$

ということになる。進化生物学者や集団遺伝学者は従来、V_{EP}とV_{GXE}とCOV（G, E）の効果は無視できるほど小さいものとし、もっぱらV_AとV_EとのV_Pに対する相対的寄与に注意を払い、すでに述べた「広義の遺伝率（broad-sense heritability）」$h_b^2 = V_G/V_P$ではなく、「狭義の遺伝率（narrow-sense heritability）」$h^2 = V_A/V_P$を、表現型の遺伝可能性の指標として用いてきた。これは、掛けあわせ（交配）による作物や家畜の品種改良を目指す育種家の実際的な関心を反映して、人為交配で操作（ないし予測）可能な相加的遺伝子型分散V_Aを重要視した結果でもある（Downes 2004）。

さてずいぶんと前置きが長くなったが、これに対して本文で述べたように、一般的には遺伝子と環境との相互作用は無視できない、そして上記の表式(#)全体を用いねば事態の精確な記述はできないと主張したのがルウィントンであった（Lewontin 1974）。彼は、広義のものであれ狭義のものであれ、遺伝子と環境との相互作用を考慮しない「遺伝率」という概念によって表現型発現における遺伝子の寄与について語るのはミスリーディングであるとし、それに代えて、本文のすぐ後で紹介する「反応基準（norms of reaction）」という新たな表記法を提案したのである。

(16)「遺伝子」をどのように定義するかというのは実はなかなか厄介な問題である。ここに述べたように、バクテリアなどの原核生物の遺伝子制御は真核生物に比べれば単純で、調節領域とコード領域が隣接しているので、調節領域とコード領域をひとまとまりにして特定のタンパク質をコードした一つの遺伝子と見なすことも不可能ではない。しかし真核生物の場合事情ははるかに複雑で、この調節領域がコード領域から遠く離れた場所に位置し、しかもある一つの調節領域によって、別個のタンパク質をコードした複数の構造遺伝子が制御されることも多いので、そのような一対一対応の単純化はもはや不可能となる。少なくとも「タンパク質合成に必要なアミノ酸の配列情報が書かれたＤＮＡ上のシーケンス」という単純な定義――これは「コード領域（構造遺伝子）」に対応する――では捉えきれない多義性を「遺伝子」概念に認めねばならない、ということは確かであろう。たとえば、上記の調節領域にはアミノ酸の配列情報は書かれていないが、しかしこの調節領域がなければコード領域の情報は転写されない。その意味では調節領域もれっきとした「遺伝子」なのであるが、しかしそれは上記のように（真核生物では）特定のタンパク質と一対一には対応していないのである。

(17)このアクティベーター（活性化因子）とすぐ後に出てくるリプレッサー（抑制因子）の両者の役目を兼ねたものが、真核生物における転写因子（transcription factor）である。

(18)科学哲学に造詣の深い読者は、こうしたＤＳＴの全体論と、クワインが「経験主義の二つのドグマ」で打ちだした言語哲学における全体論との親近性を見出すかもしれない。クワインは、論理実証主義者が考えたように個々の命題が単独で感覚経験によって検証されるのでなく、互いに有機的に連関した一つのネットワーク（信念体系）をなす言明の全体が、一つの単位として経験的検証にかけられるのだと主張した（デュエム＝クワインテーゼ）。その際、いかなる経験からも独立に意味のみによって真であるような「分析的真理」と、その真理性が経験に依存する「総合的真理」との（カント以来の）区別はもはや成り立たないとし、以下のように述べている。「地理や歴史のごくありふれた事柄から、原子物理学、さらには純粋数学や論理学に属するきわめて深遠な法則にいたるまで、われわれのいわゆる知識や信念の総体は、周縁に添ってのみ経験と接触する人工の構築物である。あるいは、別の比喩を用いれば、科学全体は、その境界条件が経験であるような力の場のようなものである。周縁部での経験との衝突は、場の内部での再調整を引き起こす。……ある言明の再評価は、言明間の論理的相互関連のゆえに、他の言明の再評価を伴う――論理法則といえども、それ自身、同じ体系のなかのもうひとつの言明、同じ場のなかのもうひとつの要素にすぎない」（Quine 1953, 邦訳、六三頁）。これは単なるアナロジーに過ぎないが、「分析的真理」を「遺伝子」に置き換えてみれば、両者の論理構造は極めて類似していることに気づく。

（19）白亜紀とそれに続く新生代第三紀との境界の意味。K－P境界とも呼ぶ。

（20）米国の科学番組「恐竜最後の日（Last Day of the Dinosaurs）」（YouTube で観られる）では、この小惑星は火星と木星との間に位置する「小惑星帯」を漂う無数の小惑星の中のあるものが偶然衝突したことによって飛び散った「破片」の一つが、たまたま地球に向かう進路をとったというふうに描かれている。

（21）とはいえ、ここで付け加えておかねばならないが、「歴史的一回性」とは異なる別の視点から見れば、こうした隕石や小惑星の衝突はある意味「必然」でさえある。そもそも地球も含む太陽系の諸惑星は、かつて微惑星や小惑星が無数の衝突を繰り返す中で形成されてきたものである。また太陽系の原型が形成されそれが安定化した後も、その頻度は減少したとは言え、いぜん一定の頻度で地球は小惑星や隕石との衝突に見舞われてきた。そしてこの衝突頻度と衝突体の直径との間には、逆相関関係が存在するという経験則がある。それによれば、直径一キロメートルの衝突体が地球に衝突する頻度はおおよそ七〇万年に一回、直径五キロメートルの衝突体の場合おおよそ三〇〇〇万年に一回、K-T衝突に匹敵する直径一〇キロメートルの衝突体の場合一億年に一回、それに対して直径四メートルほどの隕石の衝突なら毎年どこかで起こるほどの頻度であると見積もられている。歴史的一回的な事象としては「奇跡」に見える出来事も、統計的に見ればいつ起こってもおかしくないというこのパラドクスは、地球や宇宙の歴史の至るところに潜んでいる。すぐ後に述べる、地球において生命が進化しえた理由もそうであるし、限りなくゼロに近いわずかな確率でしか起こらない生物の生存にとって有利な突然変異であっても、四〇億年という長い進化の試行錯誤期間が与えられれば通算として結構な回数が生じることになり、それが蓄積して現在の驚異的な生命の多様性が生みだされたという（創造論者や「インテリジェント・デザイン」論者には理解できない）ネオダーウィニズムの基本前提も、このパラドクスと関わっている。さらには、より卑近な例を挙げれば、まさか自分が（あるいは自分の愛する肉親が、あるいは自分の親しい友人が）遭遇するとは想像すらしていなかった災難――飛行機の墜落、列車の脱線、首都高の渋滞時に後方から来た大型タンクローリーによる追突、通り魔、集中豪雨、大地震、大津波等々――に巻き込まれて犠牲となるというような事態の生々しさも、こうした一回的事象の「ありえなさ（improbability）」と統計的観点からの「尤もらしさ（likelihood）」の間のパラドクスに関わっているように思われる。

(22)ただし天文学者によれば、この広大な宇宙空間の中に、地球以外にも「水惑星」の条件を満たし生物が生存可能な星（ハビタブル・プラネット）が多数存在すると考えることは、確率論的に見れば極めて当然のことであるようだ。単にこれまでわれわれの限定された観測手段にかからなかったということから、地球以外に生命は存在しないという結論を導くのは性急であるのかもしれない（井田・小久保 1999）。

(23)たとえば、松井（1989, 1995）などを参照。

(24)したがって火星に原始的な生命が誕生した可能性は否定できないが、それでもやはり海がない以上、それが地球のような高度な進化を遂げることは不可能であっただろう。

（25）ここで「バージェス頁岩」とは、カナダのロッキー山脈の一角にあるバージェス山付近で発見された、古生代カンブリア紀中期（約五億五〇〇万年前）の堆積層である。いわゆる「カンブリア紀の進化の大爆発」――約五億四二〇〇万年前から五億三〇〇〇万年前の極めて短期間の内に、突如（少なくとも形態学的に見れば）進化の速度が加速され、今日見られる動物の「門」（「界」に次ぐ、上位の生物分類階級）のほとんどすべてが出揃ったとされる――の少し後の地質時代のもので、巨大なエビのようなアノマロカリスや五つの眼を持つオパビニアなど、グールドが「奇妙奇天烈動物群（weird wonders）」と呼んだ奇怪な動物の化石が豊富に発見されたことで知られる。まさしく「生物進化の試行錯誤」が急激に進行した時代といえるだろう。

（26）地球四六億年の歴史を過去一年分のカレンダーに見立て、現在をある年の元日に擬したとき、多数の「門」が出現し現行の生物のボディプランがほぼ出揃ったカンブリア爆発は、ほぼ前年の一一月半ばに相当する。最初の生命の誕生（二月半ば）から多細胞生物の誕生（一〇月半ば）まで、過去の生命史の大半（八か月間）は、海中で受動的に漂流して生きていた単細胞生物の時代であった。なぜ一一月の半ばに突如として複雑かつ大型の生物への進化の試行錯誤が（少なくともマクロな視点から観たとき）加速度的に進行したのかは謎である。ただし、本節のこの後で論じることになるカウフマンによれば、彼の「自己組織化」の理論を使えばこの謎は解けるそうである（Kauffman 1993）。ちなみにこの「地球史カレンダー」において、約五〇〇万年前に人類がチンパンジーと枝分かれしたのは一二月三一日一四時頃、「農業革命」（狩猟採集生活から定住農耕生活への移行）によって人類が「文明」の原型を手にしたのは一二月三一日二三時五九分となる。また地上で恐竜が繁栄を謳歌していたのは一二月一一日から二六日の約『半月』間もの長期間（したがってK－T絶滅が起こったのはいまからほんの四日前！）である。仮に文明を獲得して以降現在までの「一分間」が「万物の霊長」としての人類の絶頂期であったとしても、それは恐竜の「半月」と比していかにも短い。

（27）この見方には、新理論Tによる旧理論T′の「還元」を、「T＋橋渡し法則」という連言からのT′の「演繹」とみなす、エルンスト・ナーゲルの「理論間還元」のアイデア（Nagel 1961）が反映されている。

(28)ある一般化が、自然法則に要求されるところの必然性を備えているかどうかの判定基準として科学哲学で広く受け入れられているものに、それが反事実的条件（counterfactuals）をサポートしているか否かをチェックする、というものがある。これについて詳しくは、本節のこの後のカウフマンの議論の箇所（一一〇−一一二頁）を参照されたい。

(29)「A≪B」は「右辺Bの値が左辺Aの値より圧倒的に大きい」という意味の数学的表現である。

(30)当然ながら、上記の「ハーディ・ワインベルグの条件」が成り立っていないときにはこの法則は成立しないという事実は、この条件そのものがすでにその真理内容に含まれているがゆえに、この「法則」を反証可能たらしめるものではない。

(31)「付随性」の概念については、次節（一一四−一一六頁）参照。

(32)これに対してソーバーは、「選択力ゼロの状態（zero-force state）」を規定するものとして、この「法則」に法則的地位を認めている（Sober 1984）。つまりそれはニュートンの運動の第一法則（慣性の法則）の生物学版だというわけである。ちなみにソーバーの整理によれば、ベイティは生物学特有の法則は皆無であると考え、ソーバー自身はそれは多数存在していると考えているのに対して、アレクサンダー・ローゼンベルグは生物学の基本法則といえるのは「自然選択の原理」ただ一つだと見なしている。

(33)ただし議論を簡単にするために、ヒトのように一対の相同なゲノムを有した倍数体（diploid）の生物ではなく、ゲノムが一つしかない単数体（haploid）の生物をモデルとしている。

(34)個々の遺伝子型に「隣接する」——すなわちN個の内一個の遺伝子だけ異なった（「ハミング距離」が一だけ離れた）——遺伝子型は全部でN個あるので、この適応度地形はN＋１次元空間となる。したがってその直観的なイメージを描くことは、それほど容易ではない。ちなみに、この適応度地形の概念は、もともとセウォール・ライトによって導入されたものである。

(35)つまり、N個のうちK個の遺伝子座で適応度の低い対立遺伝子が選ばれている遺伝子型なら、残りK歩でピークに到達できるわけである。

(36)一個のアミノ酸の置換を引き起こすだけの点突然変異の場合は、わずか「一歩のジャンプ」として、ある箇所以降のアミノ酸配列を全面的に置換するフレームシフト突然変異のような大規模な突然変異は、「長距離のジャンプ」として把握される。

(37)このカオスの縁は、必ずしも考え得る限りの最適適応度（最高のピーク）に対応しているわけではない。地形上のピーク高度は、あくまでK＝0のときが最大でその後Kの値の上昇とともに減少していく。しかし他方で、ピーク周囲の斜面の勾配は、一般にKの値が大きいときの方が、K＝0のときの「富士山型」のなだらかな斜面の場合よりも大きくなる。斜面がより急峻であるということは、ローカルな選択環境下での淘汰圧がより高いということ、すなわち突然変異というエラーが集団をピークから引き摺り下ろすのがより困難になることを意味する。その結果、Kの値と突然変異率とのバランスによって最終的に集団が地形上のある地点における均衡状態に到達したとき、たとえそれがK＝0のときの理想的に最適化されたピークよりは低いピークに捕らえられていたとしても、K＝0のときに到達しうるであろう高度よりも、概して高い高度を実現している可能性が高いことになる。

(38)先にエボデボについて論じたところで、「生物の基本ボディプランは太古の時代からほとんど変化していない」というエボデボの知見と、本書の第2章で取りあげるグールドの「バウプラン」のアイデアとの親近性について触れたが、このカウフマンの思想も、エボデボとはまったく異なる視点からではあるが、グールドの発想と極めて親和的なものである。実際、カウフマンの『秩序の起源』のバックカバーに掲載されている著名人による「推薦の辞」の中でグールドは、以下のような全面的な賛辞を送っている。「ダーウィン的進化に対する従来の見方では、生物個体の集団は、自然選択という外的な力によって意のままに適応へと変形されるような、ランダムに変化するシステムと見なされている。しかしダーウィン理論は、生物体内部の遺伝的・発生的な制約や、物理学の一般法則によってもたらされる構造的な制限や可能性に基づく、これとは別の秩序の源泉をも正当に評価しうるように、拡張されねばならない。スチュアート・カウフマンは、長年こうした非正統的な秩序の源泉を探求してきた。そして彼は、いまここにその集大成として、われわれがより包括的で満足のいく進化理論の構築を模索する際に参照すべき、記念碑的作品かつ古典ともなりうるような書物を生みだしたのである」(Kauffman 1993, back cover)。さらに、この推薦の辞の寄稿者陣には、「サンマルコ聖堂のスパンドレル」論文の共著者であるルウィントンや、正統派ネオダーウィニストかつ適応主義者であるメイナード＝スミスも含まれている。なかなか興味深いので、彼らの推薦の辞も一緒に訳出しておこう。ルウィントンは以下のように、基本的にグールドと同趣旨の賛辞を、しかし若干違った切り口で語っている。「自然選択はどんな適応的変化でも成し遂げられるという安易な主張では、集合体(assembly)に関する――そしてその構成要素間の相互作用に関する――固有の法則をともなった、高度に組織化されたシステムが突きつける問題には歯が立たない。スチュアート・カウフマンの書物『秩序の起源』は、進化論者たちがあまりにも長い間避け続けてきた中心的問題――すなわち、われわれが適切にも有機的組織体(organism)と呼ぶところの、複雑で組織化された(organized)システムの進化の問題――に、進化論を立ち戻らせてくれるのである」(Kauffman 1993, back cover)。そしてメイナード＝スミスであるが、彼は適応主義者として若干の戸惑いの色を見せながら、しかし基本的にはカウフマンの仕事の意義を高く評価している。「地球上における生命の始まり以来、自然選択が、生物体の驚嘆すべき複雑性を生みだすのに必要な時間はあったのだろうか? カウフマンはこの問いに対して新たな、しかし非正統的な答を提供する。遺伝子が互いに信号を伝達し合う機序についてすでに解明されていることを前提すれば、複雑性はわれわれが思う以上に容易に出現するのだ、と彼は論ずる。私はそれが正しいのかどうかわからない。けれども、われわれが彼の考えを真剣に受け止めねばならないということは確かである」(Kauffman 1993, back cover)、と。

(39)その証拠に彼は、『秩序の起源』の序文で次のように述べ、ダーウィンの自然選択のアイデアに敬意を払っている(ただし限定つきの敬意ではあるが)。「けれどもわれわれのやるべき事は、進化が利用できたかもしれない秩序の源泉を探求することだけではない。われわれはまた、こうした知識を、ダーウィンが提供した基本的な洞察と統合せねばならないのである。**自然選択は——個々の事例に関する詳細においてわれわれがそれにいかなる疑念をいだこうとも——、間違いなく進化の最も重要な力である。**したがって、自己組織化と選択というテーマを結びつけるために、われわれは、進化理論をより広い基盤に立つように拡張した上で、新たな体系を構築せねばならないのである」(Kauffman 1993, p. xiv. 引用部における太字強調は筆者による〔以下も同様〕)。「何人たりとも、ダーウィンの基本思想を疑うことはできない。自発的秩序の持つ意味を考えようとするなら、当然のことながらわれわれは、自然選択という文脈の中で考えるのでなければならない。**自然選択抜きの生物学など考えられない**からである。したがってわれわれは、自然選択が、自発的に秩序化された固有の性質を備えたシステムと、どのように相互作用するのかを理解せねばならない。最低限われわれは、自然選択が、生命体の構成要素に見られる内的な秩序を無用なものとしうるほど強力な力であるのかどうかを問わねばならない。もし仮に、自然選択がそのように強力なものであったとすれば、観察される秩序は選択の指令のみを反映していることになるのかもしれない。かくしてわれわれは、第2章から第4章にかけて、高い山の頂が適応度のピークを表し尾根や深い谷が低い適応度を表す山岳地帯のような『適応度地形』を用いて、強力な自然選択の下での適応的進化の性質を考察する。**そこでわれわれが実際に発見することになるのは、自然選択の力に対する重大な制限である。**すなわち選択下に置かれている対象が次第に複雑になるにつれ、選択は、そうした複雑なシステム固有の諸性質に抗い切れなくなるのである。結果としていえるのは、こうした複雑なシステムが自発的な秩序を示すとき、そうした秩序が際立つ(shine through)のは、選択のおかげ(because of selection)というよりも選択に逆らって(despite selection)のことだ、ということである。生物体に見られる秩序の中のあるものは、選択の成功ではなくその破綻を反映しているかもしれないのである」(*Ibid.*, p. xv)。

(40) ここでは戸田山(2005)の説明を参考にしている。

(41) 横尾剛は、かつては物理学や化学では説明できなかったが現在までにそれらで説明できるようになった生命現象の具体例として、「酵素の反応速度論、基質特異性、タンパク質の立体構造、神経のシグナル伝達の仕組み、筋肉の収縮機構、胚発生を支配する転写因子の濃度勾配による細胞運命の決定、細胞内シグナル伝達系の核における遺伝子発現の調節による形態形成」などを挙げている（横尾 2013、一三頁）。けれども、これらの例はいずれも、以下で論ずるような「一般的なパターン」とは異なった「個別の生命現象」に過ぎない。しかし「個別の生命現象」の還元可能性は、生物学的現象全般の還元可能性を直ちに意味するわけではない。

(42)「アブダクション」もしくは「最善の説明への推論」については、第2章（一五〇–一五二頁）の説明も参照されたい。

(43)三中が同書で、必ずしも「進化生物学はアブダクションを用いているから科学だ」という単純な議論をしているわけではないことを付言しておく。

(44)ここで物理学と歴史学を「右派」と「左派」に分類したことにそれほど深い意図はない。ただ、その逆の分類を当てはめるよりは、読者のイメージによりフィットするのではないだろうか。

(45)ただし、説明の対象が人工物や意図を持った行動である場合は、アリストテレスの目的因による説明が有効な場合もある（Buller 1999）。机があることの原因はその上で筆記することであり、誘導ミサイルがあることの原因は標的を精確に破壊することであり、散歩をすることの原因は健康維持である、といった説明がある程度説得力を持つのは、その背後に製作者もしくは行為者の意図（目的）をあらかじめ想定できるからである。要するに「意図」という脳内の心的表象が、当の人工物や行為に時間的に先行して、それらを引き起こす原因となっていると解釈しうるのである。「鷹の目標志向的飛行の原因は獲物の捕獲である」という説明も、鷹にこうした「意図」を帰することができる限りにおいて、許容されうるだろう。しかるに、生物の不随意運動や自然現象の場合は、たとえば「発汗の原因は温度調節である」とか「降雨の原因は地上の動植物に必要な水分の供給である」といった説明は、近代の機械論的説明の図式とはどうにも相容れない。ただしアリストテレス自身は、自然自体が意図や目的を有していると信じていたので、彼にとってこうした説明は整合的なものであった。また、後で触れる「負のフィードバック機構」の概念を用いれば、「発汗の原因は温度調節である」といった説明に近代科学の機械論的なパラダイムの枠内において（サーモスタットの動作原理と同等な）市民権を与える余地はあるかもしれない。

（46）ここでいう「正もしくは負のフィードバックループ」は、アクティベーターであるｃＡＭＰ－ＣＡＰ結合体が転写を促進する「正の制御」を行い、リプレッサータンパク質が転写を阻害する「負の制御」を行うといわれるときの意味とは、少々次元を異にすることに注意されたい。正・負の制御機構の場合、単に当該のタンパク質が反応を促進したり抑制したりする働きをするというだけのことである。それに対して正・負のフィードバックループの場合は、その反応の産物（アロラクトースやグルコース）が、外的環境の状態（グルコースやラクトース濃度）に呼応して、再びシステムの反応を促進・抑制する働きをするという、再帰的なループが形成されているのである。

（47）ただし、ライトによる機能の定義にはいまだ曖昧さが残されていた。彼の定式では人工物と生物の形質とが明確に区別されていなかった。そのため「時を測ることが時計の存在理由を説明する」という言明であれば容易に理解可能であるが、「血液を循環させることが心臓の存在理由を説明する」という言明は――現在目の前にある同一のトークンとしての心臓について考察している限り――いささか奇妙に映る。複製関係を媒介した祖先‐子孫グループを包含する「複製族（reproductively established family）」の概念を導入し、現在形質の存在理由と過去の祖先形質の課題遂行とを橋渡しする自然選択のメカニズムに明確に言及することによってこの問題を解決したのが、ミリカンの「直接固有機能（direct proper function）」の理論であった（Millikan 1984）。上の本文における生物形質に対する定式化には、このミリカンのアイデアが反映されている。

第2章

（1）このことから示唆されるように、'adaptation' という語には、「適応すること」というプロセスにかかわる意味と、「適応によって獲得された形質」という最終産物にかかわる意味との、両義性がともなっている。混乱を回避するためには、後者の意味での 'adaptation' は一貫して「適応形質」という語を充てるべきであろうが、本書においては、特に混乱を呼びそうな文脈以外では敢えて両訳語を使い分けてはいない。

(2)以前は、虫垂は全く無用の痕跡器官なので虫垂炎になったときには（あるいは、なる前から）さっさと切除してしまうのが最善だと考えられていたが、最近では虫垂にも免疫機構上の――あるいは善玉菌の貯蔵場所としての――機能があるので、できるだけ温存した方がいいという見方も出てきているようである。

(3)しかし、座敷わらしについて上に述べたことからもいえるように、たとえ$P(Q|K_1) \gg P(Q|K_2)$であったとしても、そのことと$P(K_1|Q) \gg P(K_2|Q)$が成立するかどうかは別の話である。すなわち、造物主がほんとうにいたとすれば、そのとき精妙な生物組織が造物主によってデザインされたと考えることは（それを自然の偶然的なプロセスの産物と考えるより）より尤もらしいということになるかもしれないが、生物体が精妙な組織構造を示しているという事実が与えられたときに、造物主によるデザイン仮説が（ランダム仮説と比べて）より確からしいといえるとは限らない。それは、科学的証拠、聖書の記述の客観性、論者の主観的信念、その他の様々な状況証拠に依存するからである。少なくとも科学的な状況証拠に照らしてみるならばその可能性は低いであろう。また上のQの代わりに、Q'として「全知全能の造物主が創造したにしては、生物体が持つ諸々の形質は、環境にあまり良く適応していない」という観察（たとえば後述する「パンダの親指」など）を用いることにすれば、デザイン仮説（K_1）の尤度はさらに下がることになるだろう。さらにここで重要となるのが、以下のポイントである。すなわち、「K_2：生物はランダムな自然過程の産物である」という仮説の代わりに、ペイリーの時代には選択肢になかった次の仮説「K_3：生物は、自然選択によって保存された有利な微小変異の蓄積の産物である」――「累積的選択仮説」と呼ぼう――を考えた場合、果たしてそれでも$P(Q|K_1) \gg P(Q|K_3)$といえるのかは、さらに疑わしくなる。この「ランダム仮説」と「累積的選択仮説」の重要な相違については、第3章冒頭部のドーキンスに関する議論の中であらためて詳しく検討する。

(4)第3章二五〇―二五一頁も参照

(5)ドーキンスの「累積的選択」の概念については、第3章の第1節であらためて詳しく検討する。

(6)とはいえ、真正細菌・古細菌・真核生物という三つのドメインにわたるあらゆる生物が単一起源を持つという「普遍的共通起源説」(the theory of universal common ancestry: UCA)が厳密に科学的に証明されたのかについては、いぜん議論が続いているようである。たとえば、Theobald (2010); Yonezawa and Hasegawa (2010) などを参照。

(7)後にインペリアル・カレッジ・ロンドンに統合されることになる英国のカレッジ。

(8)この彼らの議論も、それだけでは「こういう別の見方もできる」というもう一つ別の"just-so story"に過ぎない。しかし彼らは、すでに一九七九年にレイシーとスキナーによって、ブチハイエナのメスの血液中のアンドロゲン濃度がオスと同レベルであり、また胎児のメスにおいてもすでに成長したメスと同等のアンドロゲンが分泌されているという発見がなされたこと(Racey and Skinner 1979)を挙げて、従来の通説との差異化を図っている。

(9)ソーバーによれば、「Xのための選択(selection for X)」とは、Xという実体が有している何らかの有利/不利な性質が直接原因となってXが選択されるという場合に相当し、「Xの選択(selection of X)」とは、Xとは無関係な他の実体YのためにY生起している選択過程において、たまたまXがYとリンクしていたために、結果的にXもそれに便乗して選択されるという場合に相当する(Sober 1984)。

(10)馬はゆっくり歩くとき、トコトコ小走りするとき、全力疾走するときなどにおいて、すべて脚の運び方が異なっている。したがって、それらがそれぞれの用途のために最適化されているという前提の下で最適化モデルが立てられる。

(11)ただしこの場合、論理的に厳密に見れば、その予測がテストによって反証されれば直ちに先の基礎仮説は棄却されることになるが、たとえその予測が正しいことがテストによって確認されたとしても、――その蓋然性

(確からしさ)は高まるかもしれないが——基礎仮説の真理性が確証されることにはならない。要するに、「HならばO」が与えられているときに「Oでない」が示されれば、そこから演繹的に「Hでない」が帰結するが、「HならばO」が与えられていて「Oである」が示されたとしても、そこから「Hである」は演繹的に帰結しない、ということである。これは科学哲学でいわれるところの「検証と反証の非対称性」である。

(12)一般的に、「もしPならばQである。しかるにQでない。よってPでない」という推論形式のこと。

(13)ちなみに進化ゲーム理論も、最適化モデルと同様、適応主義的戦略に定量的表現を与えたものに他ならない。同じ集団に属する他者との相互作用の際にもたらされる利得と損失のバランスの功利主義的な計算が、個体の行動を決定する基本的アルゴリズムを提供するという発想は、まさしく適応主義であろう。

(14)自然選択(適応的進化)と遺伝的浮動(中立進化)とのこうした好対照的な性格を指して、前者を「決定論的」進化、後者を「非決定論的」進化と特徴づける向きもあるようである。しかし、遺伝的浮動を「非決定論的」と特徴づけることは問題ないが、それとの対照で自然選択を「決定論的」と特徴づけるのは誤りである。自然選択が作用するための素材を供給するランダムな突然変異や、選択される対象と環境との偶発的な相互作用など、適応的進化にも「偶然的・非決定論的」な要素は満ち満ちており、何らかの法則もしくは時間発展方程式に基づいて種(あるいは生態系)の未来の進化の方向を予測するなどということは、——実際上はもちろんであるが——原理的にでさえ不可能である。いくらダーウィンの自然選択説によって生物進化の「機械論的」なメカニズムが提供されたといっても、それは「ラプラスの魔」に象徴されるようなニュートン力学における機械論的決定論とは、まったく次元の異なる話なのである。

(15)幼形進化(paedomorphosis)とは、祖先の幼体にのみ見られた諸特徴が、後の世代の成体に保持されるようになる現象。身体(体細胞)発達が遅滞したままで先に性的成熟に達するネオテニーや、逆に性的発達のみが不均衡に促進される早熟(progenesis)などがあるが、いずれも身体的には未成熟の状態で繁殖がなされる。

(16)「r選択(あるいはr戦略)」「K選択(あるいはK戦略)」とは、生態学でかつて盛んに使われた用語で、子沢山方針（質より量）と少数精鋭方針（量より質）のどちらが繁殖戦略として有利かという問題に関わる。資源が豊富に入手できる新たなニッチ（たとえば島嶼など）を開拓したての当初は、個々の子に行き渡る資源や子育て投資量を犠牲にしてでもとにかく個体数を爆発的に増やすことのできる生物が有利となる。それに対して、生物個体数が環境収容力の上限に近いような安定的・均衡的な環境においてはむしろ、無駄に多くの子を産むよりも、十分な投資によって個々の子を確実に成長させることのできるような繁殖戦略を持った生物が有利となる。

(17)ただし第1章で述べたように、表現型可塑性のメカニズムで獲得された変異のあるものは世代を超えて継承されることが、現代の進化発生生物学では明らかになっている。

(18)フォン・ベアの法則とは、「個体発生は系統発生を繰り返す」という一九世紀にエルンスト・ヘッケルが提起した反復説の不正確さを批判・修正してフォン・ベアが提起したもので、――生物の個体発生は祖先生物の成体の形態を忠実に再現する（反復説）のではなく――胚発生の初期過程で祖先生物と現在の生物との間に構造的類似性が認められるというもの。

(19)ミクロレベルにおける量子力学的非決定性の問題はここではしばし脇によけておくことにする。

(20)「事実問題」「権利問題」というのはカント哲学の用語である。前者はある認識が実際に成立しているか否かという事実を問題とするものであるのに対して、後者はその認識が成立していたとして、ではそれがいかにして客観的に妥当しうるかという根拠を問題とするものである。

(21)実際、その後も現在に至るまでこの周期ゼミの不思議は多くの研究者の好奇心を捉え、ロイドとダイバスの説明では説明し切れていない部分を補完するような様々な代替仮説が提出されているようである。ここでは詳しくは触れられないが、その中には日本人の吉村仁による重要な貢献もある（Yoshimura 1997; 吉村 2005）。

(22)適応度地形については、第1章第4節におけるカウフマンについての議論の箇所を参照のこと。

(23)ただし彼らは、変化を妨げる方向に働く選択力――いわゆる「安定化選択」――や、祖先種が獲得した形質がそれほど高くない淘汰圧の下で単に偶然によって維持されるといった事情によって、この「型の持続」が説明されるという可能性も含めている。

(24)それに対して、心臓が右胸についている哺乳類や片目交互瞬きシステムを採用した人間といったものは、ひょっとしたら、かつて「現実に可能な」オプションではあったが「真の現実性」にはなり損ねたものなのかもしれない。もっとも、「単に見かけ上可能なもの」と「現実に可能なもの」との境界はそれほど明確に引けるものではなく、その確定は詳細な古生物学的研究に委ねる他はない。

(25)ここでウィリアムズは「機能(function)」という語を、単なる「効果/働き(effect)」とは区別された、選択の歴史を帯びた「適応(adaptation)」または「固有の機能(proper function)」(第1章註(47)参照)の意味で用いている点に注意されたい。それに対して「効果」という語が、ここでは単なる「形質」「特徴」というほどの意味で用いられている。ちなみに、一言付言しておけば、この引用部分の最後の一文が、彼の集団選択(群淘汰)説批判にあたる。個体や遺伝子のレベルで説明可能な現象を、不必要に集団という「高次の組織レベル」を持ちだして説明しようとしてはいけない、というわけである。

(26)読者はお気づきだと思うが、ここでの議論は実質的に、先に紹介したグールドとルウィントンによる最適性仮説批判の論点(特に一八八-一九一頁)——最適性仮説そのものが反証可能ではないというもの——と同じものである。ただし先の場合、この反証不可能性は、最適化モデルの非科学性というネガティブな含意をともなっていたのに対し、ここでは逆に、この反証不可能性に、現実の科学の営みの描写というポジティブな意味付与がなされている点に注意されたい。

第3章

(1)自然選択の単位とは、生物世界の階層構造(対立遺伝子、遺伝子型、染色体、細胞、個体、集団、種、群集、等々)において、実際に自然選択が作用するレベルのことである。可能性としては上記の様々な階層レベルのすべてが選択の単位の候補となりうるが、これまで進化論の歴史の中で主として問題となったのは、個体、集団、遺伝子（対立遺伝子もしくは遺伝子型）のレベルである。すなわち、ダーウィン以来個体選択の立場が進化論のスタンダードとなっていたが、利他性の進化の現象の説明のために集団選択の考えを導入する必要があるのかということが歴史的にまず問題となった（ダーウィンその人も、社会性昆虫やヒトなどに見られる自己犠牲的な協力行動を説明するときには集団選択の考えに訴えている）。そしてその後、近年の「遺伝子の目から見た進化」観の流行とともに、はたして進化の現象はすべて遺伝子の視点から説明できるのか、ということがあらためて問題となっている。本章では、紙幅の都合もあり、この後者の問題圏に議論を限定することにする。

(2)議論のこの段階では、まだ彼は犬などの生物体が持つ適応的複雑性と、自動車や飛行機などの人工物が持つ適応的複雑性を区別していない点に注意されたい。

(3)ちなみにこれは、シェイクスピアの『ハムレット』の中で、王子ハムレットが宰相ポローニアスとともに空に浮かぶ雲を眺めている場面で、彼が「僕にはあの雲はイタチに見える」とつぶやくときの台詞からスペースを落としたものである。

(4)この論理は、進化論者と創造論者の論争――特に現代におけるインテリジェント・デザイン論をめぐる論争――における一つの焦点となってきた「知的な設計抜きに、単に盲目的な自然のプロセスだけで複雑さの生成は可能か」という問題に、進化論の側から与えられた一つの――そしてある程度説得的な――回答だと見なすことができるだろう。

(5)「遺伝子の目から見た進化」もしくは「遺伝子選択（gene selection）」という表現が用いられる際には、（個体選択や集団選択との対比に重点を置いて）対立遺伝子だけでなく遺伝子型・同一の形質の発現に関与している複数の遺伝子型のセット・染色体・ゲノムなどをも含めた包括的な意味での「遺伝子」を選択の単位と見なす場合と、厳密に対立遺伝子選択のみを意味する場合とがある。「対立遺伝子選択（genic selection）」という表現は、こうした混同を避け、特に後者を前者から区別して指示するために用いられるものである。

(6)ドーキンスは、「複製子（replicator）」と「乗り物（vehicle）」という区別を導入する。前者は、コピーされることによって増殖し、祖先-子孫系列を形成するようなあらゆる実体を指し、後者は、そこに「乗っている」複製子によって構築され、その複製子の存続と伝播のためにプログラムされた生存機械を指す。ドーキンスにおいては、これらはほぼ遺伝子と生物個体に対応する（Dawkins 1976）。これに対して、後にデイヴィド・ハルが「乗り物」に換えて「相互作用子（interactor）」の概念を導入し、複製子の複製見込みに影響を与えうる、生物個体以外の実体（例えばゲノムとか集団など）をも包括しうるように、「乗り物」の概念を一般化した（Hull 1980）。

(7)「トークンとしての遺伝子」とは、数的に同一な一個の物理的実体としての遺伝子を意味する。それに対して「タイプとしての遺伝子」とは、同じ情報を共有した遺伝子トークンの集合を意味する。したがって、同じ情報を担った異なる遺伝子は、タイプとしては同一だがトークンとしては別物だということになる。

(8)"beanbag"には、「あほ」「間抜け」というような意味もある。

(9)ブランドンは、科学的説明、因果性、確率、帰納、空間・時間の分析に大きな足跡を残した故ウェスリー・サモンの、「統計的説明」に関する編著（Salmon ed. 1971）からヒントを得て、このスクリーニング・オフという統計学的なアイデアを選択の単位問題の分析に応用したと自ら述べている。ただし、このアイデアが選択の単位問題の分析、特に遺伝子選択説の反駁にどこまで有効なのかという点は、その後論争を呼んだ。Mitchell（1987）; Sterelny and Kitcher（1988）; Sober（1992）; Brandon et al.（1994）などがある。本書ではこの中で、ステレルニーとキッチャーのブランドンに対する反論を簡潔に紹介している。

(10)この$\hat{p}$の値を求めるには、次のようにすればよい。システムが平衡状態にあるということは、対立遺伝子AとSの（頻度依存的）適応度が等しくなっておりそれ以上変化しないということである。したがって、すぐ後で求める対立遺伝子適応度の式 $W_A = pw_1 + qw_2$; $W_S = pw_2 + qw_3$ において $W_A = W_S$ と置き、そこに $q = 1 - p$ を代入すれば、$\hat{p}=(w_3-w_2)/(w_1+w_3-2w_2)$ が得られる。もしくは、上記の集団平均適応度 $\overline{W}=p^2w_1+2pqw_2+q^2w_3$ を最大化する p の値として、$d\overline{W}/dp=0$ から $\hat{p}$ を求めることもできる。

(11)もっと簡単に、上記の集団平均適応度 $\overline{W}$ の表式を以下のように変形することによっても、W_A と W_S を求めることができる。

$$\overline{W}=p^2w_1+2pqw_2+q^2w_3=p(pw_1+qw_2)+q(pw_2+qw_3)\equiv pW_A+qW_S$$

(12)この語は、彼らの論文のタイトル「人為的構築物、原因、対立遺伝子選択」の中にも反映されている。

(13)「タイプ因果性」と呼んでもいいが、ここではソーバーの表記に従っておく。

(14)ただしこの場合でも、「がん遺伝子を持っている人はそうでない人と比べて喫煙者になる傾向が高い」というような相関関係が仮にあったとすれば、話は違ってくるが……。

(15)私はいまだにこの本のメインタイトルをうまく日本語に直せないのだが、推測するに、おそらく『最良のものの中の最新のもの』というようなニュアンスであろうと思われる。

(16)実は「トークン因果性」と「性質因果性」の相違に関するこの段落の説明は、——テキスト解釈としてはルール違反であるが——ソーバー自身のものではなく、私の手になるソーバーのテキストの再構成に基づいている。というのは、メイナード＝スミスに対するソーバーの応答には、字義通りに解釈すると明らかに意味が通らない箇所が見られるため、ソーバーのテキストを忠実に解説すると、かえって読者を混乱させてしまうことになりかねないからである。たとえば彼はそこで、次のように述べている。

ある一匹の蛾はそれが暗化しているがゆえに死ぬことがあり、それに対して別の一匹の蛾は、異なるエリアにおいて、それが暗化していないがゆえに死ぬこともあるという点には、私も同意する。ある形質がある文脈においてある一定の効果を発揮するということは、その形質が異なる文脈においてそれとは逆の効果を発揮するということと、完全に両立しうる。しかしながら、ある性質（property）がある集団内で果たす因果的役割の評価が問題となる場合には、事情が異なる。もし、ある単一の集団において、暗化していることがある一部の個体の死の確率を高め、他の個体の死の確率を低めるとすれば、その形質が当該の集団全体において一義的な因果的役割を果たしているとは、私は考えない。（Sober 1987, p. 139）

私の見るところ、ソーバーはここで、トークン因果性と性質因果性の対比を、誤った仕方で提示している。というのは、トークン因果性に関して彼が（実際そうしているように）、「ある単一の個体のある特定の形質の適応度は、ある環境においては高く、それとは別の環境においては低くなる」といういわば自明の理をいったん持ちだすならば、性質因果性に関しても彼は、「多数の個体からなる集団に共有されている性質の適応度は、ある環境においては高く、それとは別の環境においては低くなる」という、もう一つ別の自明の理を持ちだすのが筋であるだろうからである。けれども、この後者の自明の理は、「適応度の文脈依存性は、性質因果性の主張を無効にする」という、目下問題となっている論点とは何の関係もない。なぜならば、——ここが私自身の読解に基づく部分なのだが——ここでの「文脈依存性」とは、（汚染された森と汚染されていない森というように）明らかに異質な物理的・生態学的背景環境に関する依存性ではなく、物理的・生態学的には同一の背景環境の下での、当該の形質とは無関係の何らかの偶然的な要因に起因する適応度の変動性を意味するものと解釈すべきだからである。したがって、私の診断が正しければ、もしソーバーがはじめに、「文脈依存性はトークン因果性の主張を無効にするものではない」というポイントを確認しておきたいのであれば、彼は、「ある個体が持つある特定の形質の因果的効力は、たとえその個体が一様な物理的・生態学的環境の下に置かれていたとしても、その個体が他にどのような形質を持っているかによって——あるいはその個体がどのような偶発的な災難に見舞われるかによって——、その個体の現実の生存・繁殖上の成功に貢献することもあれば貢献しないこともある」という事実を引きあいに出すべきだったのである。（結局のところ、暗化した蛾も、たとえそれが黒く汚染されたエリアに生息しているときでさえ、病気にやられたり雷に打たれたりして死ぬことはあるのである。）トークン因果性に関する論点をこのように適切な仕方で提起した上で、はじめてわれわれは、今度は性質因果性に関して、「一様な物理的・生態学的背景環境に置かれた集団内の多数の個体に共有されたタイプとしての性質を問題とする際には、もしそれが真に因果的効力を持つ（選択に影響を及ぼす）性質であるならば、その適応度は偶発的な文脈依存性を持つことはない」と主張することができるのである。なんとなれば、このときそうした偶発的な文脈依存性の存在は、仮想集団内での統計的平均の操作の過程で相殺されるはずだからである。ここからさらに、われわれは次の結論を導くことができる。もし仮に、このようにタイプとして捉えられた性質の持つ因果的効力が、それでもなお何らかの――すなわち上記のような統計的処理によっては相殺されない――文脈依存性を示すとすれば、もはやわれわれは、この因果性を真正の因果性として認めることはできない、と。つまり、適応度のこうした意味での文脈依存性は、性質因果性の主張を無効にしうるのである。たとえば、仮にもし、暗化の形質（つまり黒い色素を皮膚上に沈着させる遺伝子）と、何らかの（寿命、繁殖能力、病気への耐性などの点で）選択上不利な形質とのあいだに遺伝的相関が存在していたとすれば、一様に汚染された背景環境の下においても暗化した蛾が特に有利となるわけではない、ということになるだろう。（この問題はこのすぐ後に、「交絡因子」の問題との関連で、再度詳しく論じることになる。）

ところで、いま仮にドーキンスに倣って（Dawkins, 1982）、ある個体の「個体適応度」を、それが所有しているすべての形質の「形質適応度」の平均と考えてみよう。そして今度は逆に、ある形質の「形質適応度」を、目下考察している集団において、当該の形質を所有しているあらゆる個体の「個体適応度」の平均として考えることにしよう。（明らかに、この二つが合わさると循環的定義を構成するが、その点はいまは問わない。）すると、上に述べたことは、次のように言い換えることもできる。「たとえある特定の形質の形質適応度が終始一定値をとっていたとしても、その形質を所有している各個体が置かれている（その身体の内外における）偶発的な文脈に応じて、その形質を持つ個体の個体適応度は変わってくる」と。この洞察自体、ある意味では自明の理である。しかし「適応度」という、一見明確に定義されているように見えても実は曖昧さと混乱をかかえた概念を無反省に用いるとき、しばしば見落としがちな点ではある。（ドーキンスも、『延長された表現型』の第10章「適応度狩り」で、この適応度の概念の多義性の問題と苦闘している。）

(17)もっともこのことは、触覚の長さが自然選択にかかるような他の文脈において、それが選択の単位となりうる可能性を排除するものではない。

(18)「傾向性（propensity）」という多かれ少なかれ形而上学的な概念に訴えて、「形質Tを所有した個体の適応度は、必ずしもその個体の生存・繁殖上の現実の成功には反映されないが、その個体が成功する傾向性として定義できる」という仕方で、上述のトートロジー問題を回避できるとする論者もいる。しかし結局、それは「ではその傾向性とはいったい何なのか」という形で、問題を一歩先送りするだけであろう。この「傾向性」を「期待値」と言い換えても同じことのように思われるかもしれないが、そうではない。前者はあくまで一個単独のトークン個体の中で完結して定義される概念であるのに対して、後者はそれを定義するための概念的なプロセスですでに統計的集団（アンサンブル）の存在を前提しているからである。

(19)上記のトークン因果性の例（「たけしの喫煙の習慣が、彼が肺がんになった原因である」）も、「たけしの喫煙の習慣が、彼が肺がんに罹る確率を高めた」という仕方で、確率的に解釈することは可能である。しかしこの場合、「たけし」はこの世にたった一個しか存在しないトークン個体であるので、厳密にはそうした単一の対象の一回性を持った事象（肺がんの発症）に対して確率的表現は適用できない。（一回性によって特徴づけられる出来事〔たとえば明日の天気〕に適用される確率的言明をどう解釈するかというのは、それ自体が科学哲学ないし数学基礎論の重要問題であるが、ここではごく常識的な見方を採用しておくことにする。）したがって、議論の便宜のために、ここでは確率的因果の考え方は性質因果性のみに適用されトークン因果性には適用されない、ということにしておく。

(20)ここで、〝C〟は肺がんの発症を、〝S〟は喫煙者であることを、〝~S〟は非喫煙者であることを、そして〝Pr(B|A)〟は、Aという条件の下でBが起こる条件つき確率を表している。
(21)このことは数学的には、Pr(B|A)>Pr(B|~A) から Pr(A|B)>Pr(A|~B) が(またその逆も)導出可能であるという事実によって証明される。
(22)バランスの良い食事や定期的な運動が肺がんの発症の抑止に実際にどこまで有効なのか、という問いはここでは措いておく。
(23)このことと、先に論じた「トークン因果性の主張は偶発的な文脈依存性と両立しうる」という論点との相違は、次の点にある。同じ喫煙の習慣を持つたけしとひろしが、たまたま「肺がん遺伝子」を持っていたか否かによって、最終的に肺がんを発症するかしないかという点で異なる結果を示すという場合には、喫煙者であるか否かということと、肺がん遺伝子を持っているか否かということとの間には、いかなる相関関係も存在しないと想定されていた。暗化した蛾が先天的に不妊であるかどうかとか、運悪く雷に打たれるかどうかという点に関しても、同様である。それに対して目下の議論は、――それが事実であるかどうかは別にして――喫煙者であることと健康管理に積極的であることとの間には、正の相関関係が存在するという前提の下になされている。これが、単なる偶発的な事情による文脈依存性と、原因と結果の双方に相関を持った交絡因子という第三項の存在による文脈依存性との相違である。暗化の形質の場合には、もしそれと何らかの不利な形質(病気に対する脆弱性など)との間に遺伝的連鎖が存在していたというような場合が、これに相当するだろう。
(24)確かに相互作用するペアを選択の単位として――例えば「タカ対タカ」、「タカ対ハト」……といったペアごとに、相互作用する両者が得る利得と損失のバランスを平均化して得られた適応度を割り振ることによって――、この選択過程を記述することも可能ではある。また、「個体の適応度が、その個体が属する集団の構造によって決まる」ことをもってして、この事例を(デーム内)集団選択の一例としてみることも理論的には可能ではある。が、そうしたアプローチは必ずしも一般的ではない。

(25)本文に添えた工業暗化の選択モデルの図がその事情を表している。上部に位置する二つの楕円は、それぞれ、汚染されていない環境と汚染されている環境における、暗化した蛾と暗化していない蛾の保護色効果を示している。しかし現実には、このように一様に汚染されていたり一様に汚染されていなかったりする環境は存在しない。実際には、下部の楕円に示されているように、同じチェシャーの森の中でも汚染の程度の強い区域と弱い区域とが混在しているはずであろう。もしかしたらこのことは、産業革命の進行によって煤煙による汚染が問題となる以前の段階においても、同様にいえることかもしれない。というのは、木の表面が白っぽい地衣類で覆われる程度にも、ある程度のバラツキが存在するはずだからである。

(26)すでに述べたように、ソーバーがこの区別を最初に導入したのは、ジョン・デュプレの編になる論文集 *The Latest on The Best*(1987)に収められたメイナード＝スミスとの議論の応酬においてである。しかしステルニーとキッチャーの一九八八年の共著論文には、ソーバーとルウィントンの共著論文(1982)やソーバーの『選択の本性』(1984)への言及はあるが、このソーバーのメイナード＝スミスとのやりとりに関する言及はいっさいない。彼らがこの論文集の存在を知らなかった、あるいはまったく読んでいなかったということは考えにくいので、ひょっとしたら、ある程度完成・出版に近づいていた論文の構成を根本的に変更することになりかねないことを恐れて、それに対する言及を敢えて避けたのかもしれない。さもなければ単純に、一九八八年以前の段階ではまだ読んでいなかっただけなのかもしれない。いずれにせよこの辺の事情は、推測の域を出ない。

(27)ソーバーはこの「平均化の誤謬」批判の論法に、対立遺伝子選択説批判の場面以外にも、様々な場面で訴えている。たとえば利他行動の進化の説明法として、ハミルトン流の個体選択＝遺伝子選択モデルを批判し、それに対する集団選択モデルの優位性を主張する場面などがそうである(たとえば、Sober and Wilson(1998)など)。

(28)第2章における、周期ゼミ(素数ゼミ)に関する議論とその周辺の箇所を参照。

(29)ただしこのオカーシャの図では、ヘテロ接合体優位の場合（右側の図）に、対立遺伝子Sの頻度がちょうど二分の一のときにその適応度効果が反転するように描かれているが、これは正確な記述ではない。正しくは、私が先にソーバーとルウィントンの議論（Sober and Lewontin 1982）を紹介するところで数式を用いて求めたように、システム全体が安定的均衡状態に達するAの頻度 $\hat{p}=(w_3-w_2)/(w_1+w_3-2w_2)$ ――したがってそのときのSの頻度は $1-\hat{p}$ ――を用いねばならない。

(30)さらに注意が必要なのは、これら「寄与因子」は、「必要条件」とも異なるということである。たとえば、たとえ自然の風が吹かなくとも、あるいは通りに埃が積もっていなくとも、人工的な装置を用いて埃を舞いあがらせる（その結果盲人の数を増やす）ことは不可能ではない。

(31)そういう意味で、すでに述べたドーキンス的な「差異生産者としての遺伝子」概念も、もしそれを一種の普遍的な因果的主張として提示するのであれば、非常に意味の希薄な言明だといわざるをえない。ただし、第1章の「遺伝的決定論」に関する議論のところですでに述べたように、この概念を、ドーキンス等にかつて向けられた「遺伝的決定論」という批判に応答する目的で用いるのであれば、それは正当化可能である。すなわち、遺伝子はせいぜい対応する表現型に何らかの微少な「差異」を生みだしうるのみであって、それだけで表現型全体を「決定」しているわけではない、という趣旨の主張をなすためであるならば、この言明は有意味である。

(32)ステレルニーとキッチャーによれば、ドーキンスは『利己的な遺伝子』の時点では頑強に(1)の立場に固執していたが、『延長された表現型』において（特にその第1章と第13章において）、より柔軟な(2)の立場に移行した――ただし、それにもかかわらず時折(1)の立場の残滓をとどめている――ということである。

(33)ただしここでは、昨今注目を集めつつある「エピジェネティクス（後成的遺伝）」――DNA上の塩基配列を媒介しない、生命情報の発現および世代間継承のメカニズム――が、目下の問題にどのように関わってくるのかという点に関する判断は保留しておく。

(34)そうした例外的なケースとしては、たとえば、それが入っている個体の生命を損ねてまで「利己的に」増殖するガン細胞を作るガン遺伝子や、減数分裂の際に相同染色体上のもう一方の対立遺伝子の複製率を下げてまで自らの複製率を五〇％以上に高める――その結果場合によってはそれが入っている個体の生存力や繁殖力を減じる――減数分裂ひずみ遺伝子（meiotic drive genes）などの、いわゆる「無法者《アウトロー》遺伝子」がある。

(35)第1章で詳述したように、ネオダーウィニズムの概念枠の見直しが進んでいる現代においては、この「自明性」でさえもはや無傷というわけにはいかないであろう。

(36)「〜の選択」と「〜のための選択」の区別については、第2章の註（9）を参照。

あとがき

本書は、生物学の哲学の分野でこれまで筆者が考えたり発表したり書きためてきたものに、さらに本書のための書き下ろし部分（主として第1章）を加え、一冊の書物として編んだものである。執筆のきっかけは、エリオット・ソーバーの『進化論の射程』（松本・網谷・森元訳、二〇〇九年）の翻訳を準備している過程で、春秋社の小林さんから同社で現在進行中の「シリーズ現代哲学への招待」の中の Japanese Philosophers（気鋭の日本人哲学者）に一冊書く気はないかと持ちかけられたことにある。当時は数年かかった翻訳の仕事の終わりがようやく見えてきて、安堵感とそれなりの充実感を感じてはいたものの、他方で単なる「翻訳者」という役回りに物足りなさを感じていたときでもあったので、小林さんのお誘いに二つ返事で乗ったわけである。しかしその時点では、この仕事がこれほど難航することになろうとは予想していなかった。

私は、科学哲学という哲学の中でも比較的歴史の浅い分野を研究しているが、ともすれば由緒ある哲学者からは「哲学的な深みがない」と言われ（ているのではないかと疑心暗鬼になり）、かたや科学者（生物学者）からは「哲学業界での一過的な流行ばかり追いかけていて生物学の本質がわかっていない」と（実際に）言われ、――ついでに言うと科学史家やＳＴＳ（科学技術社会論）の人たちからは「歴史的・社会的な視点が決定的に欠けている」と（これも何度か）言われ、そのたびにぐらぐらしている軸足の定まらない人間である。しかし歴史的に見ても、新しいものはこうしたエスタブリッシュされていない「アイデンティティ不全症候群」の人々によって生みだされてきたのだと自らに言い聞かせ（そうでも信じなければやってられない）、これまで手探りで進んできた。ここにお見せするのは、そういった私のこれまでの歩みの「中間報告」のようなものだとご理解いただきたい。

＊

私は最初アインシュタインに憧れて京大理学部で物理学を志していた「理系人間」だが、同時にカントとかニーチェとかハイデガーなどの哲学にかぶれ、理学部に籍を置きながら文学部の演習などにも頻繁に顔を出させてもらっていたという変わり種である。

その後トーマス・クーンの『科学革命の構造』に出会って科学哲学や科学史の面白さに目覚め、東大の科学史・科学哲学の大学院（通称「科哲」）の門をたたいて修士から「文転」することになったものの、元来あまり要領のいい方ではなく、文献研究の世界になじむのには相当苦労した。修士論文のテーマはカントの認識論を選んだ——指導教官はなんと、かの廣松渉先生であった——が、「文献に読まれる」「カント読みのカント知らず」状態をなかなか脱せられず、廣松先生からはいつまでたっても「小僧」扱いで、いい加減辟易した。また同時に量子力学の解釈問題などの物理学の哲学にも手を染めていたが、いったん「手を切った」物理学と付き合って飯を食っていくのも気が引けた。そうした中で、修士時代に非常勤で東大に教えに来られていた慶應義塾大学の西脇与作先生の進化論の哲学の授業にいたく刺激を受けた。またその後、東大の科哲を放逐されて博士課程からあらたに編入することになった東北大学文学部の大学院でお世話になった野家啓一先生の英米系の分析哲学の演習の中で、ほんの少しだけ扱われたポパーの進化論的認識論に関する議論に、不思議と惹きつけられた。折しも二〇世紀の終盤で、生命科学が急速に影響力を増しつつあった時代背景も、私の生物学への興味を後押しした。その後は、ほとんど独学で進化論や生物学を学びつつ孤軍奮闘研究を進めてきた。

生物学の正式なトレーニングを受けたわけでもないのに、こういう研究をこういう仕方で細々と続けていてほんとうに将来モノになるのだろうかという不安ははなはだ強かったが、こうした「ニッチ」を開拓していく以外に自分の能力を発揮できる領域が見つからず、いまさら後に引くわけにもいかないので、国際生物学の歴史・哲学・社会論学会（通称、ISHPSSB）など主として海外の舞台で「武者修行」しつつ、少しずつ自分が自信を持って論じることのできるテーマを開拓していった。

そうした中で、二〇〇一年に現在奉職している東海大学から一年間の在外研究の機会を与えられ、米国ウィスコンシン大学マディソン校におられる生物学の哲学の泰斗エリオット・ソーバー先生に公私ともにお世話になり、短い間ではあるが本場の科学哲学の手ほどきを受けることができたのは、私にとって大きな励みになった。そしてその後さらに一〇年以上の歳月が経過した現在、齢五〇になって、ようやく私の処女単著を上梓することができたわけである。

随分と時間がかかってしまったものだ。けれどもいまの私は、人生の節目節目においてあるいは適性のない道を諦めさせてくださったり、あるいはこうした「道なき道」を歩む機縁を与えてくださったり、あるいは暗中模索の中で疲れ果ててしまった際に道標を示してくださった上記の先生方に対して、心から感謝の意を表したいと思えるようになった。また、最近では生物学の哲学に興味を持つ若い世代の人たちがかなり増えてきて、この分野もますます活性化してきているのはなんとも頼もしい限りである。と同時に、「まだまだ若いモンには負けられんゾ」という——若いときには自分がこういう台詞を吐く年齢になることさえ想像できなかった——お決まりの常套句を心に浮かべながら、自分が彼らから大いに刺激を頂戴している（ほどまだまだ若い）という事実もまた楽しんでいる。

＊

本書のタイトルについてだが、まだ執筆途上の段階で、小林さんが『進化という謎』という魅惑的なタイトルをつけてくださった。しかしその時点では、第2章と第3章の、どちらかというとテクニカルな哲学的議論の章のみしかできあがっていなかったので、「タイトル負け」するのではないかという不安があった。しかし、その後第1章を一気呵成に（といっても一〇か月くらいかかったが）書き上げる中で、自分でもある程度このタイトルにふさわしい本になってきたような気がしている。あえて心残りの点を挙げるとすれば、時間と紙幅の関係もあり、第2章で適応進化と中立進化の関係について、そして第3章で近年の新たな集団選択（群淘汰）理論の展開について、十全に論じることができなかったことであろうか。ひと言付け加えておくと、二〇一〇年に勁草書房から共著『進化論はなぜ哲学の問題になるのか』を出版したときに、「魅力的なタイトルに惹かれて買って読んだら中身が小難しい専門書でがっかりした」といった感想を書かれていたブロガーの方がいたのを覚えている（というか、いまでも私の氏名をググると上位にヒットしたりする）が、今回本書がそういった方々の期待にも応えることができれば、著者としてはとても嬉しい。

＊

本書の執筆の際に下敷きにした、私の既刊・公刊の論考を挙げておく。

"Analyzing 'Evolutionary Functional Analysis' in Evolutionary Psychology", *Annals of the Japan Association for Philosophy of Science*, Vol. 16, 2008

「遺伝子選択説をめぐる概念的問題」『生物科学』第六〇巻第四号、二二五〜二三九頁、二〇〇九年

「自然選択の単位の問題」松本俊吉編著『進化論はなぜ哲学の問題になるのか——生物学の哲学の現在』所収、一〜二五頁、二〇一〇年

「進化生物学と適応主義」横山輝雄・日本科学哲学会編『ダーウィンと進化論の哲学』所収、二一三〜二三六頁、二〇一一年

"Conceptual Problems in Evolutionary Biology: Adaptation, Human Culture, and Units of Selection" 慶應義塾大学大学院文学研究科学位請求論文（論文博士）、二〇一二年

「遺伝子の『決定性』についての考察」東北大学哲学研究会編『思索』第四六号、一〜二六頁、二〇一三年

またここには記していないが、上記のISHPSSBその他で行った数多の口頭発表用に作成した未刊原稿も本書執筆に活用している。

＊

末筆になるが、筆者の遅筆のゆえに多大なご迷惑をおかけすることになってしまったにもかかわらず、執筆の進行を辛抱強く見守り、ときに励まし、ときにおだて、ときに良き相談相手になってくだ

さった春秋社の担当編集者の小林公二さんには感謝の言葉もない。この場を借りて、「どうもお疲れ様でした」というねぎらいの言葉をおかけしておきたい。

二〇一四年二月二十五日

松本俊吉

Invitation to

CONTEMPORATY PHILOSOPHY

シリーズ「現代哲学への招待」監修者のことば

二〇世紀から今世紀にかけての、さまざまな分野における科学の進展と、驚くべき速度での技術の発展は、世界と人間についての多くの新しい知見をもたらすとともに、人間が生きてゆくということのありかたにも、大きな変化をもたらしてきました。そして現在も、もたらしつつあります。こうした大きな変化のなかで、世界と、そのなかでの人間の位置について、全体的な理解を得ようと努める哲学の営みもまた、変革をつづけています。人類史上はじめてというべき経験が次々と起こってくる現代において、最も基本的なレベルにおける理解を希求する哲学的思索の重要性は、ますます高まっていると思います。

シリーズ「現代哲学への招待」は、そうした現代の哲学的思索の姿を、幅広い読者に向けて提示してゆくことをめざしています。そのためにこのシリーズは、「現代哲学の古典」というべき名著から、一般読者向けの入門書まで、また、各分野での重要な論文を集めて編集した論文集や、わが国の気鋭の哲学者による著書など、さまざまな種類の本で構成し、多様な読者の期待に応えてゆきたいと考えています。

丹治信春

現代哲学への招待 Japanese Philosophers
進　化　と　い　う　謎

2014年3月20日　第1刷発行

著者――――松本俊吉
発行者―――澤畑吉和
発行所―――株式会社 春秋社
〒101-0021 東京都千代田区外神田2-18-6
電話 03-3255-9611
振替 00180-6-24861
http://www.shunjusha.co.jp/
印刷――――株式会社 シナノ
製本――――黒柳製本 株式会社
装丁――――芦澤泰偉

ISBN978-4-393-32354-0
定価はカバー等に表示してあります

著者略歴

松本俊吉 *Shunkichi Matsumoto*

1963年、愛知県瀬戸市に生まれる。1988年、京都大学理学部物理学科卒業。1991年、東京大学理学系大学院科学史・科学基礎論専攻修士課程修了。1995年、東北大学大学院文学研究科哲学専攻博士後期課程中退。2012年、慶應義塾大学大学院文学研究科から論文博士号（哲学）。現在、東海大学総合教育センター教授。専門は科学哲学、特に生物学の哲学。

主な論文に“Analyzing 'Evolutionary Functional Analysis' in Evolutionary Psychology”（*Annals of the Japan Association for Philosophy of Science,* Vol. 16, 2008）、「遺伝子選択説をめぐる概念的問題」（『生物科学』60（4）、2009年）、著書に『進化論はなぜ哲学の問題になるのか——生物学の哲学の現在（いま）』（共著、勁草書房、2010年）、訳書に、ジュリアン・バジーニ＋ジェレミー・スタンルーム編『哲学者は何を考えているのか』（春秋社、2006年）、エリオット・ソーバー『進化論の射程——生物学の哲学入門』（共訳、春秋社、2009年）、キム・ステレルニー＋ポール・E・グリフィス『セックス・アンド・デス——生物学の哲学への招待』（監修・解題、春秋社、2009年）がある。

「現代哲学への招待」は、日本哲学界の重鎮・丹治信春先生の監修で、丹治先生の折紙付きの哲学書を刊行してゆく〈ひらかれた〉シリーズです。Basics（優れた入門書）Great Works（現代の名著）Japanese Philosophers（気鋭の日本人哲学者）Anthology（アンソロジー）の4カテゴリーが、それぞれ、青、赤、紫、緑の色分けで示されています。

丹治信春＝1949年生まれ。東京大学大学院理学系研究科博士課程（科学史・科学基礎論）単位取得退学。博士（学術）。首都大学東京大学院人文科学研究科教授を経て、現在、日本大学文理学部教授。専門は、科学哲学・言語哲学。

人名索引

あ行

か行

さ行

た行

な行

は行

ま行

や行

ら行

わ行

事項索引

あ行

か行

さ行

た行

な行

は行

ま行

や行

ら行

参考文献

出版年は原則として初版の出版年とする。邦訳については、現在読者が入手しやすいと思われるものを適宜記した。

Baldwin, James M. (1896) "A New Factor in Evolution," *The American Naturalist* 30: 441–51, 536–53.

Barash, David P. (1976) "Male Response to Apparent Female Adultery in the Mountain Bluebird: An Evolutionary Interpretation," *The American Naturalist* 110: 1097–1101.

Barrett, H. Clark, and Robert Kurzban (2006) "Modularity in Cognition: Framing the Debate," *Psychological Review* 113 (3): 628–647.

Beatty, John (1995) "The Evolutionary Contingency Thesis," in: G. Wolters, and J. Lennox (eds.) *Concepts, Theories, and Rationality in the Biological Sciences, The Second Pittsburgh-Konstanz Colloquium in the Philosophy of Science*, University of Pittsburgh Press, pp. 45–81.

Boorse, Christopher (1976) "Wright on Functions," *The Philosophical Review* 85 (1): 70–86.

Brandon, Robert (1984) "The Levels of Selection," in: R. Brandon, and R. Burian (eds.), *Genes, Organisms and Populations: Controversies Over the Units of Selection*, The MIT Press, pp. 133–141.

——— (1997) "Does Biology Have Laws?: The Experimental Evidence," *Philosophy of Science* S64: 444–457.

Brandon, Robert, J. Antonovics, R. Burian, S. Carson, G. Cooper, P. S. Davies, C. Horvath, B. D. Mishler, R. C. Richardson, K. Smith, and P. Thrall (1994) "Discussion: Sober on Brandon on Screening-Off and the Levels of Selection," *Philosophy of Science* 61: 475–486.

Brown, Andrew (2001) *The Darwin Wars: The Scientific Battle for the Soul of Man*, Simon & Schuster UK.（邦訳：長野敬・赤松真紀訳『ダーウィン・ウォーズ――遺伝子はいかにして利己的な神となったか』青土社、2001年）

Buller, David (1999) "Introduction: Natural Teleology," in: D. Buller (ed.) *Function, Selection, and Design*, State University of New York Press.

——— (2005) *Adapting Minds: Evolutionary Psychology and the Quest for Human Nature*, The MIT Press.

Crick, Francis (1968) "The Origin of the Genetic Code," *Journal of Molecular Biology* 38: 367–379.

Cummins, Robert (1975) "Functional Analysis," *The Journal of Philosophy* 72: 741–765.

Darwin, Charles (1868) *The Variation of Animals and Plants Under Domestication*, John Murray.

——— (1871) *The Descent of Man, and Selection in Relation to Sex*, John Murray, 2nd

edition, 1913.

Dawkins, Richard (1976) *The Selfish Gene*, Oxford University Press, new edition, 1989. (邦訳：日高敏隆・岸由二・羽田節子訳『利己的な遺伝子』紀伊國屋書店、増補新装版、2006 年)

——— (1982a) *The Extended Phenotype: The Long Reach of the Gene*, Oxford University Press, revised edition, 1999. (邦訳：日高敏隆・遠藤知二・遠藤彰訳『延長された表現型——自然淘汰の単位としての遺伝子』紀伊國屋書店、1987 年)

——— (1982b) "Replicators and Vehicles," in: King's College Sociobiology Group (ed.) *Current Problems in Sociobiology*, Cambridge University Press, pp. 45–64.

——— (1983) "Universal Darwinism," in: D. Bendall (ed.), *Evolution from Molecules to Men*, Cambridge University Press.

——— (1986) *The Blind Watchmaker: Why the Evidence of Evolution Reveals a Universe Without Design*, Norton. (邦訳：中島康裕・遠藤彰・遠藤知二・疋田努訳『盲目の時計職人』早川書房、2004 年)

——— (1998) "Genes and Determinism" (An Interview of Richard Dawkins by Jeremy Stangroom), in: *The Philosophers' Magazine*, issue 6. Reprinted in: J. Baggini, and J. Stangroom (eds.) *What Philosophers Think*, Continuum, 2003. (邦訳：松本俊吉訳『哲学者は何を考えているのか』春秋社、2006 年)

Dennett, Daniel (1983) "Intentional Systems in Cognitive Ethology: The 'Panglossian Paradigm' Defended," *Behavioral and Brain Sciences* 6: 343–390.

——— (1995) *Darwin's Dangerous Idea: Evolution and the Meaning of Life*, Simon & Schuster Inc. (邦訳：山口泰司・大崎博・斎藤孝・石川幹人・久保田俊彦訳『ダーウィンの危険な思想——生命の意味と進化』青土社、2000 年)

Downes, Steve M. (2004) "Heredity and Heritability," *Stanford Encyclopedia of Philosophy*.

Freeland, Stephen J., and Laurence D. Hurst (1998) "The Genetic Code Is One in a Million," *Journal of Molecular Evolution* 47 (3): 238–48.

Freud, Sigmund (1913) *Totem und Tabu: Einige Übereinstimmungen im Seelenleben der Wilden und der Neurotiker*, Hugo Heller & CIE. (邦訳：須藤訓任・門脇健訳『フロイト全集〈12〉1912–1913 年——トーテムとタブー』岩波書店、2009 年)

Garvey, Brian (2007) *Philosophy of Biology*, McGill-Queen's University Press.

Ghiselin, Michael (1974) *The Economy of Nature and the Evolution of Sex*, University of California Press.

Godfrey-Smith, Peter (2001) "Three Kinds of Adaptationism," in: S. Orzack, and E. Sober (eds.) *Adaptation and Optimality*, Cambridge University Press.

Goldberg, Steven (1973) *Male Dominance: The Inevitability of Patriarchy*, Morrow.

Gould, Stephen J. (1977) *Ever Since Darwin: Reflections in Natural History*, W. W. Norton & Company. (邦訳：浦本昌紀・寺田鴻訳『ダーウィン以来——進化論へ

の招待』早川書房、1995 年）
——（1980a）*The Panda's Thumb: More Reflections in Natural History*, W. W. Norton & Company.（邦訳：桜町翠軒訳『パンダの親指——進化論再考』早川書房、1996 年）
——（1980b）"Sociobiology and the Theory of Natural Selection," *American Association for the Advancement of Sciences Symposia* 35: 257–69.
——（1982）"Darwinism and the Expansion of Evolutionary Theory," *Science* 216: 380–387.
——（1983）"Irrelevance, Submission, and Partnership: The Changing Role of Palaeontology in Darwin's Three Centennials, and a Modest Proposal for Macroevolution," in: D. Bendall（ed.）, *Evolution from Molecules to Men*, Cambridge University Press, pp. 347–366.
——（1989）*Wonderful Life: The Burgess Shale and the Nature of History*, W. W. Norton & Company.（邦訳：渡辺政隆訳『ワンダフル・ライフ——バージェス頁岩と生物進化の物語』早川書房、2000 年）
——（1991）"Exaptation: A Crucial Tool for an Evolutionary Psychology," *Journal of Social Issues* 47（3）: 43–65.
——（1997）"Evolution: The Pleasure of Pluralism," *The New York Review of Books* 44（11）: 47–52.
——（2002）*The Structure of Evolutionary Theory*, Harvard University Press.
Gould, Stephen J., and Richard Lewontin（1979）"The Spandrels of San Marco and the Panglossian Paradigm: A Critique of the Adaptationist Programme," *Proceeding of the Royal Society of London* B205: 581–598.
Gould, Stephen J., and Elisabeth S. Vrba（1982）"Exaptation: A Missing Term in the Science of Form," *Paleobiology* 8（1）: 4–15.
Hamilton, William D.（1975）"Innate Social Aptitudes of Man: An Approach from Evolutionary Genetics," in: R. Fox（ed.）*ASA Studies 4: Biosocial* Anthropology, pp. 133–153. Reprinted in: *The Collected Papers of W. D. Hamilton: Narrow Roads of Gene Land,*（*vol. 1: Evolution of Social Behaviour*）, Oxford University Press, 1996, pp. 329–351.
Harner, Michael（1977）"The Ecological Basis for Aztec Sacrifice," *American Ethnologist* 4（1）: 117–135.
Hull, David（1974）*Philosophy of Biological Science*, Prentice-Hall.（邦訳：木原弘二訳『生物科学の哲学』培風館、1985 年）
——（1982）"Philosophy and Biology," in: G. Fløistad（ed.）*Contemporary Philosophy: A New Survey*（*vol. 2: Philosophy of Science*）, Nijhoff, pp. 280–316.
——（1990）*Science as a Process: An Evolutionary Account of the Social and Conceptual Development of Science*, University of Chicago Press.

Hume, David (1779) *Dialogues Concerning Natural Religion*, N. Kemp Smith (ed.), 2nd edition, Thomas Nelson and Sons, 1947.（邦訳：福鎌忠恕・斎藤繁雄訳『自然宗教に関する対話――ヒューム宗教論集 2』法政大学出版局、1975 年）

Jablonka, Eva, and Marion Lamb (1995) *Epigenetic Inheritance and Evolution: The Lamarckian Dimension*, Oxford University Press.

——— (2005) *Evolution in Four Dimensions: Genetic, Epigenetic, Behavioral, and Symbolic Variation in the History of Life*, The MIT Press.

Kauffman, Stuart (1993) *The Origins of Order: Self-organization and Selection in Evolution*, Oxford University Press.

Keller, Elvin F. (2000) *The Century of the Gene*, Harvard University Press.（邦訳：長野敬・赤松真紀訳『遺伝子の新世紀』青土社、2001 年）

Kimura, Motoo (1983) *The Neutral Theory of Molecular Evolution*, Cambridge University Press.（邦訳：向井輝美・日下部真一訳『分子進化の中立説』紀伊國屋書店、1986 年）

Lakatos, Imre (1977) *The Methodology of Scientific Research Programmes*, Cambridge University Press.（邦訳：村上陽一郎・井山弘幸・小林傳司・横山輝雄訳『方法の擁護――科学的研究プログラムの方法論』新曜社、1986 年）

Lakatos, Imre, and Alan Musgrave (eds.) (1970) *Criticism and the Growth of Knowledge*, Cambridge University Press.（邦訳：森博監訳『批判と知識の成長』木鐸社、1985 年）

Lewontin, Richard (1974) "The Analysis of Variance and the Analysis of Causes," *American Journal of Human Genetics* 26: 400–411.

——— (1978) "Adaptation," *Scientific American*, 239: 212–228.

Lewontin, Richard, Steven Rose, and Leon Kamin (1985) *Not in Our Genes: Biology, Ideology, and Human Nature*, Pantheon.

Lévi-Strauss, Claude (1949) *Les Structures élémentaires de la parenté*, Les Presses universitaires de France, Paris（邦訳：福井和美訳『親族の基本構造』青弓社、2001 年）

Lloyd, Elisabeth (2001) "Units and Levels of Selection: An Anatomy of the Units of Selection Debates," in: R. S. Singh, C. B. Krimbas, D. B. Paul, and J. Beatty (eds.) *Thinking About Evolution: Historical, Philosophical, and Political Perspectives*, Cambridge University Press, pp. 267–291.

——— (2005) "Why the Gene Will Not Return," *Philosophy of Science* 72: 287–310.

Lloyd, Monte, and Henry S. Dybas (1966a) "The Periodical Cicada Problem. I. Population Ecology," *Evolution* 20: 133–149.

——— (1966b) "The Periodical Cicada Problem. II. Evolution," *Evolution* 20: 466–505.

Lumsden, Charles J., and Edward O. Wilson (1981) *Genes, Mind and Culture: The Coevolutionary Process*, Harvard University Press.

Maynard Smith, John (1978) "Optimization Theory in Evolution," *Annual Review of Ecology and Systematics*, 9: 31–56. Reprinted in: E. Sober (ed.) *Conceptual Issues in Evolutionary Biology*, The MIT Press, 2nd edition, 1994, pp. 91–118.

Mayr, Ernst (1959) "Where Are We?," *Cold Spring Harbor Symposia on Quantitative Biology* 24: 1–14.

——— (1961) "Cause and Effect in Biology: Kinds of causes, predictability, and teleology are viewed by a practicing biologist," *Science* 134, pp. 1501–1506.

——— (1963) *Animal Species and Evolution*, Harvard University Press.

——— (1982) *The Growth of Biological Thought: Diversity, Evolution, and Inheritance*, Harvard University Press.

——— (1988) *Toward a New Philosophy of Biology: Observations of an Evolutionist*, Harvard University Press.（邦訳：八杉貞雄・新妻昭夫訳『マイア進化論と生物哲学——一進化学者の思索』東京化学同人、1994 年）

Millikan, Ruth G. (1984) *Language, Thought, and Other Biological Categories: New Foundations for Realism*, The MIT Press.

Mitchell, Sandra (1987) "Competing Units of Selection?: A Case of Symbiosis," *Philosophy of Science* 54: 351–367.

——— (1997) "Pragmatic Laws," Philosophy of Science S64: 468–479.

Monod, Jacques L. (1970) *Le Hasard et la Nécessité: Essai sur la philosophie naturelle de la biologie moderne*, éditions du Seuil.（英語版：*Chance and Necessity: An Essay on the Natural Philosophy of Modern Biology*, translated by Alfred Knopf, New York, 1971／邦訳：渡辺格・村上光彦訳『偶然と必然——現代生物学の思想的な問いかけ』みすず書房、1972 年）

Morton, Eugene S., Mary S. Geitgey, and Susan Mcgrath (1978) "On Bluebird 'Responses to Apparent Female Adultery'," *The American Naturalist*, 112: 968–971.

Nagel, Ernst (1961) *The Structure of Science: Problems in the Logic of Scientific Explanation*, Hackett, 2nd edition, 1979.

Okasha, Samir (2006) *Evolution and the Levels of Selection*, Oxford University Press.

Oppenheim, Paul, and Hilary Putnam (1958) "Unity of Science as a Working Hypothesis," in: H. Feigl, M. Scriven, and G. Maxwell (eds.), *Minnesota Studies in the Philosophy of Science, Vol. 2, University of* Minnesota Press, pp. 3–36.

Orians, Gordon H., and Nolan E. Pearson (1979) "On the Theory of Central Place Foraging," in: D. Horn, G. Stairs, and R. D. Mitchell (eds.) *Analysis of Ecological Systems*, Ohio State University Press, pp. 155–177.

Paley, William (1802) *Natural Theology: or Evidences of the Existence and Attributes of the Deity*, J. Vincent, 2nd edition, 1828.

Pittendrigh, Colin S. (1958) "Adaptation, Natural Selection, and Behavior," in: A. Roe, and C. G. Simpson (eds.) *Behavior and Evolution*, Yale University Press, pp. 390–416.

Pinker, Steven (1997) "Letter to the Editors," *The New York Review of Books* 44 (15): 55–56.

Premack, David, and Guy Woodruff (1978) "Does the Chimpanzee Have a Theory of Mind?," *Behavioral and Brain Sciences* 1: 515–26.

Quine, Willard V. O. (1953) *From a Logical Point of View*, Harvard University Press. (邦訳：飯田隆訳『論理学的観点から』勁草書房、1992 年)

Racey, Paul A., and John D Skinner (1979) "Endocrine Aspects of Sexual Mimicry in Spotted Hyenas Crocuta crocuta," *Journal of Zoology* 187: 315–326.

Romanes, George J. (1895) *Darwin, and after Darwin* (*vol. 2: Post-Darwinian Questions: Heredity and Utility*), The Open Court Publishing Company, new edition, 1906.

Rose, Michael, and George Lauder (eds.) (1996), *Adaptation*, Academic Press.

Rose, Michael, and Edward O. Wilson (1985) "The Evolution of Ethics," *New Scientist* 108, number 1478, 17 October, pp. 50–53.

Rosenblueth, Arturo, Norbert Wiener, and Julian Bigelow (1943) "Behavior, Purpose and Teleology," *Philosophy of Science* 10: 18–24.

Sahlins, Marshall (1976) *The Use and Abuse of Biology: An Anthropological Critique of Sociobiology*, University of Michigan Press.

——— (1978) "Culture as Protein and Profit," *The New York Review of Books* 25 (18): 45–52.

Salmon, Wesley C. (1971) "Statistical Explanation," in: W. Salmon (ed.), *Statistical Explanation and Statistical Relevance*, University of Pittsburgh Press.

Segerstrale Ullica (2000) *Defenders of the Truth: The Sociobiology Debate*, Oxford University Press. (邦訳：垂水雄二訳『社会生物学論争史――誰もが真理を擁護していた』みすず書房、2005 年)

Sesardic, Neven (1993) "Heritability and Causality," *Philosophy of Science* 60: 396–418.

Skinner, Burrhus F. (1957) *Verbal Behavior*, Appleton-Century-Crofts.

——— (1974) *About Behaviorism*, Vintage Books.

Sober, Elliott (1984) *The Nature of Selection: Evolutionary Theory in Philosophical Focus*, The University of Chicago Press.

——— (1990) "The Poverty of Pluralism: A Reply to Sterelny and Kitcher," *The Journal of Philosophy* 87: 151–158.

——— (1992) "Screening-off and the Units of Selection," *Philosophy of Science* 59: 142–152.

——— (1993) *Philosophy of Biology*, Westview, 2nd edition, 2000. (邦訳：松本俊吉・網谷祐一・森元良太訳『進化論の射程――生物学の哲学入門』春秋社、2009 年)

——— (1997) "Two Outbreaks of Lawlessness in Recent Philosophy of Biology," *Philosophy of Science* S64: 458–467.

——— (1998) "Six Sayings about Adaptationism," in: D. Hull, and M. Ruse (eds.) *The*

Philosophy of Biology, Oxford University Press, pp. 72–86.

Sober, Elliott, and Richard Lewontin (1982) "Artifact, Cause and Genic Selection," *Philosophy of Science* 49: 157–180.

Sober, Elliott, and David S. Wilson (1998) *Onto Others: The Evolution and Psychology of Unselfish Behavior*, Harvard University Press.

Sterelny, Kim, and Paul E. Griffiths (1999) *Sex and Death: An Introduction to Philosophy of Biology*, The University of Chicago Press.（邦訳：太田紘史・大塚淳・田中泉吏・中尾央・西村正秀・藤川直也訳『セックス・アンド・デス——生物学の哲学への招待』春秋社、2009 年）

Sterelny, Kim, and Philip Kitcher (1988) "The Return of the Gene," *The Journal of Philosophy* 85: 339–361.

Sterelny, Kim, Philip Kitcher, and C. Kenneth Waters (1990) "The Illusory Riches of Sober's Monism," *The Journal of Philosophy* 87: 158–161.

Theobald, Douglas L. (2010) "A Formal Test of the Theory of Universal Common Ancestry," *Nature* 465 (7295): 219–222.

Tooby, John, and Leda Cosmides (1992) "The Psychological Foundations of Culture," in: J. H. Barkow, L. Cosmides, and J. Tooby (eds.) *The Adapted Mind: Evolutionary Psychology and the Generation of Culture*, Oxford University Press, pp. 19–136.

Tylor, Edward E. (1889) "On a Method of Investigating the Development of Institutions: Applied to Laws of Marriage and Descent," *Journal of the Royal Anthropological Institute of Great Britain and Ireland* 18: 245–269.

Westermarck, Edvard A. (1891) *The History of Human Marriage*, Macmillan, fifth edition, 1921.（邦訳：江守五夫訳『人類婚姻史』社会思想社、1970 年）

Williams, Bernard (1983) "Evolution, Ethics, and the Representation Problem," in: D. S. Bendall (ed.), *Evolution from Molecules to Men*, Cambridge University Press, pp. 555–568.

Williams, George C. (1966) *Adaptation and Natural Selection: A Critique of Some Current Evolutionary Thought*, Princeton University Press.

——— (1992) *Natural Selection: Domains, Levels, and Challenges*, Oxford University Press.

Wilson, Edward O. (1975) *Sociobiology: The New Synthesis*, Harvard University Press.（邦訳：坂本昭一・粕谷英一・宮井俊一・伊藤嘉昭・前川幸恵・郷采人・北村省一・巌佐庸・松本忠夫・羽田節子・松沢哲郎訳『社会生物学』合本版、新思索社、1999 年）

——— (1978) *On Human Nature*, Harvard University Press.（邦訳：岸由二訳『人間の本性について』筑摩書房、1997 年）

——— (1994) *Naturalist*, Shearwater Books.

——— (1998) *Consilience: The Unity of Knowledge*, Knopf.（邦訳：山下篤子訳『知の

挑戦——科学的知性と文化的知性の統合』角川書店、2002 年）
White, Leslie A. (1948) "The Definition and Prohibition of Incest," *American Anthropologist* 50: 416–35.
Whiteman, Douglas W., and Taracad N. Ananthakrishnan (eds.) (2009) *Phenotypic Plasticity of Insects: Mechanisms and Consequences,* Science Publishers.
Woodruff, Guy, and David Premack (1979) "Intentional Communication in the Chimpanzee: The Development of Deception," *Cognition* 7: 333–62.
Wright, Larry (1973) "Functions," *Philosophical Review* 82: 139–168.
Yonezawa, Takahiro, and Masami Hasegawa (2010) "Was the Universal Common Ancestry Proved?," *Nature* 468, E9.
Yoshimura, Jin (1997) "The Evolutionary Origins of Periodical Cicadas during Ice Ages," *American Naturalist* 149: 112–124.
ヴォルテール（1759）『カンディード』（植田祐次訳『カンディード他五篇』岩波文庫、2005 年）
レーニン（1909）『唯物論と経験批判論』（森宏一訳、新日本出版社、1999 年）
井田茂・小久保英一郎（1999）『一億個の地球』岩波書店
猪子英俊（2003）「ヒトの多様性」『科学』73（4）: 438–40
斎藤成也（2011）『ダーウィン入門——現代進化学への展望』筑摩書房
佐藤直樹（2012）『40 年後の『偶然と必然』——モノーが描いた生命・進化・人類の未来』東京大学出版会
戸田山和久（2005）『科学哲学の冒険——サイエンスの目的と方法をさぐる』NHK ブックス
———（2009）「『エボデボ』革命はどの程度革命的なのか」『現代思想』2009 年 4 月臨時増刊号、総特集「ダーウィン——『種の起源』の系統樹」、青土社
松井孝典（1989）『地球・46 億年の孤独：ガイア仮説を超えて』徳間書店
———（1995）『150 億年の手紙：「進化論」から「分化論」へ、パラダイムは変わる』徳間書店
三浦俊彦『可能世界の哲学——「存在」と「自己」を考える』NHK ブックス
三中信宏（2006）『系統樹思考の世界——すべてはツリーとともに』講談社
横尾剛（2013）「生命現象は物理学や化学で説明し尽くされる——原理上の創発の問題における説明責任の非対称性」『生物科学』第 65 巻（特集「生命現象は物理学や化学で説明し尽くされるか」）
吉村仁（2005）『素数ゼミの謎』文藝春秋